FREE HAND SKETCH FOR INTERIOR DESIGN PROJECT

인테리어 디자인_프리핸드 스케치

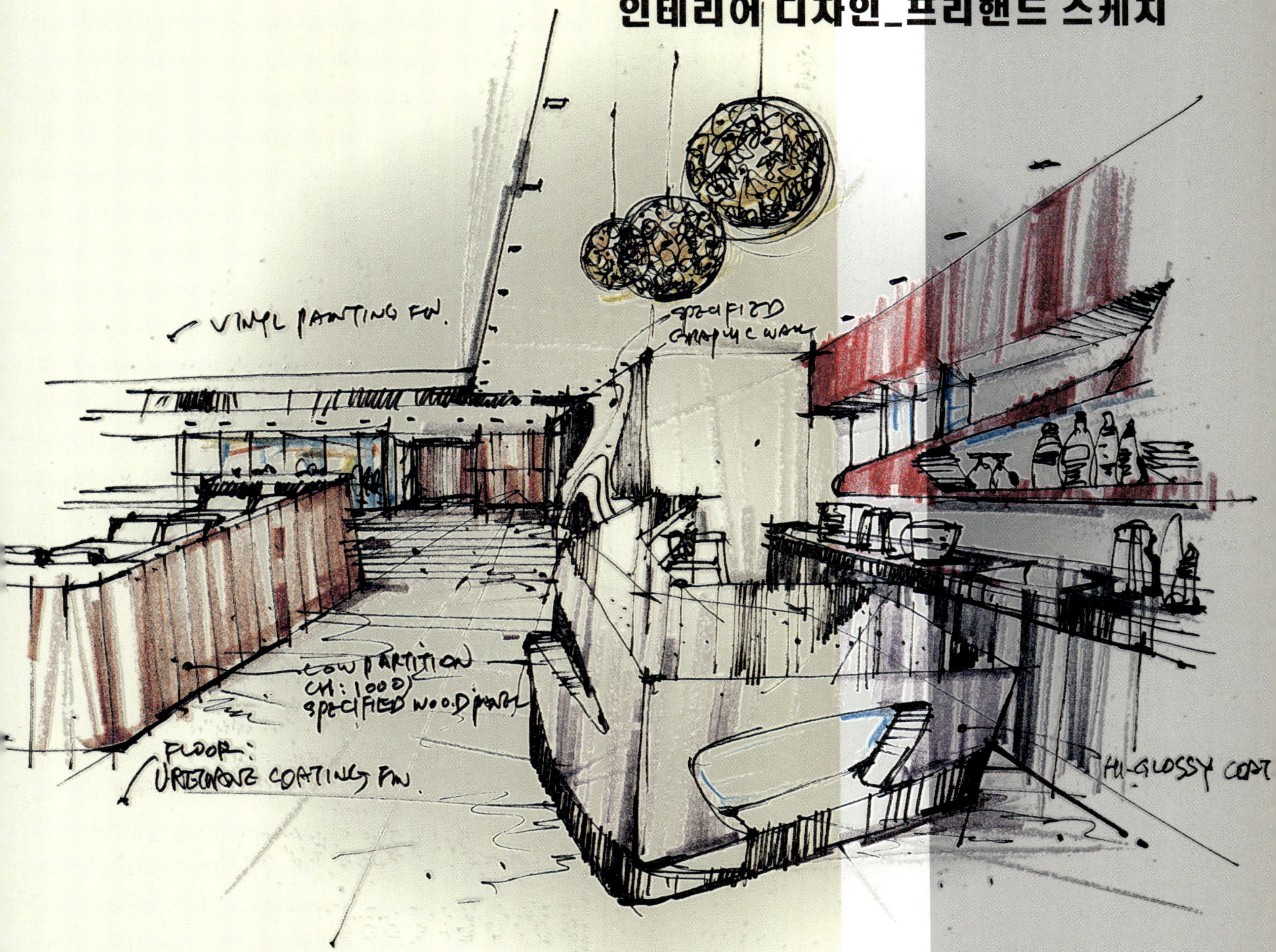

FREE HAND SKETCH FOR INTERIOR DESIGN
with a pen, draw free lines on pieces of paper

우리의 두뇌는 정보를 추가할 수 있는
능력을 지니고 있으며
나머지 두 부분인 손과 스케치는
표현과정에 있어서
중요한 도구가 된다

Paul Laseaw / 디자인 원리와 개념 중에서

FREE HAND SKETCH FOR INTERIOR DESIGN

with a pen, draw free lines on pieces of paper

writer
PARK KWANG HEE

인테리어 디자인_프리핸드 스케치
Free Hand Sketch for Interior Design Project

박광희 지음

1판 발행 2012년 10월 25일 발행

발행인 김기현
발행처 시공문화사 ***Spacetime***
등 록 1993년 3월 12일
주 소 서울시 서대문구 현저동 200 극동빌딩 5층
전 화 02) 3147-1212, 2323
전 송 02) 3147-2626
ISBN 978-89-5592-234-5
http://www.spacetime.co.kr
spacetime@korea.com

정가 27,000 원

TABLE OF CONTENTS

THE SKETCH_DESIGN의 이유있는 시작

free hand
sketch
for
interior design

expression

idea sketch_
design communication

design
process

intro

부끄럽지만 적지않은 세월동안 내세울만한 일을 해온 건 별로 없었던 것 같다.
몇년간 건축설계 분야를 거치면서, 더욱 매력을 느낀 인테리어 디자인을 접한 지 25여 년....
그동안 관련 업계에 종사하면서 뭔가 의미있는 작업을 시도해 보고자 하는 차원에서
인테리어 실무에서 다루어 온 '프리핸드 스케치'자료를 모아 한권의 책으로 출간해 보고자 한다.
이에 대해 한가지 확고하게 생각하고 고민해 온 것이 있다.
'디자인을 한다는 것'에 있어서 자신의 구상을 직접 표현하는
'프리핸드 스케치'또는 '아이디어 스케치'의 중요성을 알고 실제로 활용할 줄 아는 것을
모두가 인식할 필요가 있다는 데에 중요한 결론을 가져보게 되었다.
인테리어 디자인계의 현실은 클라이언트의 다양한 요구에 많은 부담을 이겨내며 항상 긴박하게 일을 처리한다.
그에 맞추어서 컴퓨터그래픽 기술의 놀라운 발전과 함께 사실적 표현 기술에
시간과 소프트웨어,그리고 하드웨어 시스템에 열정적으로 투자하고 매진하고 있는게 현실이다.
하지만 과연 진정한 디자인의 접근방식에 있어서
그것이 최고이고 최선일지는 한번쯤은 돌이켜 보아야 할 것이다.
설사 그렇다해도 자신의 아이디어나 창작력을 처음부터 컴퓨터 그래픽에
우선적으로 종속시키는 건 매우 유감스러운 일이 아닐 수 없다.

우리는 현란한 디지털 그래픽 기술 문명속에 살며 그를 잘 활용하고 있다고 해도 과언이 아니다.
그러나 내 스스로 디자이너의 소명과 자부심을 가지고 있다고 하면,
적어도 내가 생각하는 디자인을 자신의 손으로 직접 표현하는 능력을 기본적으로 갖추고는 있어야 한다고 본다.
'FREEHAND SKETCH'의 중요성은 자신의 아이디어와 구상등을 자유롭고 단시간 내에 구사하는 데에 있다.
그리고 자기자신 스스로가 이 과정을 진행하면서 어떻게 표현되어 가는지를 눈으로 보고 느껴가면서
당초 의도했던 계획과 여러가지의 상충되는 문제등을 다각적인 시각에서 검토하고,
또한 신속하게 대처하고 보완할 수 있는 매우 효율적인 업무 방식중의 하나라는 데 있다.
이러한 프리스케치 작업의 과정을 거치면서 그 자료를 토더로 좀 더 정제된 계획안을 도출해 낼 수 있는 것이며,
또한 팀원들과의 구체적인 업무의 진행을 위한 협의도 최단 시간내에 진전시킬 수 있다.
더불어 상호간 디자인 커뮤니케이션의 극대화와 시행착오를 줄일 수 있는 효율성도 배가될 수 있으며,
클라이언트와의 초기 계획안 협의에 디자인 의도를 자유롭게 제안하는 데에도
매우 편리하고 유용한 방법으로 활용될 수 있는 것이 사실이다.

DESIGNER라면 누구나 프리핸드 스케치의 감각과 표현에 대한 능력을 갖추게 될 때,
비로서 자신 스스로도 진정한 자부심을 갖게 될 수 있다.
시대가 빠르게 변화해도 <프리핸드 스케치>의 중요성을 다시한번 모두 함께 공감하며 활용할 수 있기를
기대하면서, 비록 대단한 자료는 아니지만 이 한권의 책으로 전공을 통해 꿈을 키우고자 하는
모든 관심있는 학생들과 업계 종사자 분들께 작은 불씨가 되길 기대해 본다.

2012. 08

Writer

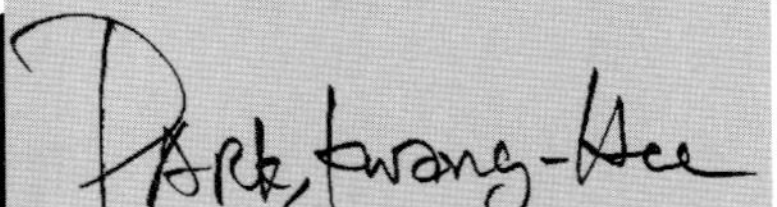

FREE HAND SKETCH_모든 DESIGN의 시작

PARK,KWANG-HEE

현재 에이션 디앤씨 실내건축연구소 대표/소장
현대건설주식회사 건축종합설계실 근무, 사우디아라비아 리야드 KIFAS현장 파견근무
삼성그룹 (주)중앙개발 인테리어사업부(後 JAD DESIGN) 근무
(주)금목 디자인,(주)SUN INTERNATIONAL 설계실장 역임,프리랜서 활동 다수 실적

산림청 광릉 산림박물관, 대전EXPO전시관 프로젝트 설계 참여,舊 자연농원(현 에버랜드) 어린이동물원 설계,
서울타워 전망대 실내설계('96),도봉구청 신청사 공용공간 설계,부산 신항만부두 홍보전시관 설계,
태릉CC 클럽하우스 리뉴얼설계 및 감리,중국 대련 건축자재 전시장 설계 참여,LG패션 양산공장 복지관 설계,
삼성건설(주) 큰길타워 VIP ZONE 및 사무공간 설계,나산그룹 혼수백화점 설계 및 감리('95),
국세청 본관 옥상 휴게공간 설계 참여('89),인천시 계양구청 신청사 민원실 설계,다이요 고베 은행 서울지사 설계,
삼원프라자 호텔 컨벤션웨딩홀 설계 및 감리,각종 상업시설 프랜차이즈 디자인 매뉴얼 설계 다수 실적,
과천 CHA클리닉센터 설계 및 시공 외 병의원 다수 실적, 기타 사무,주거시설 및 교회,전시,교육시설등 다수 실적

THINKING
ABOUT
THE FREE HAND SKETCH

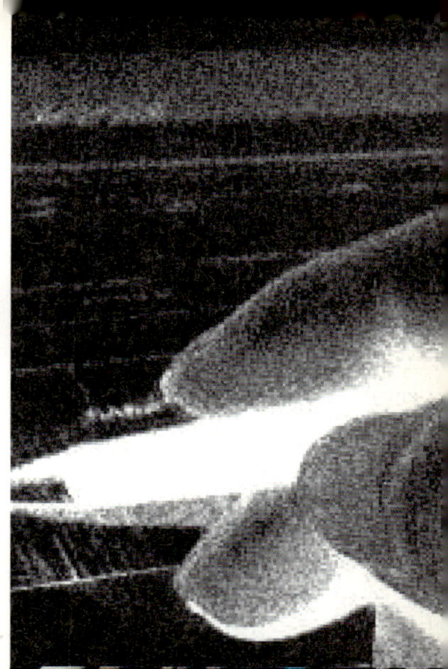

스케치의 시작은 무한한 아이디어를 자유롭게 시각적으로 표현해 내는 작업으로 부터 비롯된다.
그러한 맥락에서 자신의 머릿속에서 떠다니는 여러 상상력의 소재들을 어떤 방법으로든
시각적으로 가시화하는 시도가 기본적으로 필요할 것이다.
세계적으로 유명한 건축가나 디자이너들은 스케치에 대해 대체적으로 이렇게 말한다.
" 자기가 생각한 것들을 일단은 어떤 방법으로든 종이 위에 그려보라"라고 얘기한다.
그것이 그림이나 어떠한 유형의 보잘 것 없는 낙서 형식이어도 상관없다는 것이다.
그리고 표현할 도구는 그리 중요하거나 문제되는 것이 아니다.
이것이 프리핸드 스케치의 근본적인 출발라고 말할 수 있을 것이다.

적지않은 세월동안 인테리어 디자인을 해 온 내 개인적인 경험으로는
자신의 의도를 가장 짧은 시간내에 표현할 수 있는 유용한 수단은
오로지 <프리핸드 스케치>디자인이라고 말하고 싶다.
그리고 냉정히 말하자면 그 스케치를 잘 표현해 내어야 한다는 것도 전제되는 엄연한 사실이다.
그러기 위해서는 다양한 스케치 자료를 보고 느끼며 따라해 보는 꾸준한 열정과 의지가 있어야 한다.
이것은 다른 어느 기계적 시스템에 의존하지 않고 자신의 손으로 직접 그려야 하는 사실적 작업이기 때문이다.

여기 수록된 모든 자료에 대해서는 거창하거나 대단한 작품성을 기대하는 것은 핵심과 주제에 거리가 멀다.
이 책의 핵심적인 취지는 실무를 접하면서 업무와 관련하여
일상적인 프리핸드 스케치의 작업 성과물을 보면서
누구라도 깊은 관심과 실질적 노력이 있다면,
프리스케치를 터득하고 실무에 활용할 수 있다는 가능성의 시도를 분발케 하는 데에 있다.
그간 간헐적으로 출간된 프리핸드 스케치 관련 서적이 몇 종 있어 왔지만,
어느 서적은 엄두가 안 나서 그저 바라만 보게 되는 세계적인 전문가적 일러스트에 가까운 작품이거나,
또는 가장 기본적인 교과서적 교본에 준한 서적이어서
실무와의 연관성에 다소간 교감하기 애매한 책이거나 하여
현실적으로 누구나 배워서 활용하고자 하는 동기 부여가 크지 못하다고 본다.
본 자료는 스케치만 직업적으로 하는 특별한 전문가의 작품이 아닌,
대체적으로 인테리어 디자인 업계에 종사하면서 실무를 접하여 다루어 온 일반적인 자료들을 수록한 것이며,
따라서 긴박하고 현실적인 실무 상황속에서도 어느정도 이상의 열정만 있다면
충분히 활용이 가능한 기법의 자료들이다. 또한 만만치 않은 마커기법을 굳이 습득하지 않아도
보편적으로 사용하는 수성펜과 색연필, 그리고 복사용지와 유성펜만으로
프리핸드 스케치를 유용하게 활용할 수 있다는 것을 강조하여 보여 주고자 하는 데 그 의의를 두고 싶다.
<프리핸드 스케치>라는 것은 디테일하고 정교한 일러스트레이션 기법에 접근시키는 건 잘못된 생각이며,
말 그대로 자유로운 구상과 자신의 계획안을 간단하고 명료하게 표현을 구사하는 것이어야 한다.
다시 강조하지만 프리핸드 스케치의 최대 효과는 일의 전개와 진행의 오류를 최소화하고 상호간 업무 전달과
이해의 접근을 편리하고 원활하게 함과 동시에 업무 진척에 대해 매우 효율적이고
가시적 결과를 신속히 도출하며 조율해 낼 장점과 그 가능성이 크다는 데 있다.
프리핸드 스케치-이것은 디자이너가 필수적으로 갖춰야 할 능력이다.

"free hand 능력은 건축 디자인에 있어서 표현의 효과적인 사용을 위해 극히 중요하다.
당신은 여러가지 측면을 고려하여야 하며, 또 그러한 생각들을 쉽게 바꿀 수 있는 용기를 가져야 한다. 이렇게 하는데는 자발적인 도식적 표명이 필요하다.
또한 당신의 의도가 디자인 사고에 충실하게 표현되도록 스케치하여야 하며, 그 설계 도면의 드로잉에 추가를 삼가함으로써 설계를 개선시킬 수 있다.
변화는 디자인의 채택을 위한 직접적이고, 그 솔직한 설득은 디자인의 유능하고 솔직한 표현에 기초해야 한다는 것을 명심하라."

Paul Laseaw 저서, 디자인 원리와 개념 중에서

The Sketch

office facilities project

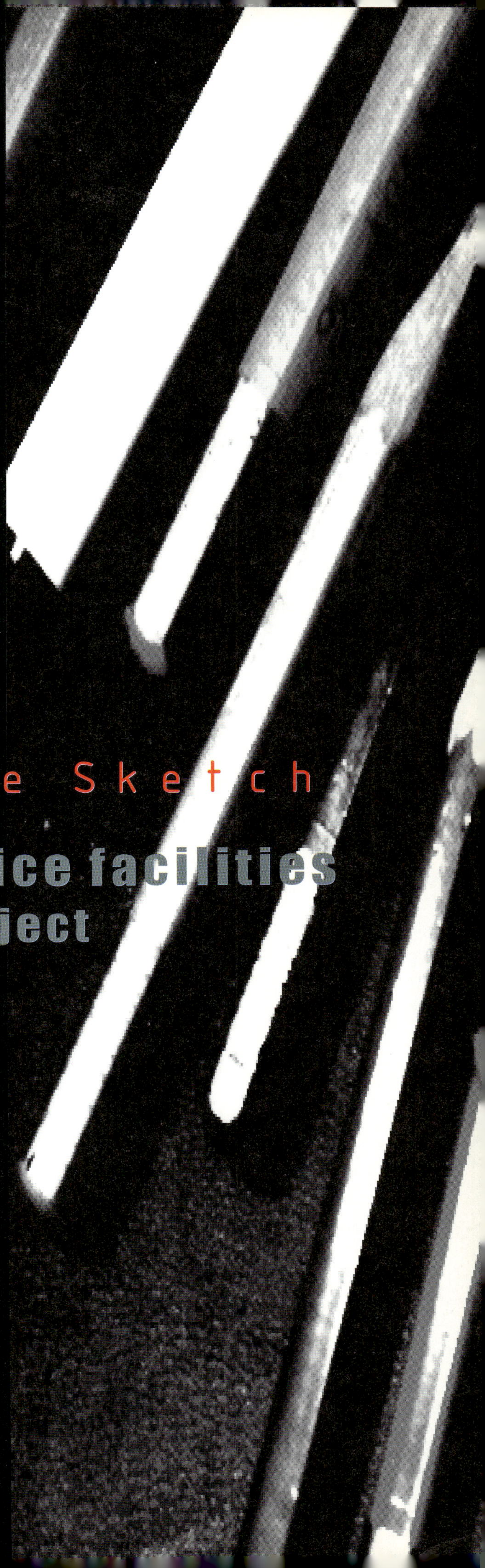

CONCEPTUAL
DESIGN SKETCHING
FOR INTERIOR PROJECT

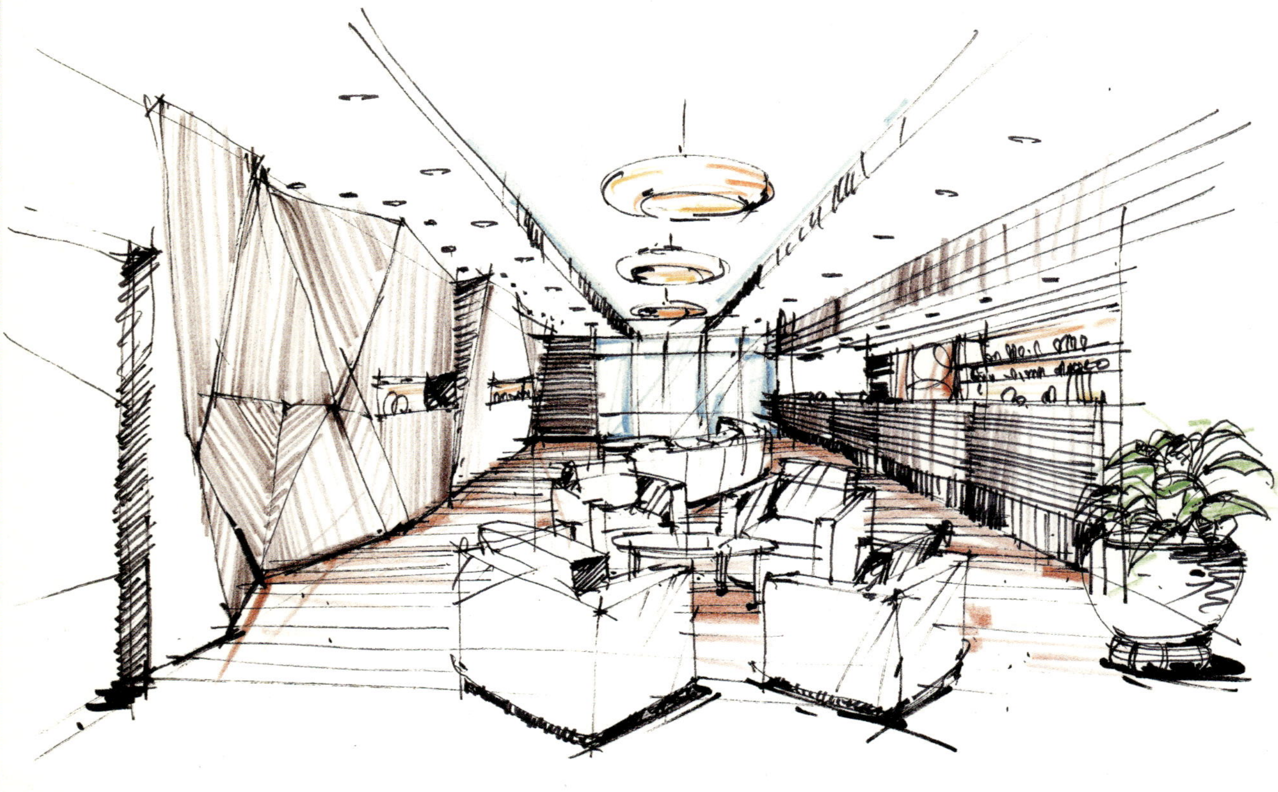

CONCEPTUAL DESIGN SKETCHING

FOR INTERIOR PROJECT

프리 스케치를 하다보면
색연필로도 유성 마커와 유사한 효과를 연출해 낼 수 있다.
그 방법은 색연필을 비스듬히 깎거나 문질러서
연필심의 형태를 경사지게 만든다음 그 경사진
면을 이용하여 그림처럼 마커 터치하듯
칼라링을 하면 유사한 결과를 얻을 수 있다.
자칫 색연필의 활용을 미술의 뎃생기법으로만
생각하고 사용한다면 인테리어 스케치는
만족스러운 결과를 기대하기 어렵다.
절제와 때로는 절도있고 자신감을 갖는 터치가 필요하다.

CONCEPTUAL DESIGN SKETCHING

FOR INTERIOR PROJECT

평면계획이 마무리되면 그 계획안을 바탕으로 여러 구상을 통해 스케치를 하게된다. 때로는 최초 평면계획을 할 때의 예상된 디자인 개념과는 전혀다른 스케치의 진행을 하게 될 때가 있다.

이것은 스케치라는 작업이 스스로에 대한 구속을 벗어나서 자유로운 발상을 억제하지 못하기 때문이다.

사실 원하던 의도와 그 스케치의 결과가 차이가 있다면 편하게 다시 스케치를 하면 된다는 잠재적 보완적 의식을 갖고 있기 때문이기도 하다.

달리 말하면 그 스케치에 투자되는 시간은 그리 손실이 크지 않기 때문이다.

이처럼 프리 스케치는 상당한 실무적 장점을 지원해 준다.

CONCEPTUAL DESIGN SKETCHING

FOR INTERIOR PROJECT

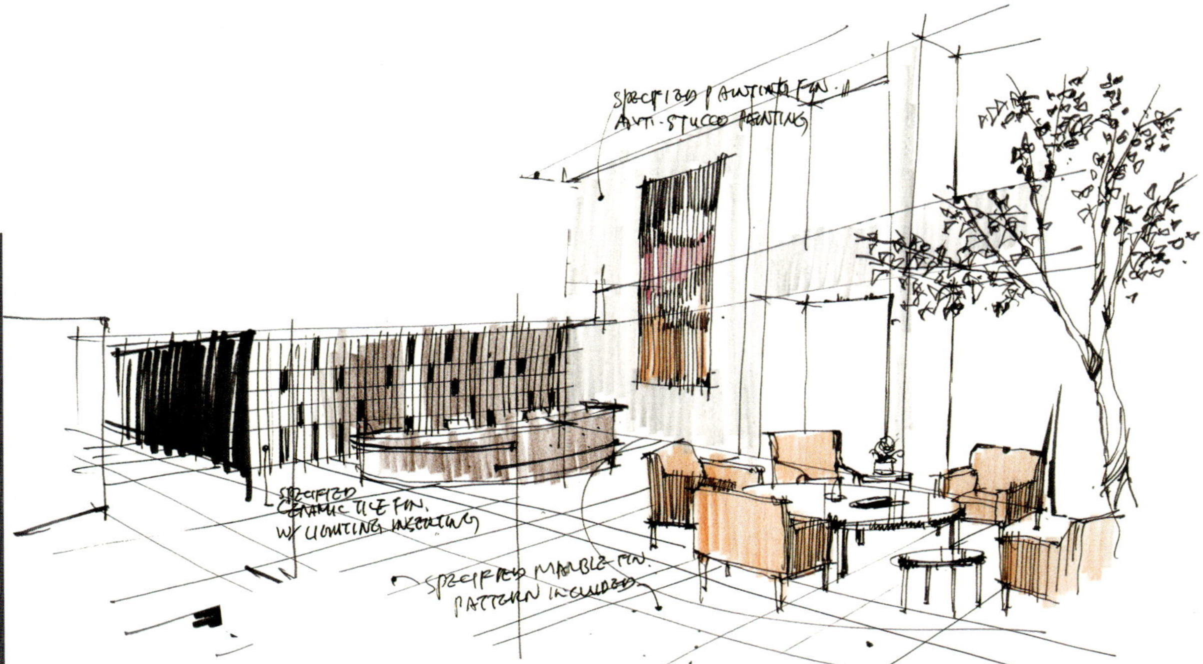

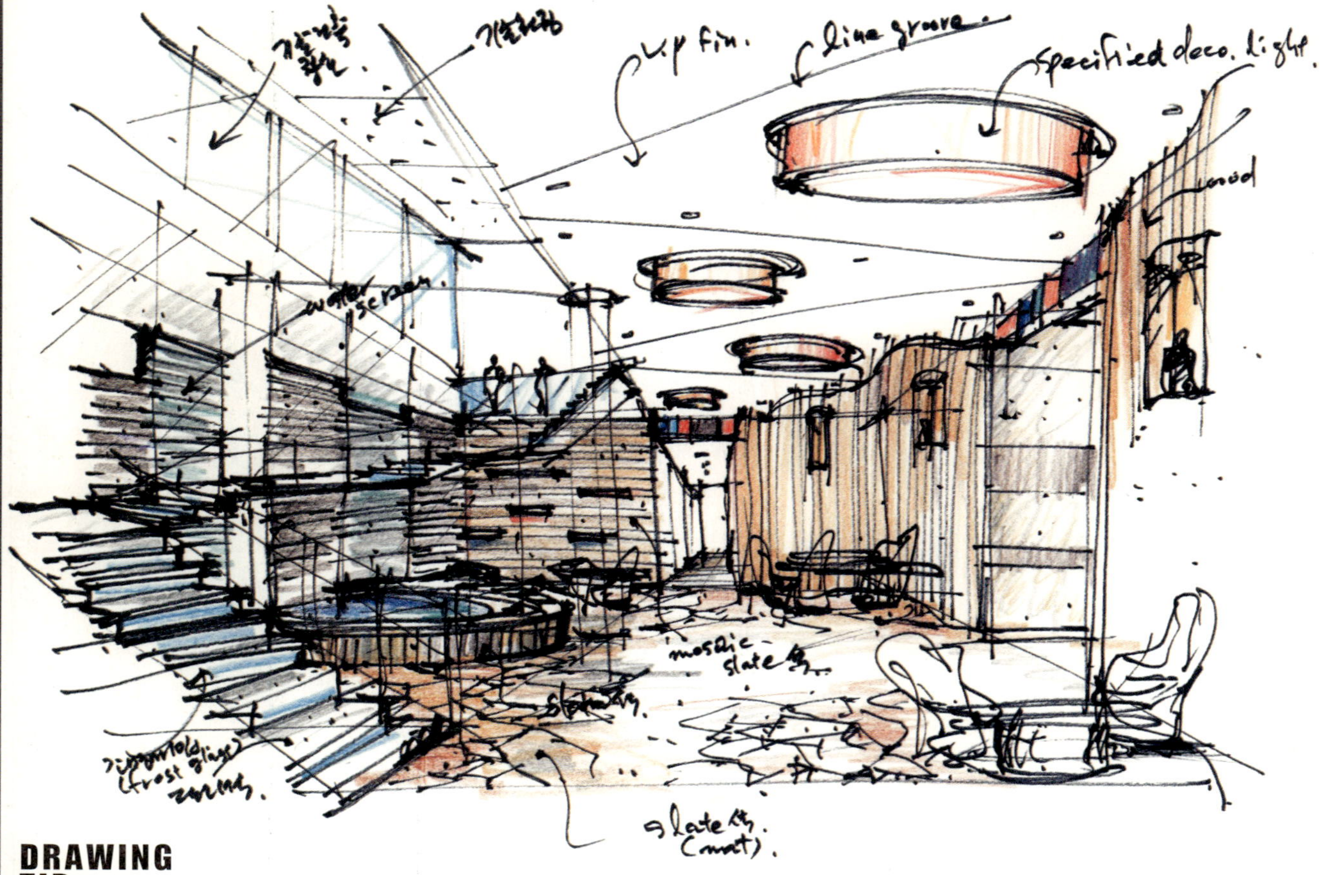

DRAWING TIP

스케치의 구도에 있어서 선의 강약 조절은 무엇보다 중요하다.

그 이유는 첫째 3차원에 대한 원근감과 입체감을 나타내기 위한 테크닉이며,
둘째로는 선(line)굵기의 변화로 느낄 수 있는 맛과 그 결과적으로 세련된 작업 결과를 얻을 수 있다.
그렇게 표현하기 위해서는 개인적인 경험으로는 마카용지나 표면이 반질거리는 용지를 사용치 않는 게 좋으며,
선을 그을 때 약간의 흡수나 미세한 번짐 효과를 이용하기 위한 종이류나 되도록 표면에 광택이 없는 복사용지를 사용하면
선을 긋는 순간마다 종이에 펜의 잉크가 배어드는 번짐 효과와 강약 조절의 맛을 잘 구현할 수가 있다.
여기서 펜 종류는 흔히 일상적으로 접할 수 있는 수성 플러스 펜과 1mm정도 이상 굵기의 유,수성 펜등이면 가능하고,
선의 강약 효과를 터득하려면 어느 정도의 연습 과정이 필요하며 드로잉에 대한 리듬 감각을 터득할 필요가 있다.

DRAWING TIP

누구든지 프리핸드 스케치를 배우려 할 때면 <마커터치 기법>을 먼저 떠올리며 부담을 느끼는 걸 자주 보아 왔다.
사실 마커터치 테크닉을 잘 구사하는 건 그리 쉽지가 않다. 마커의 특성이 까다롭고 나름 제약이 따르는 게 사실이다.
프로젝트 여건에 따라 필요 여부가 고민이 되는 경우가 있겠지만,
오랜 경험상 프리핸드 스케치를 굳이 마커로 작업해야 한다고만 생각하는 건 바람직하지 않다.
이런 현실적인 부분과 심리적인 요인 때문에 어쩌면 프리스케치를 접하는 데에
대부분 엄두를 못내는 경향이 있다는 걸 많이 보아 왔다.
그 기법도 잘 다루어 활용할 수만 있다면 더할 나위없이 좋지만,
이제 스케치 작업에 있어서 그런 선입견이나 고정관념에서 과감히 벗어 날 수 있어야 한다.
본 서적에 실린 모든 자료를 보면 알 수 있듯이 일상에서 사용하는 유,수성펜과 전문가용 색연필 정도만 있어도
얼마든지 용이하게 개성있는 자신만의 프리스케치 작업을 할 수가 있다.

CONCEPTUAL DESIGN SKETCHING

FOR INTERIOR PROJECT

wel-fare facilities project
corporate space

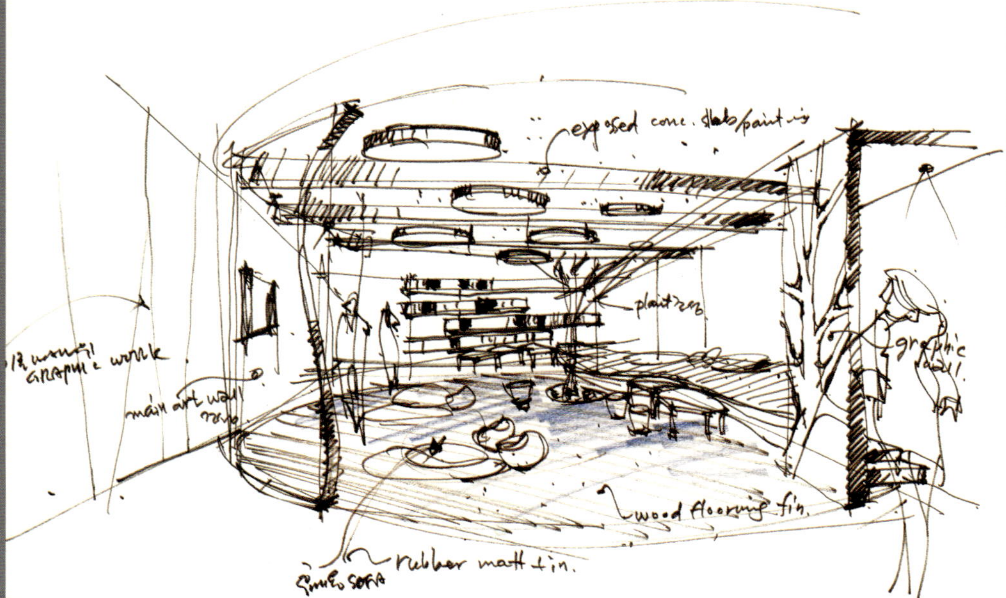
exposed conc. slab/paint
graphic wall.
main art wall
wood flooring fin.
rubber matt fin.

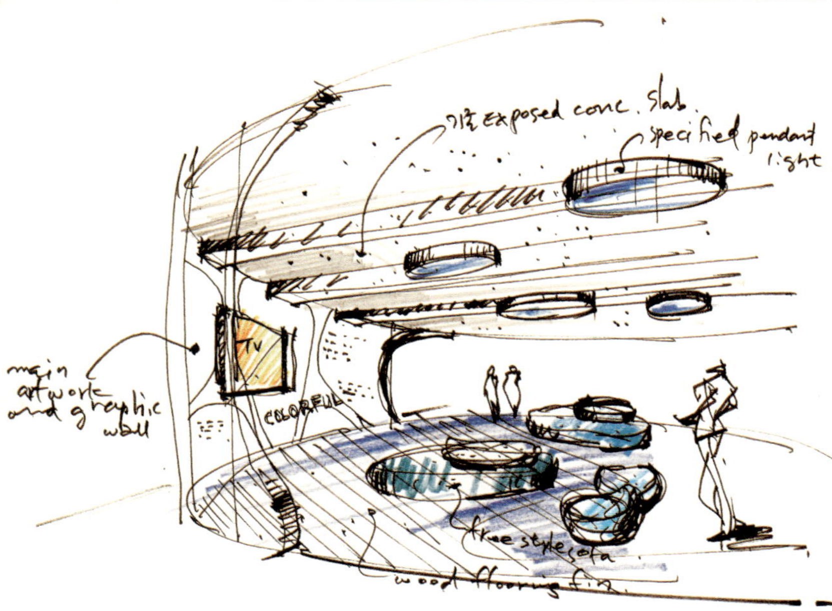
exposed conc. slab.
specified pendant light.
main artwork and graphic wall
TV
COLORFUL
free style sofa
wood flooring fin.

CONCEPTUAL DESIGN SKETCHING

FOR INTERIOR PROJECT

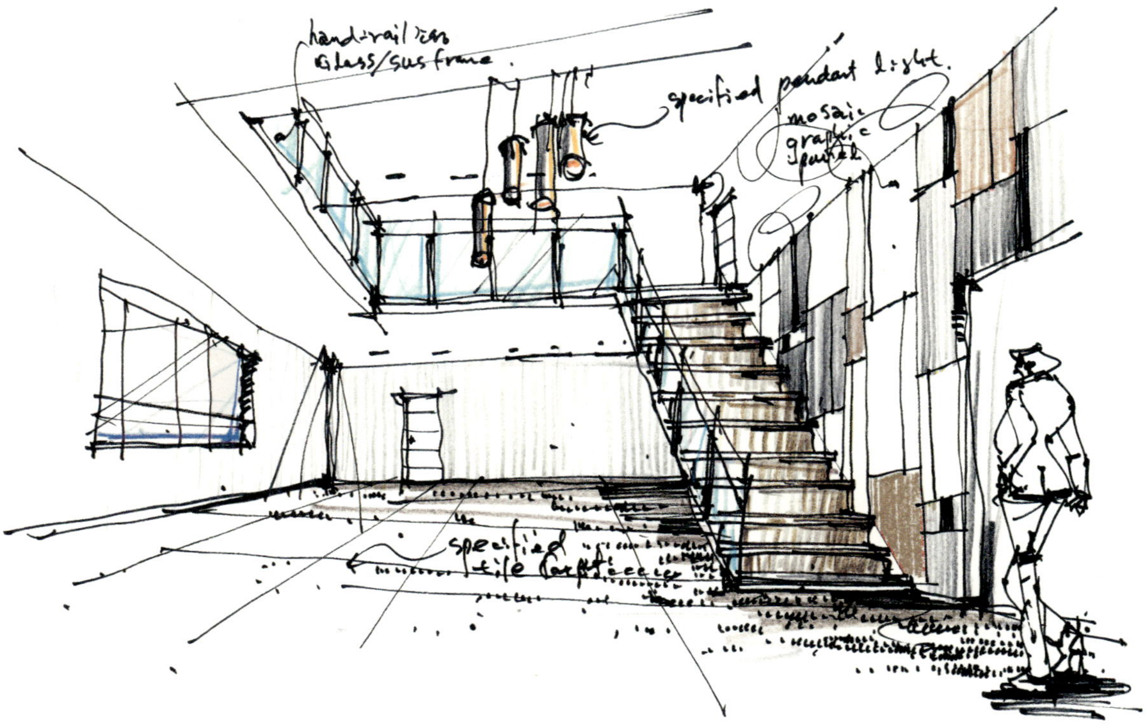

handrail 구조
Glass/sus frame
specified pendant light.
mosaic
graphic
panel
specified
tile carpet

MDF BD.위
SHEET FIN.
CURTAIN
PHOTO
GRAPHIC SHEET
FIN.
FLOOR: ROLL CARPET. FIN.

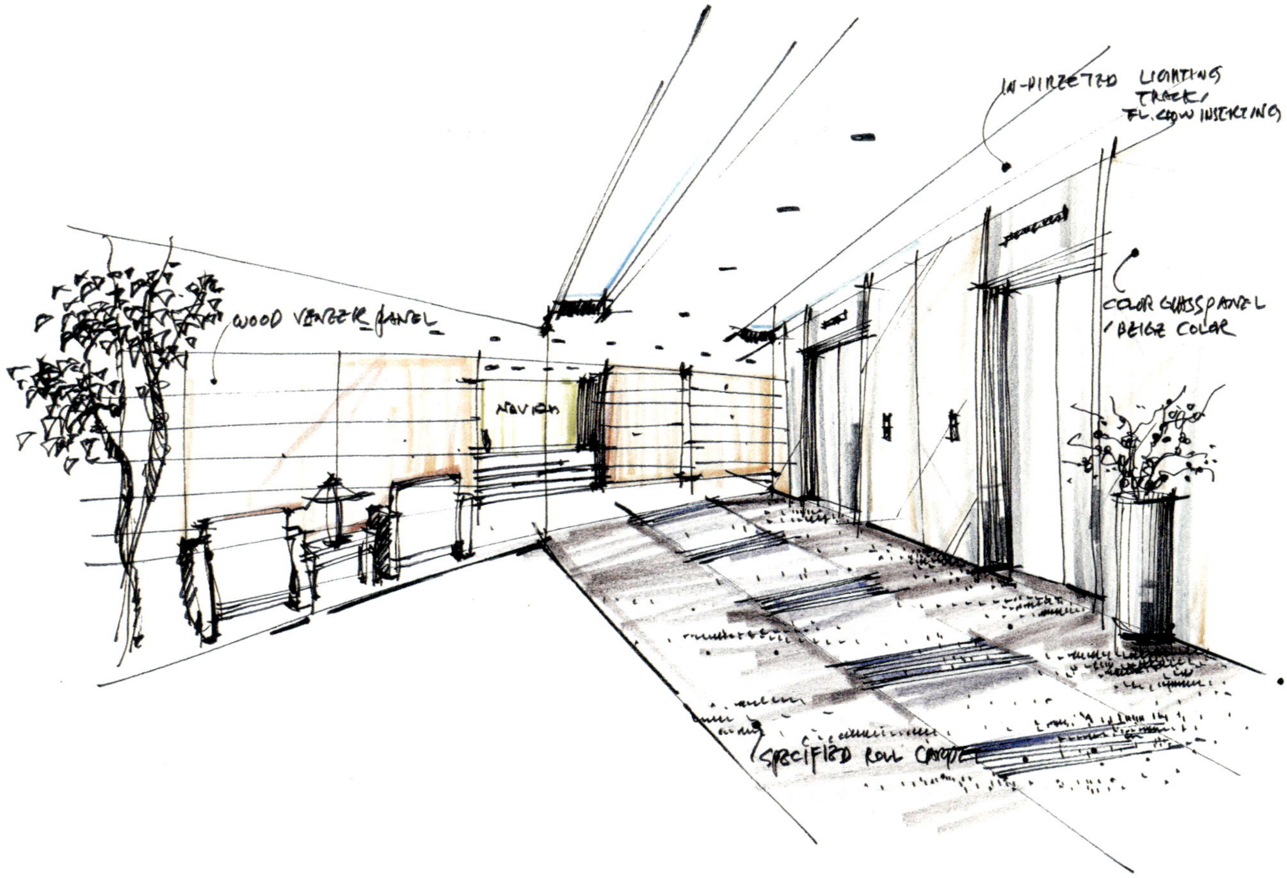

CONCEPTUAL DESIGN SKETCHING

FOR INTERIOR PROJECT

구도의 공간 분할은 그 공간이 가지고 있는 동선 및 기능적 여건에 따른 디자인의 안배가 그 표현하고자 함에 접목되어야 디자인 의도를 원활하게 제시해 줄 수가 있다고 생각된다. 진입에 따른 입구공간의 WAITING ZONE 및 메인 통로와 상관성, 기업의 이미지를 보여주는 가시성을 함께 나타낼 수 있는 아트 월과의 대칭관계를 제공해 줌으로써 내부 접근의 공간감을 느껴보며 차후 실시설계에서 보완의 필요성 여부를 협의하게 된다.

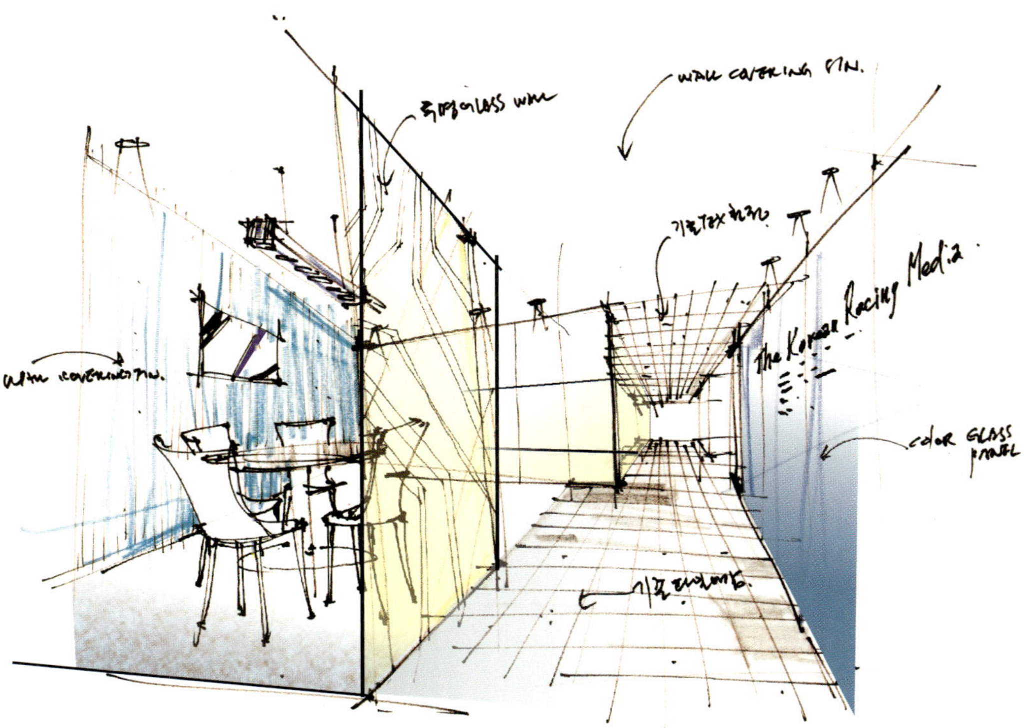

PARTITION
Racing Media
COLOR GLASS
WALL

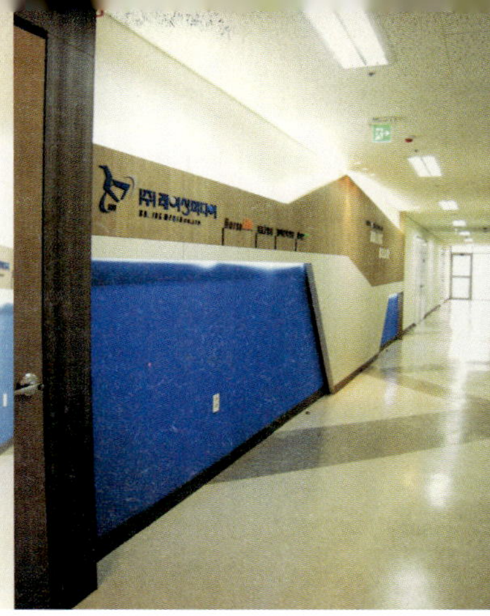

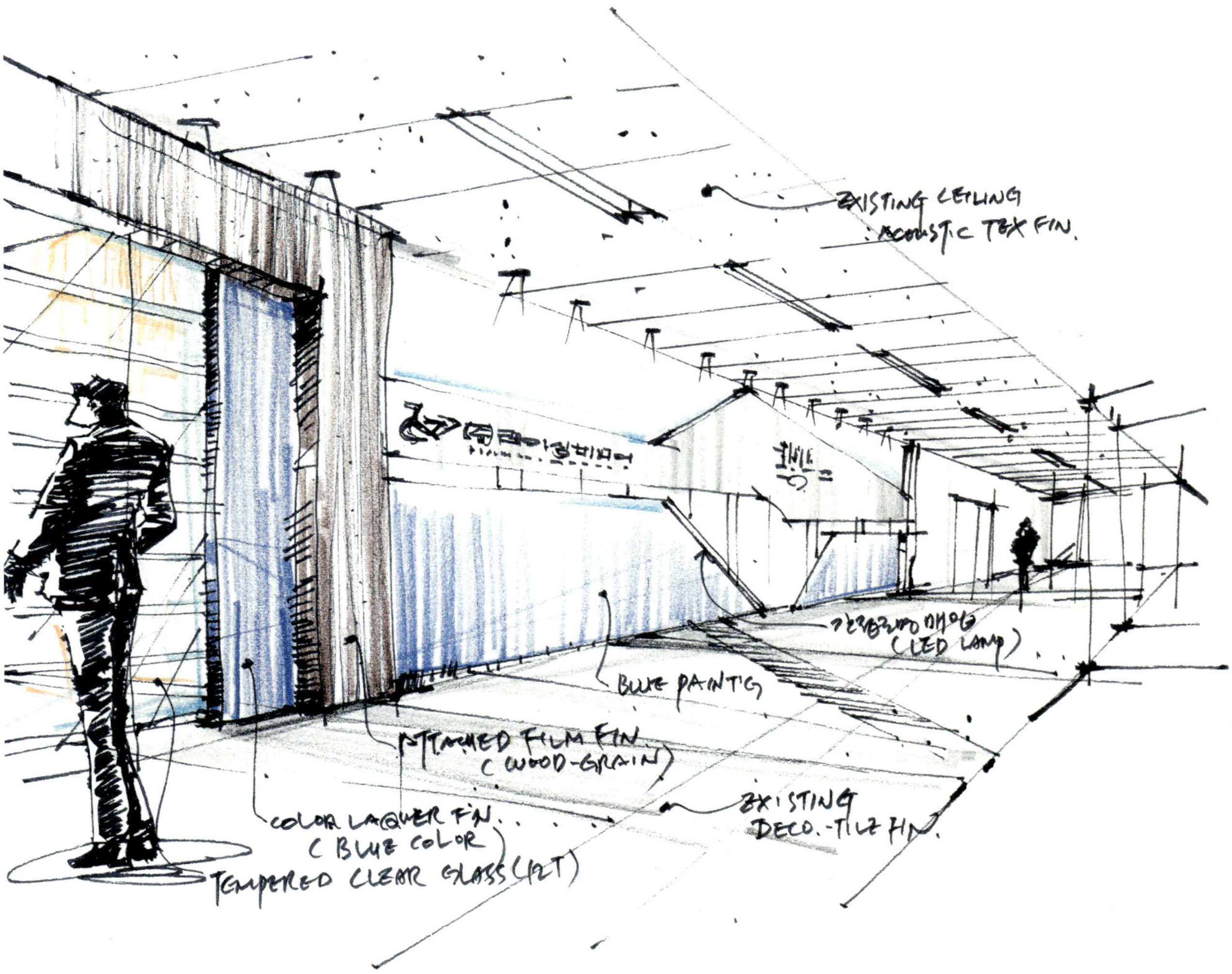
EXISTING CEILING
ACOUSTIC TEX FIN.
(LED LAMP)
BLUE PAINT'G
ATTACHED FILM FIN.
(WOOD-GRAIN)
EXISTING
DECO.-TILE FIN.
COLOR LAQUER FIN.
(BLUE COLOR)
TEMPERED CLEAR GLASS (12T)

indirected lighting
natural granite (stone)

프로젝트를 진행하면서 심리적으로 겨를이 없을 땐
낙서라도 하듯이 스케치해 보기도 한다.
간혹 색다른 결과가 나타날 수 있기도 한 걸 느낀다.
전체적인 선의 터치는 오히려 매끄럽지 않은 것이 낫다.
뭔가 의식적인 마음을 갖고 작업할 때 와는
사뭇 다른 프리핸드 스케치의 묘미를 느끼기도 한다.

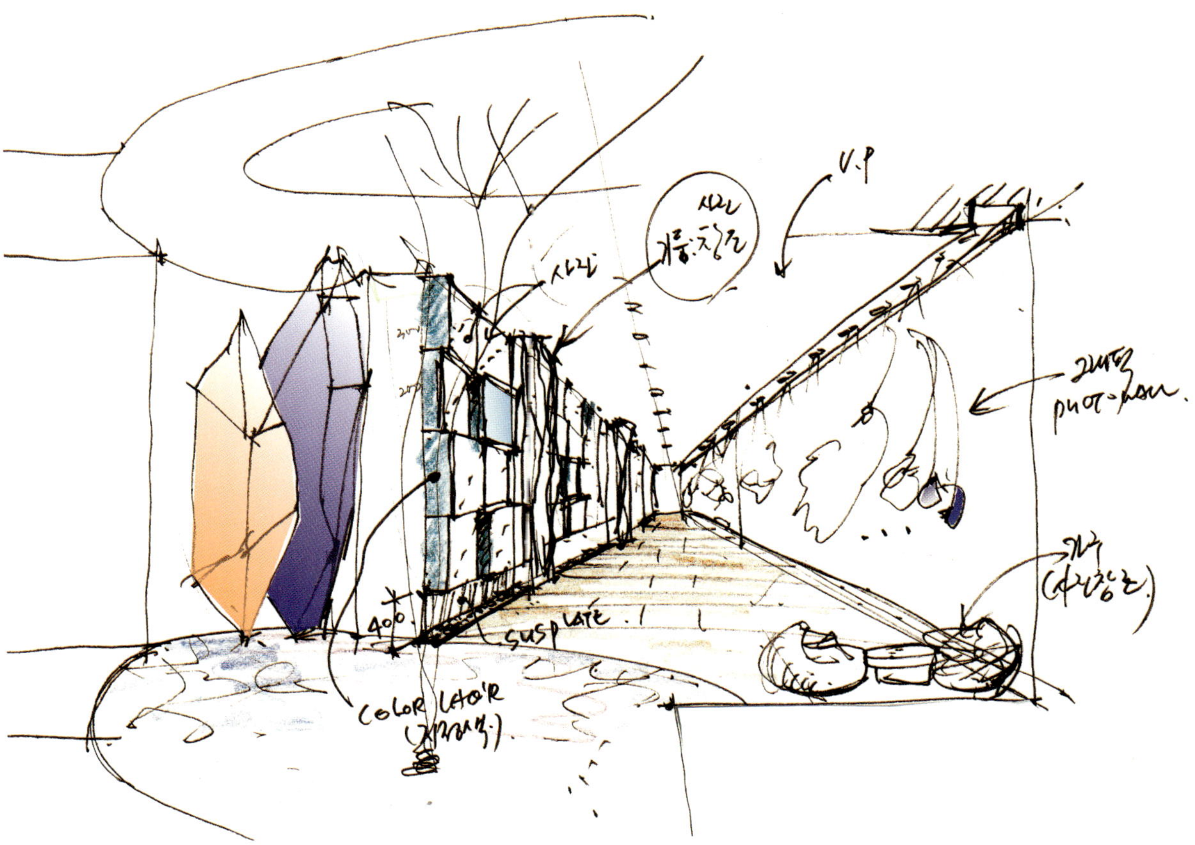

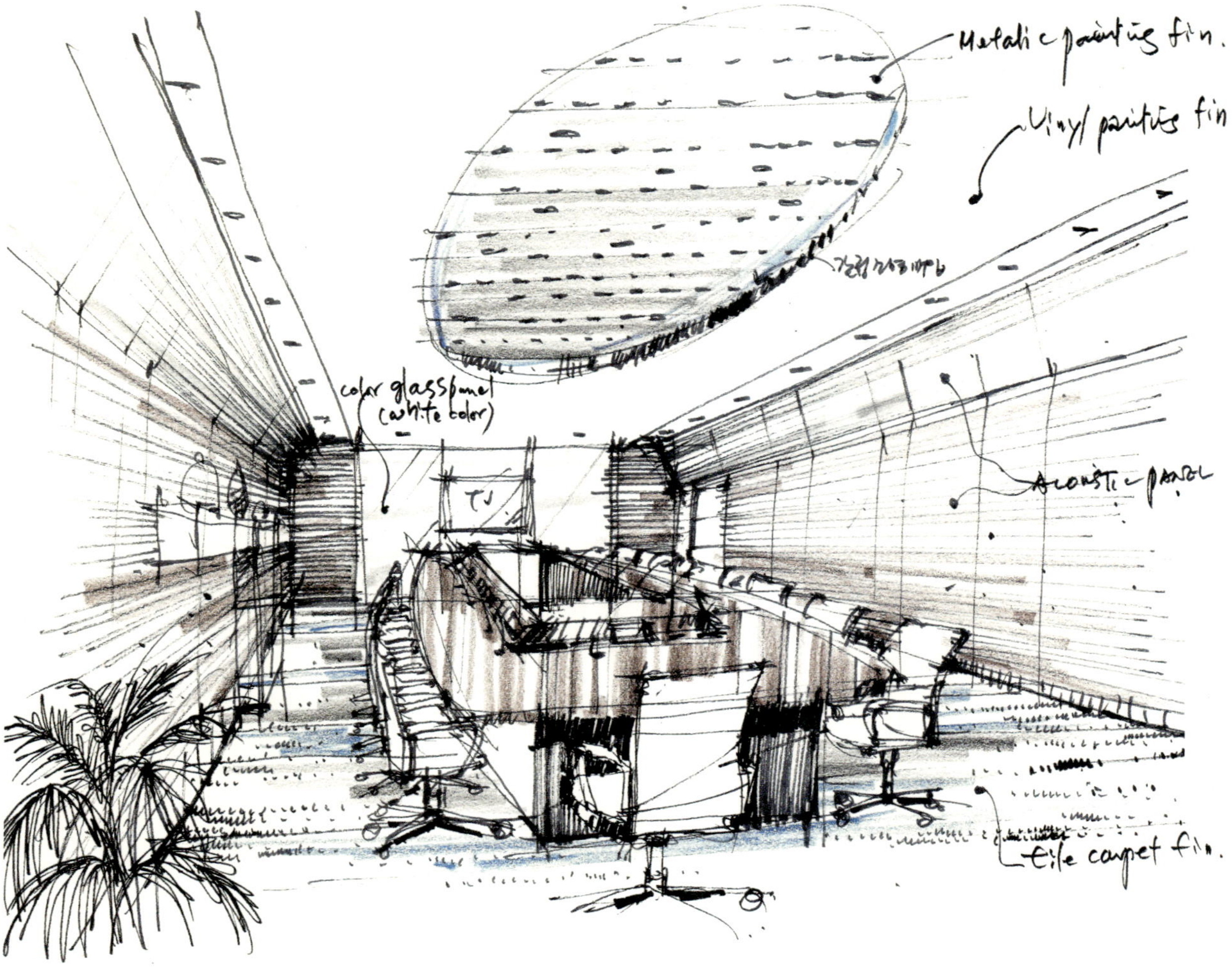

CONFERENCE ROOM

SPACE DESIGN_

FREE HAND SKETCHING

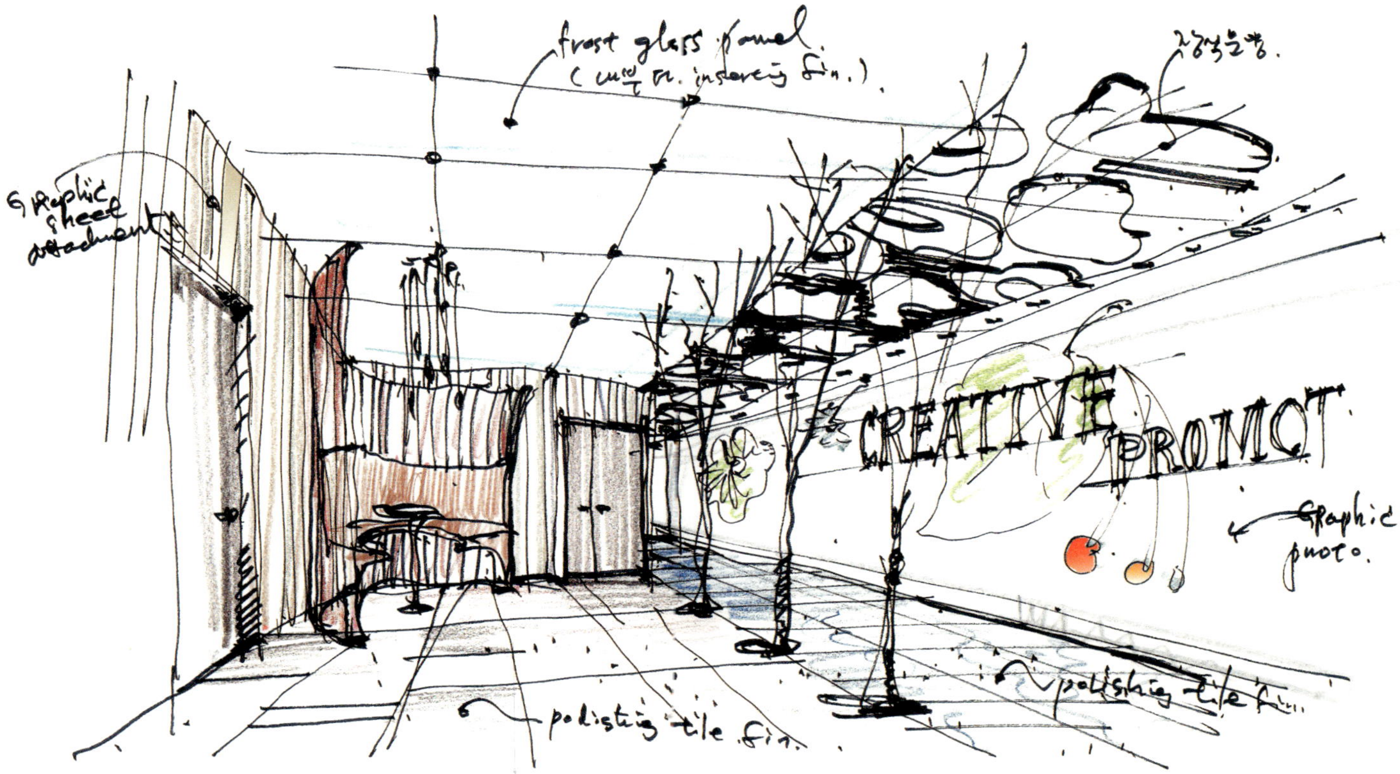

WAITING SPACE DESIGN_

FREE HAND SKETCHING OF OFFICE PROJECT

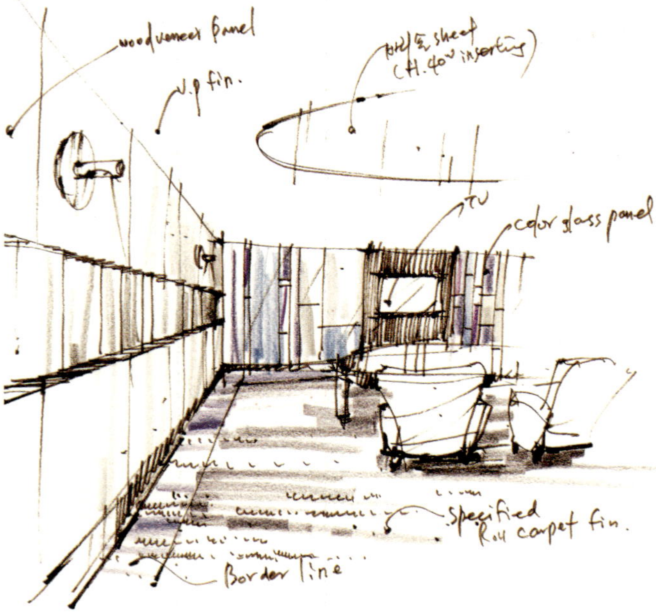

RECEPTION ROOM
SPACE DESIGN_
FREE HAND SKETCHING

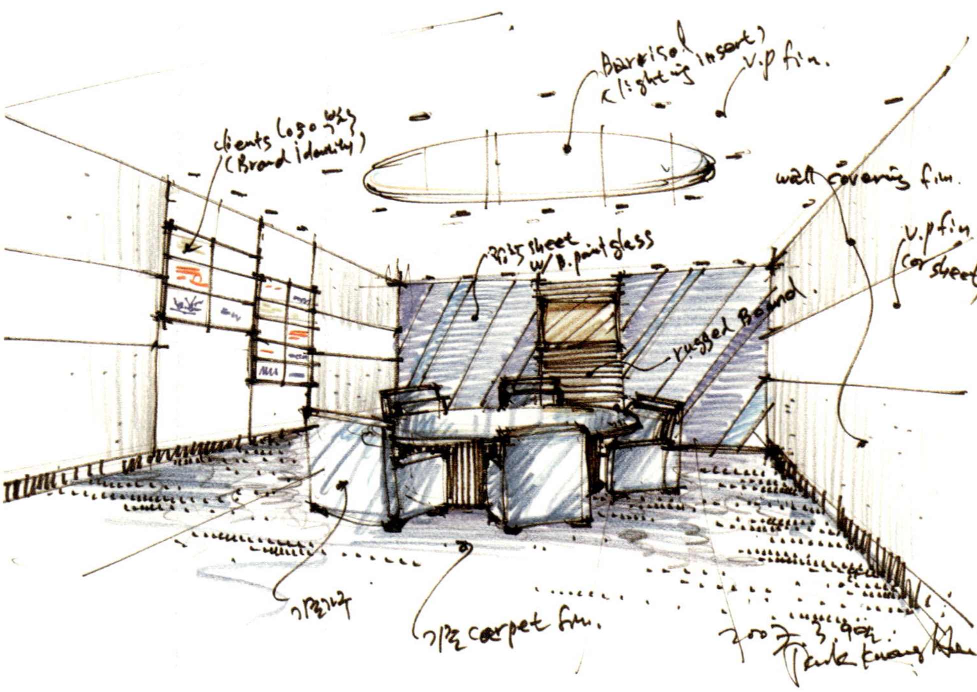

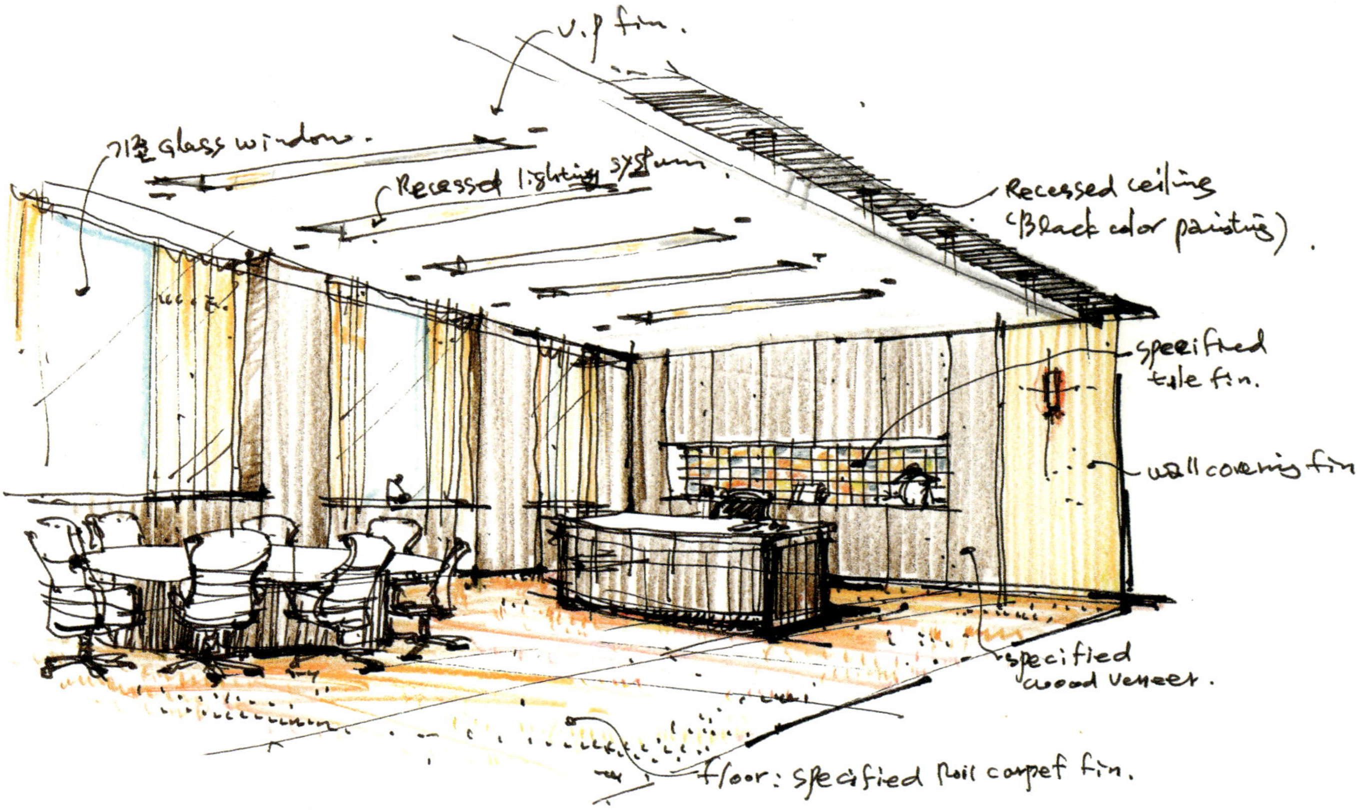

PRESIDENT'S ROOM SPACE DESIGN_

FREE HAND SKETCHING

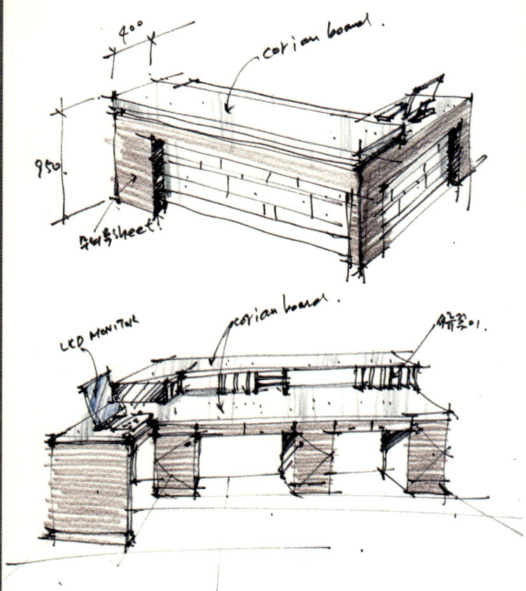

sketch design
for
interior project

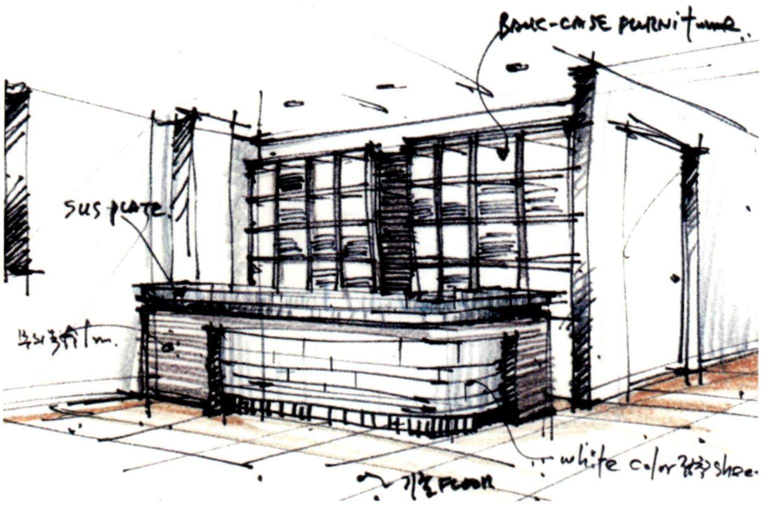

MIRAE ASSET

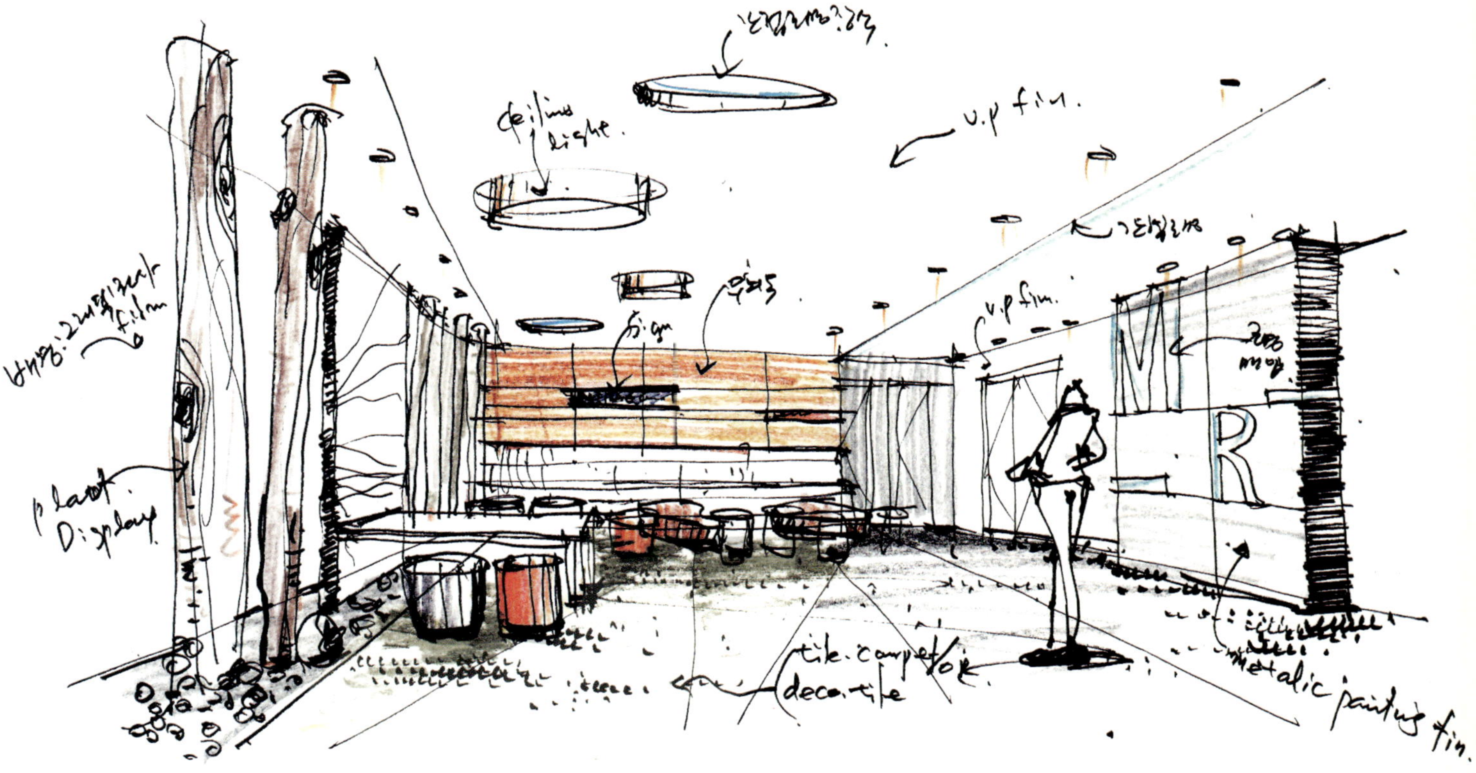
ceiling light.
v.p film.
sign
plant Display
deco.tile
metalic painting fin.

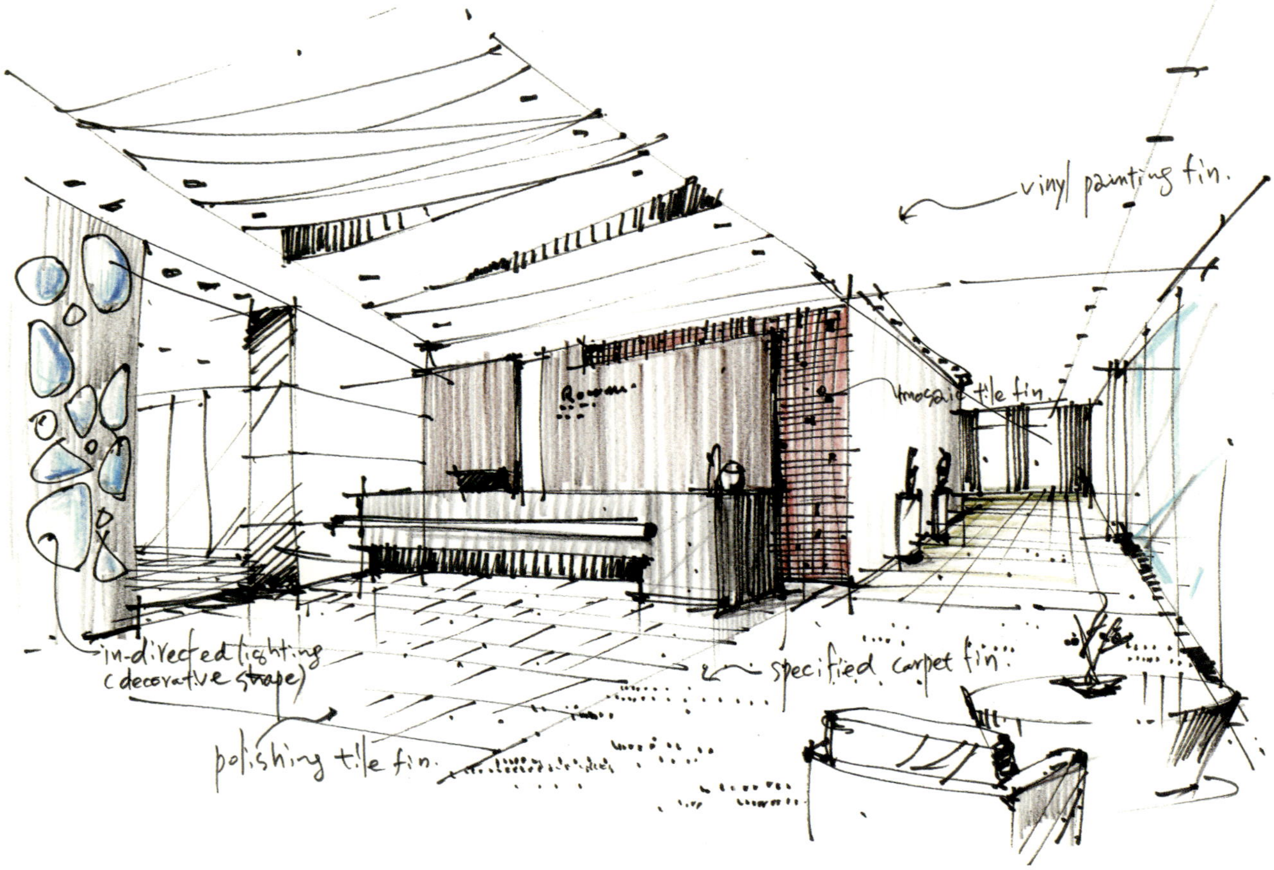
vinyl painting fin.
mosaic tile fin.
in-directed lighting
(decorative shape)
specified carpet fin.
polishing tile fin.

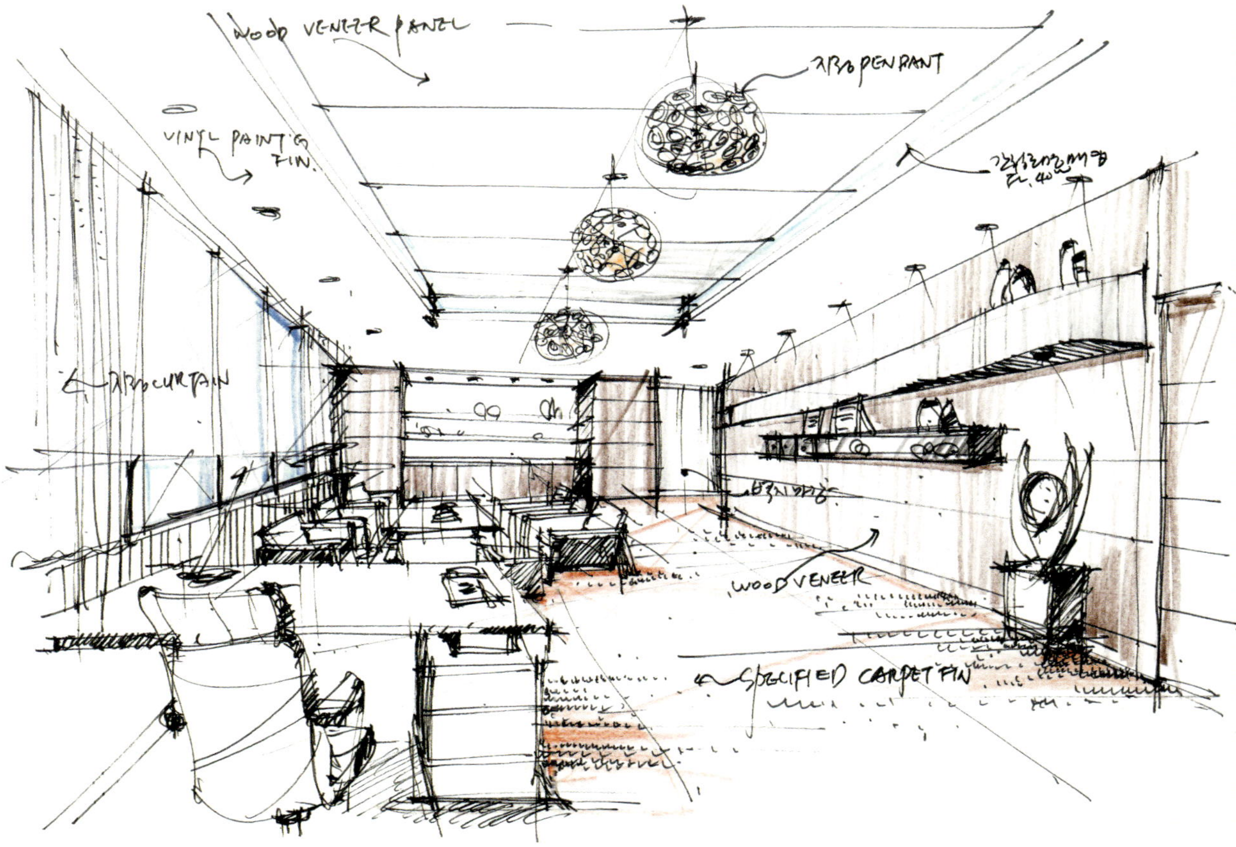

FREE HAND SKETCHING,
INTERIOR DESIGN

FREE HAND SKETCH DESIGN

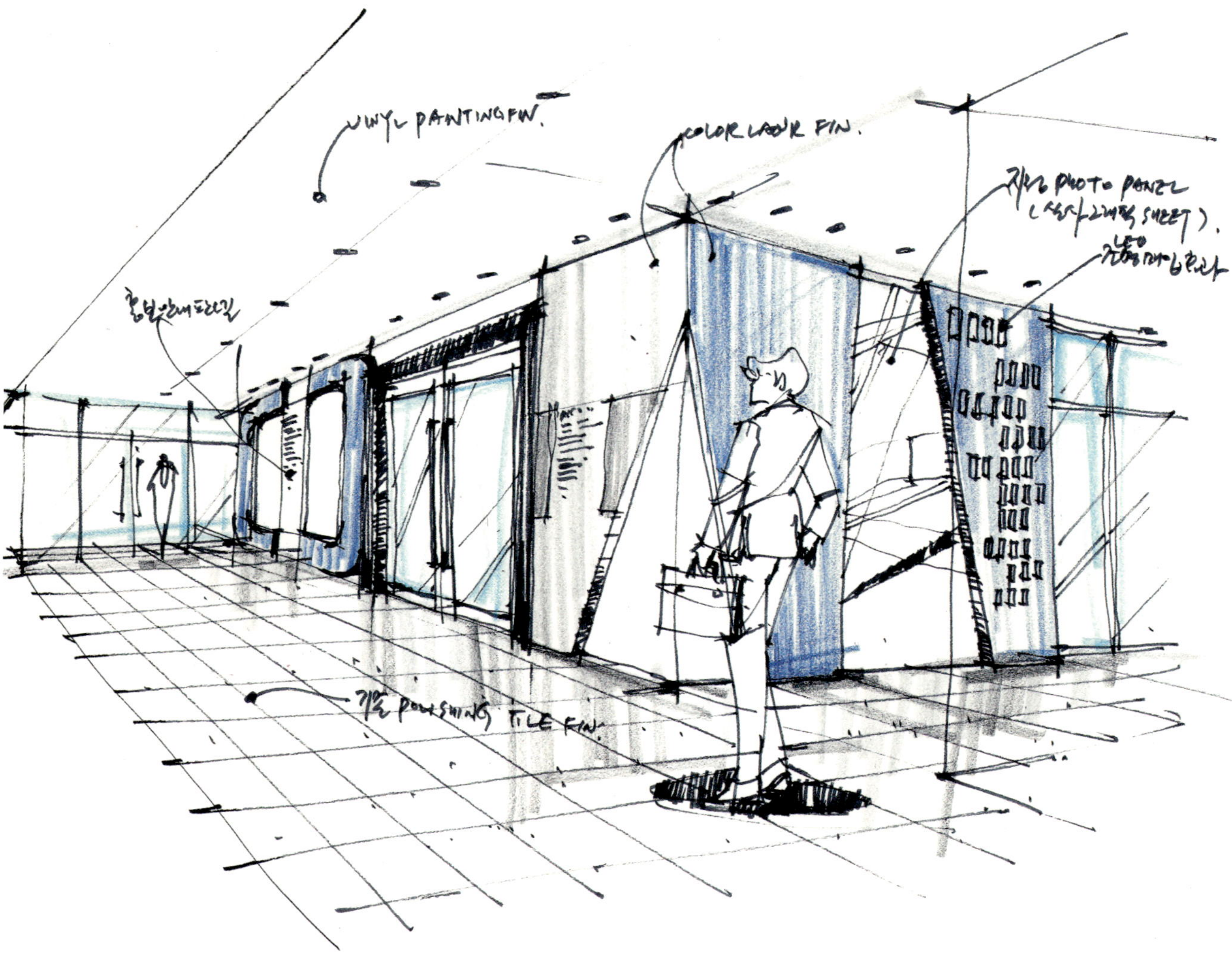
VINYL PAINTINGFIN.
PHOTO PANEL

B
SECTOR

MDN
CHEMICAL

LOBBY
FOR OFFICE PROJECT

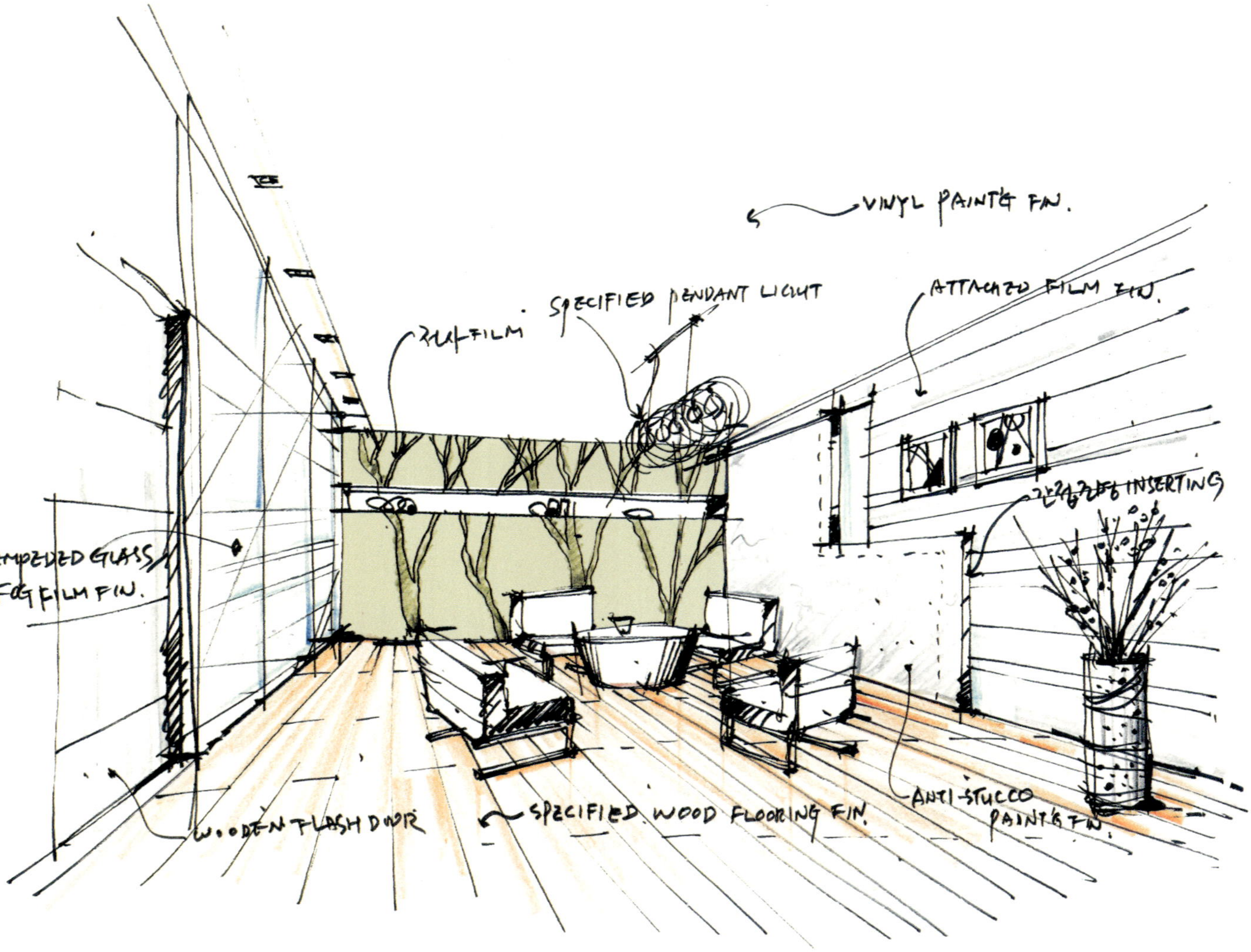

실내공간의 기본적인 색상이 백색 계열일 경우엔 스케치 작업시 중요한 디자인 요소에 한해서 절제를 통한 칼라링을 하는 게 보기가 좋다. 자칫 마음이 앞서 스케치 효과를 더욱 강조하기 위해서 채색을 추가한다면 전체적으로 입체적인 느낌을 반감시킬수가 있으며, 산만한 결과를 낳게 될 우려가 많다. 중앙부 전면벽체의 아트월에 대해서 간결한 터치만으로 프리 스케치의 맛을 그려내는 것은 그 묘미가 아닐 수 없다.

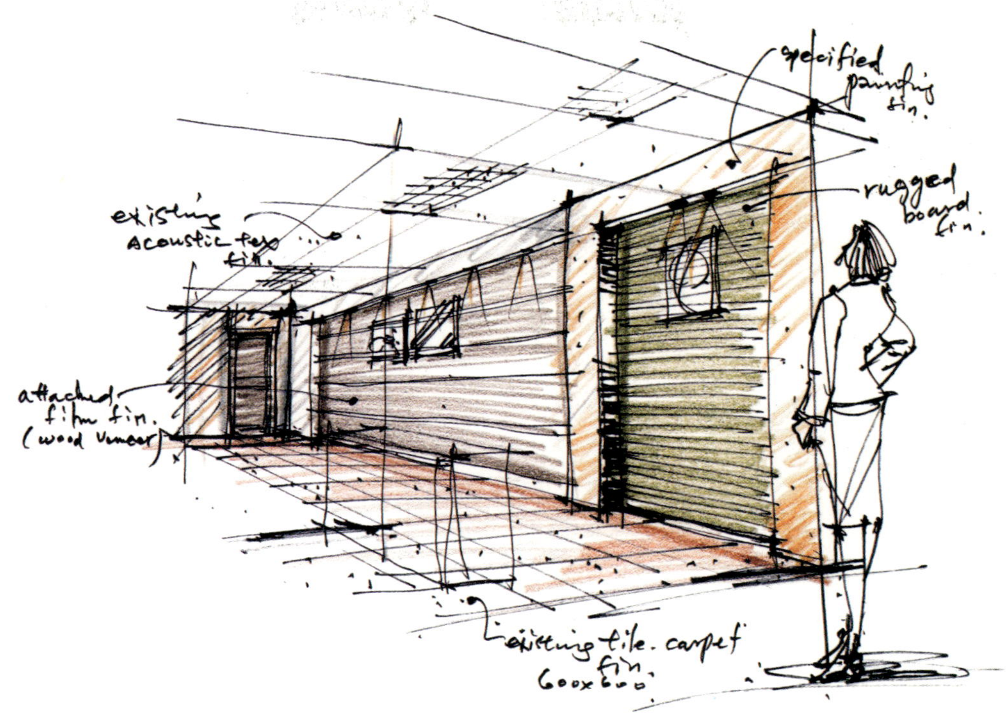
specified
rugged
board
existing
Acoustic
attached
(wood veneer)
carpet
600x600

FRAME
specified
wall covering fin.
walnut
CARPET

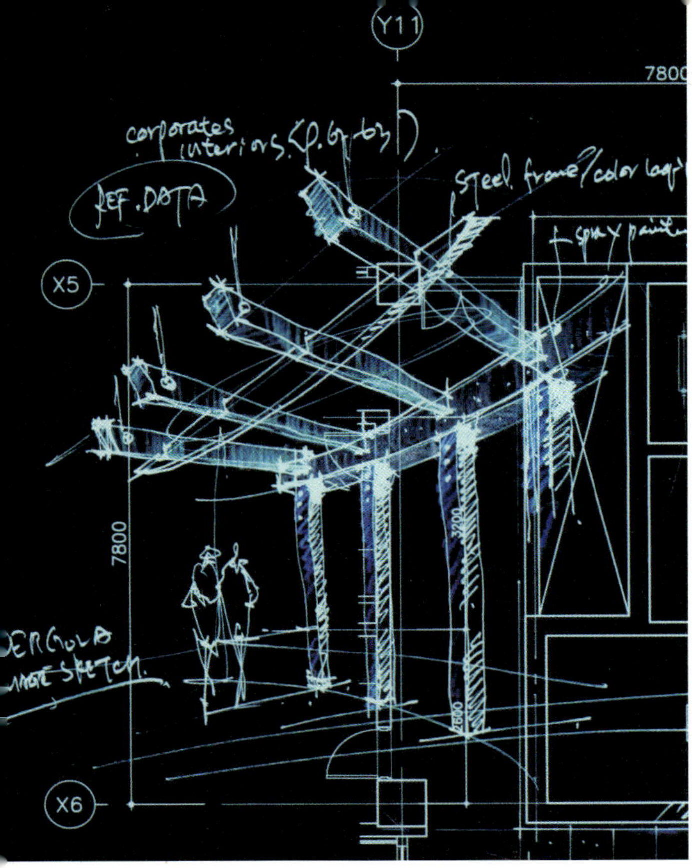
Y11
7800
X5
X6
REF. DATA
corporates interiors
steel frame
7800

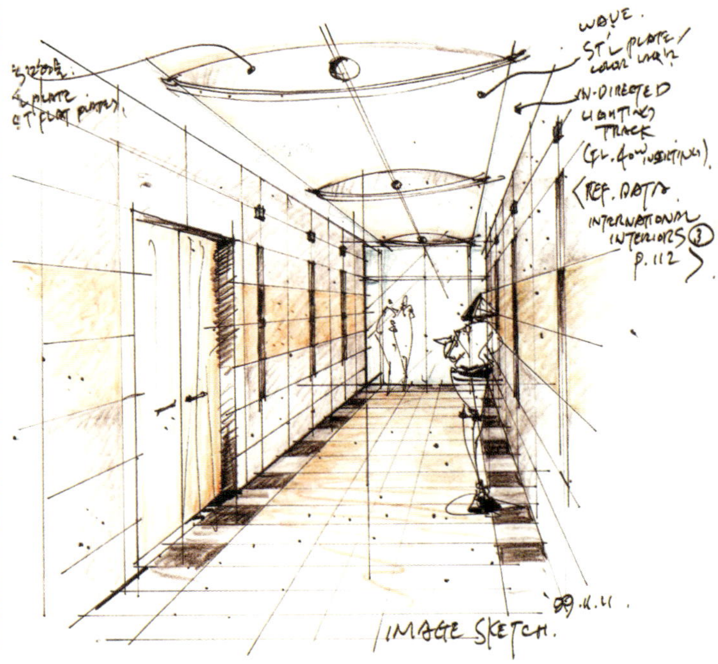
WAVE
IN-DIRECTED LIGHTING TRACK
REF. DATA
INTERNATIONAL INTERIORS
P. 112
IMAGE SKETCH

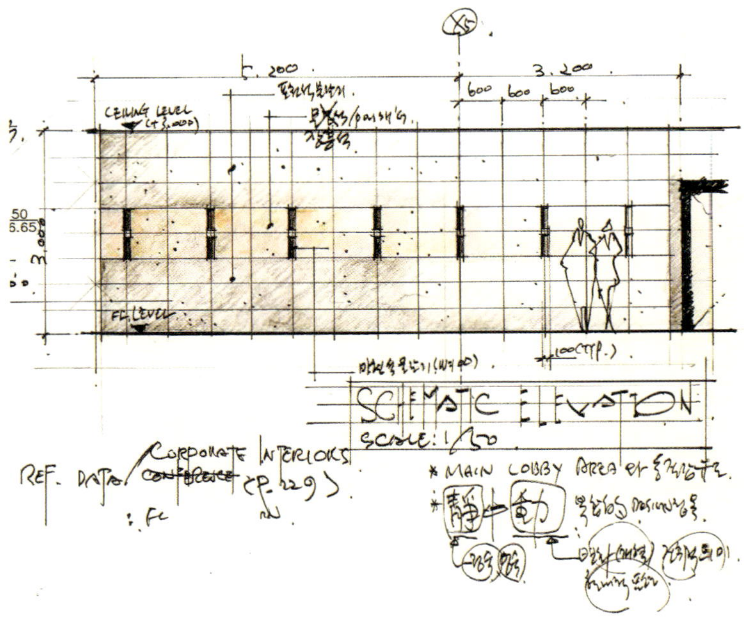
CEILING LEVEL
FL. LEVEL
SCHEMATIC ELEVATION
SCALE: 1/30
REF. DATA
CORPORATE INTERIORS
MAIN LOBBY AREA

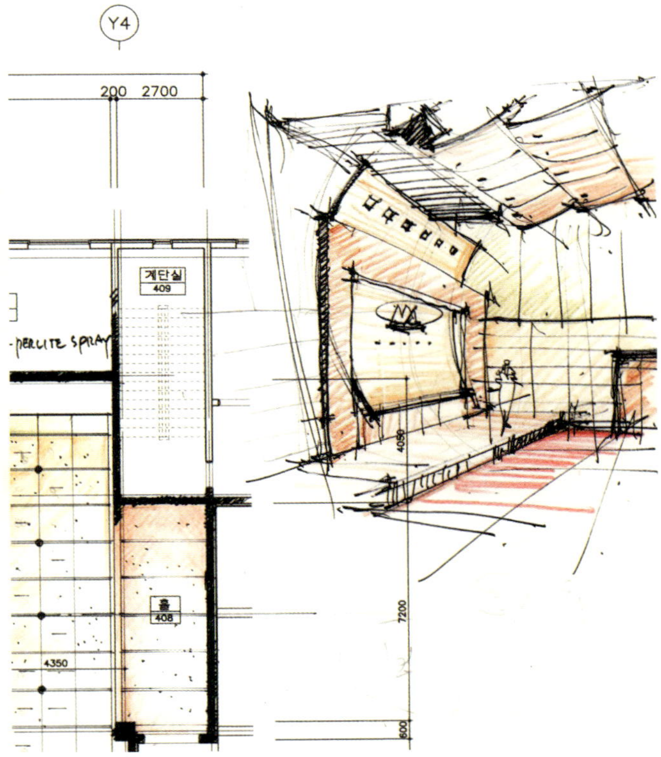
Y4
200 2700
계단실
409
PERLITE SPRAY
홀
408
4350
4050
7200
600

SAMSUNG
INFORMATION

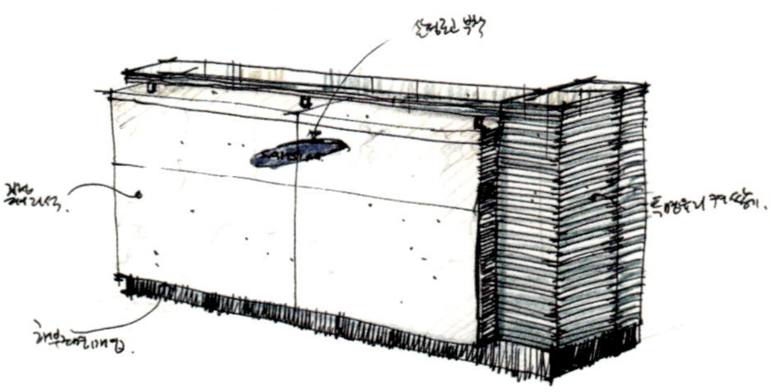

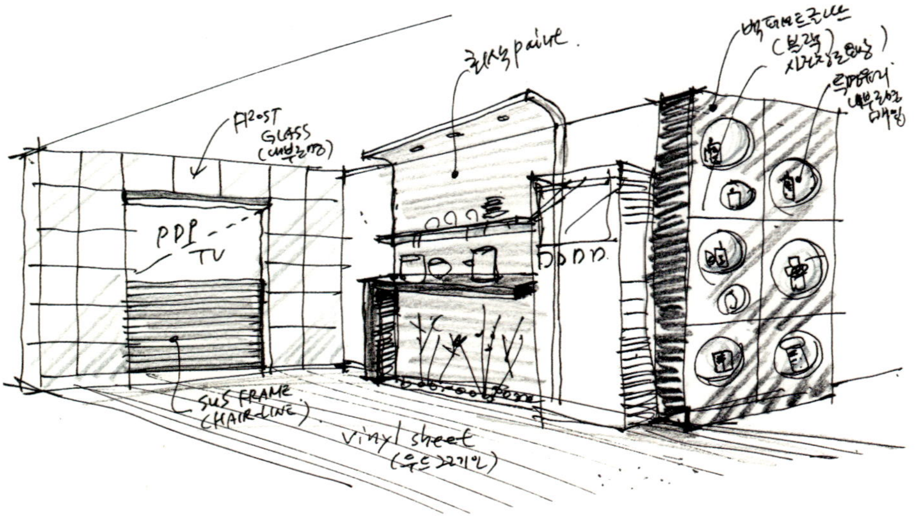
FROST GLASS
PDP TV
SUS FRAME (HAIR-LINE)
vinyl sheet

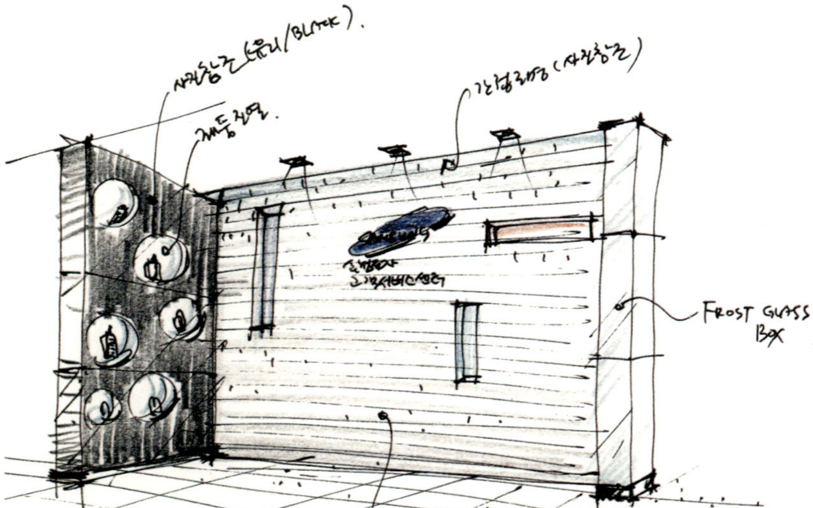
FROST GLASS BOX

SAMSUNG
INFOMATION

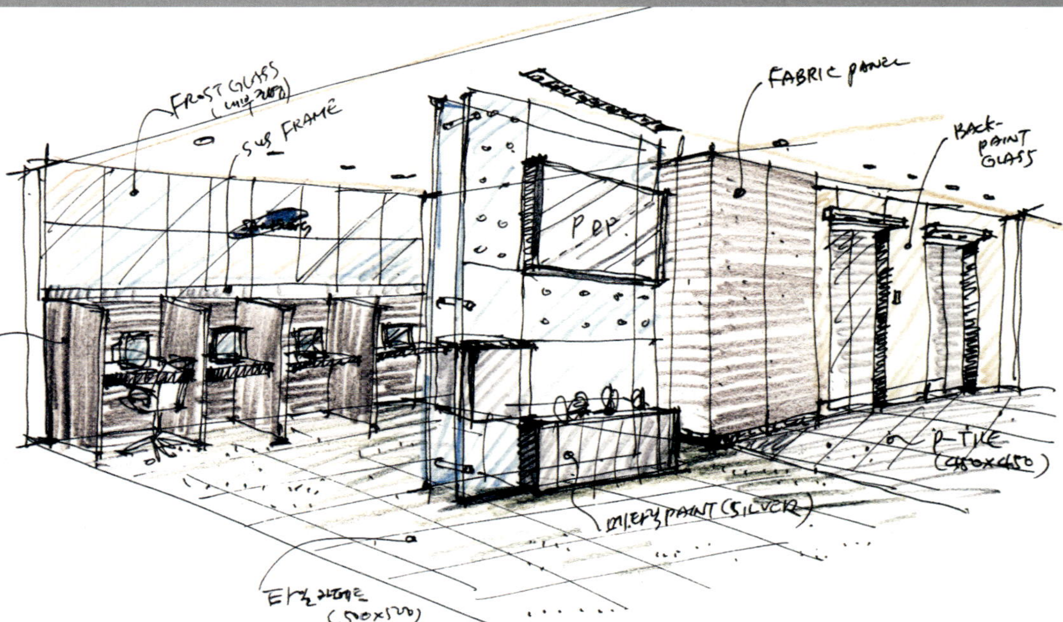
FROST GLASS
SUS FRAME
FABRIC panel
BACK-PAINT GLASS
P-TILE (450x450)
PAINT (SILVER)

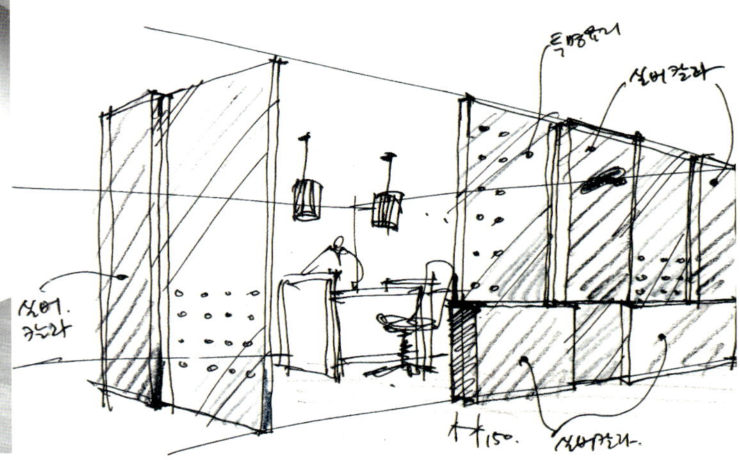

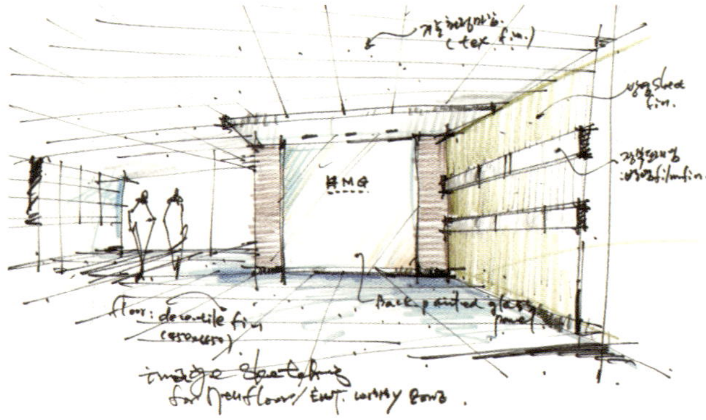
HMG
floor: deco-tile fin
image sketching

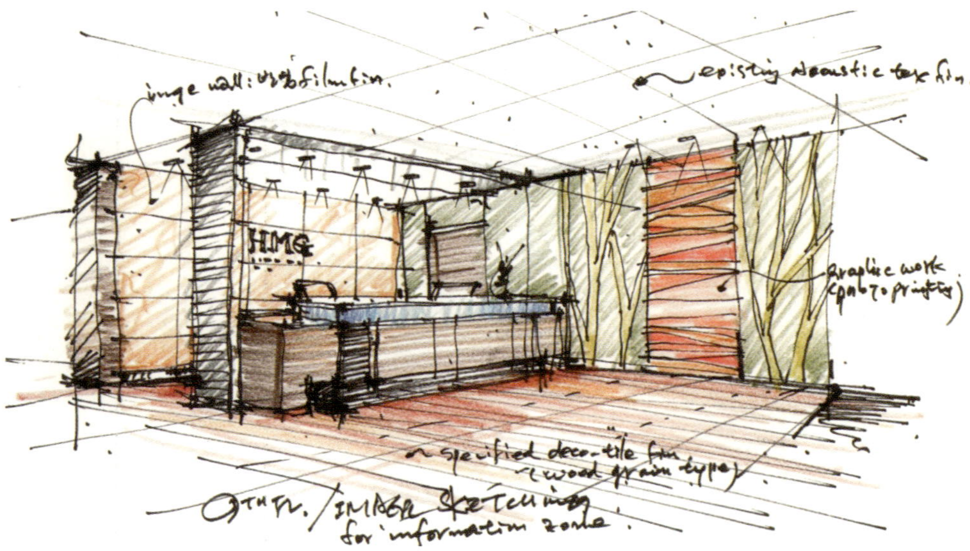
existing acoustic tex fin.
HMG
graphic work
specified deco-tile fin (wood grain type)
for information zone.

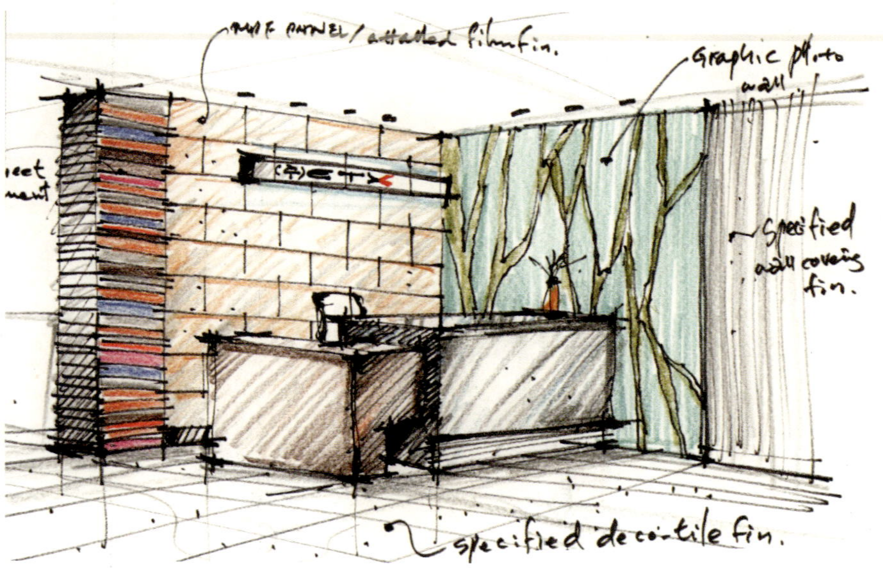
Graphic photo wall
specified wall covering fin.
specified deco-tile fin.

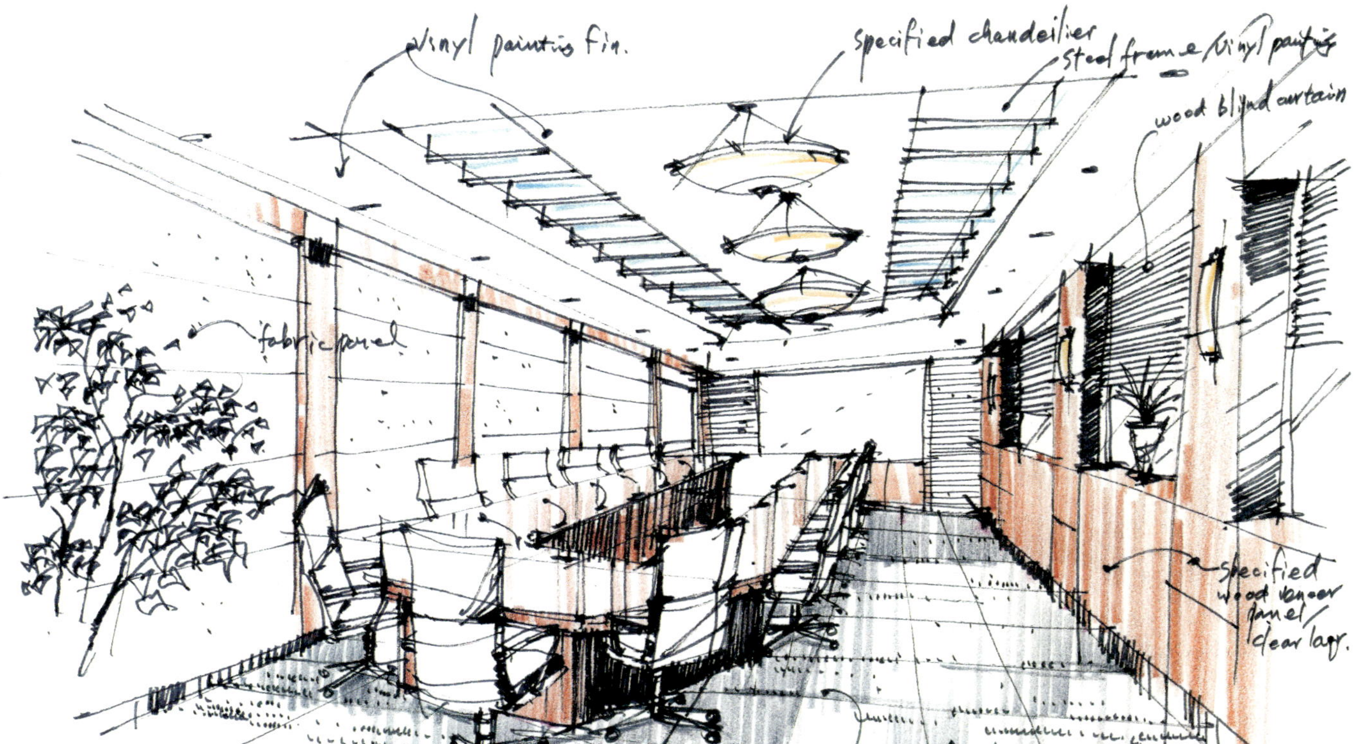
vinyl painting fin.
specified chandeilier
steel frame vinyl painting
wood blind curtain
fabric panel
specified wood veneer panel/clear laqr.
specified tile-carpet fin.

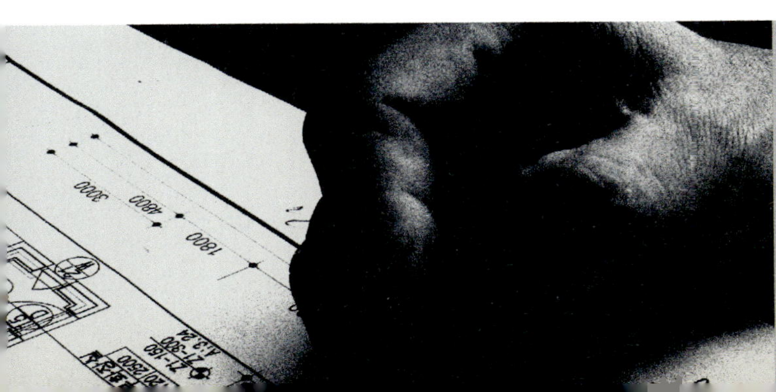

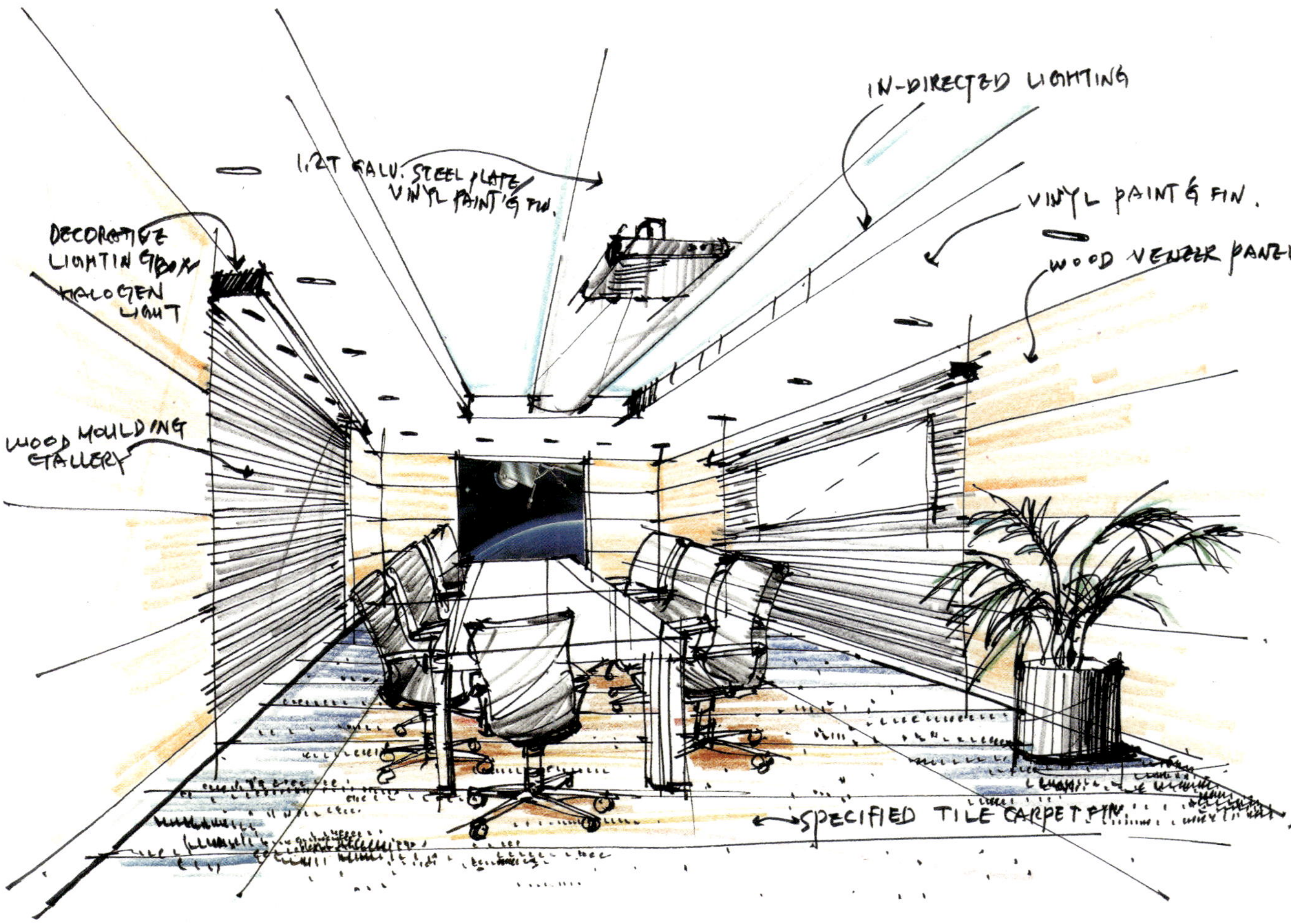
IN-DIRECTED LIGHTING
1.2T GALV. STEEL PLATE VINYL PAINT'G FIN.
VINYL PAINT & FIN.
WOOD VENEER PANEL
DECORATIVE LIGHTING BOX
HALOGEN LIGHT
WOOD MOULDING GALLERY
SPECIFIED TILE CARPET FIN.

SKETCH

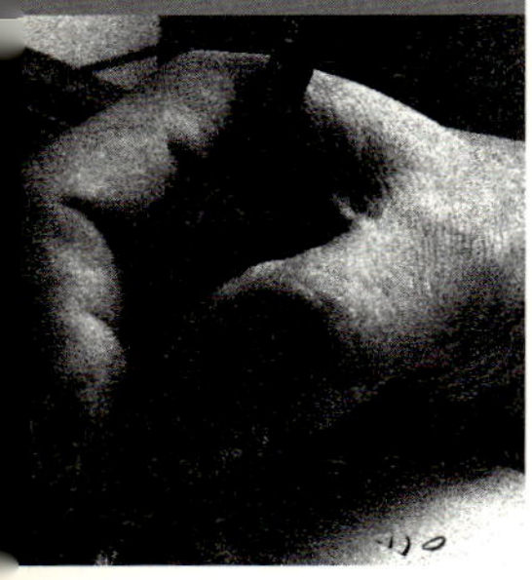

우리는 스케치 note를 사용해 관찰하는 것보다는 보는 것을 증진 시키기 위한 날카로운 지각과 시각적인 이미지를 수집해 놓아야 하며, 건축가들도 유용한 것을 발견하는 즉시 스케치 note에 담아 두어야 한다.
이러한 노력은 sketch note가 우리의 한부분이 되는 것이다.
언어적인 것과 graphic note의 결합은 언어적인 것과 시각적인 사고의 조합에 도움을 줄 것이다.

_Paul Laseaw저서, 디자인 원리와 개념중에서

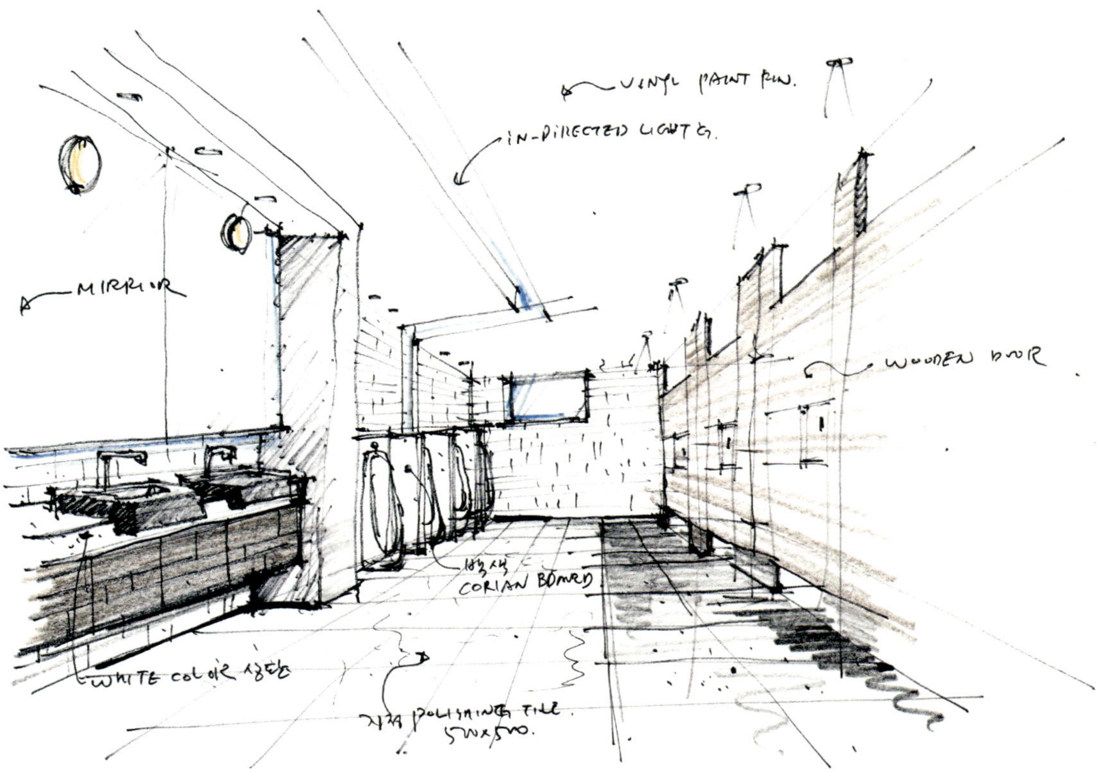

"어떠한 사건을 스케치로 표현한다는 것은 바람직하다는 것을 알고 있으면서도
대부분의 사람들은 항상 최종적인 작품을 나타내는데 있어서 간과해 버리는 경향이 짙다. "

Paul Laseaw 저서, 디자인 원리와 개념 중에서

The Sketch

medical facilities project

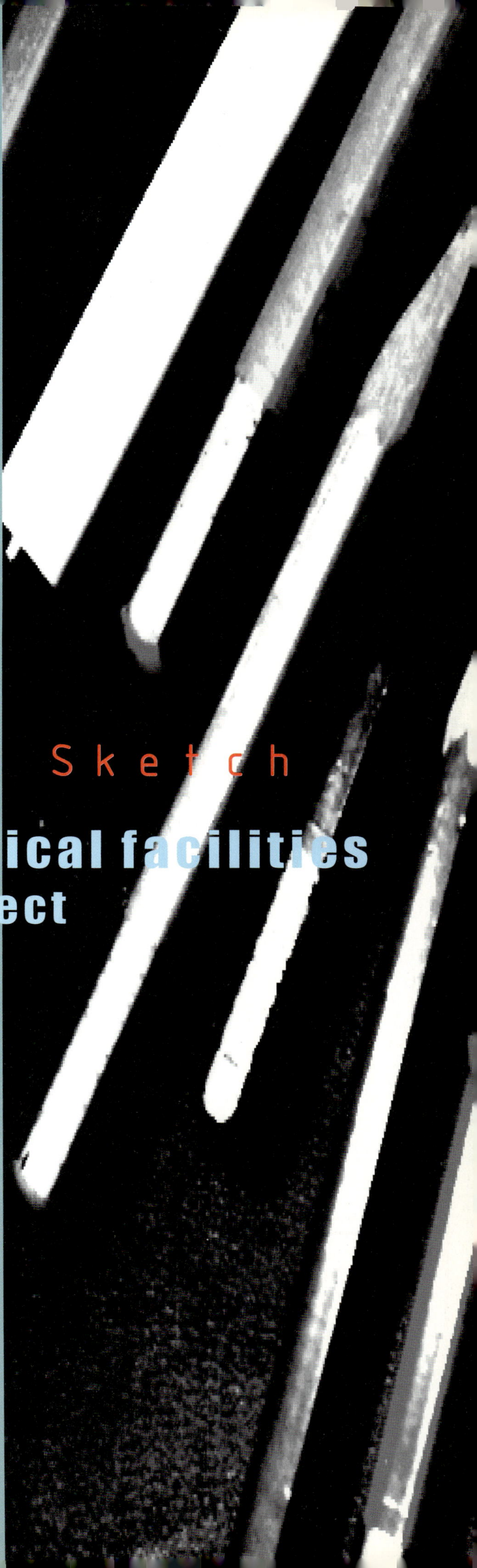

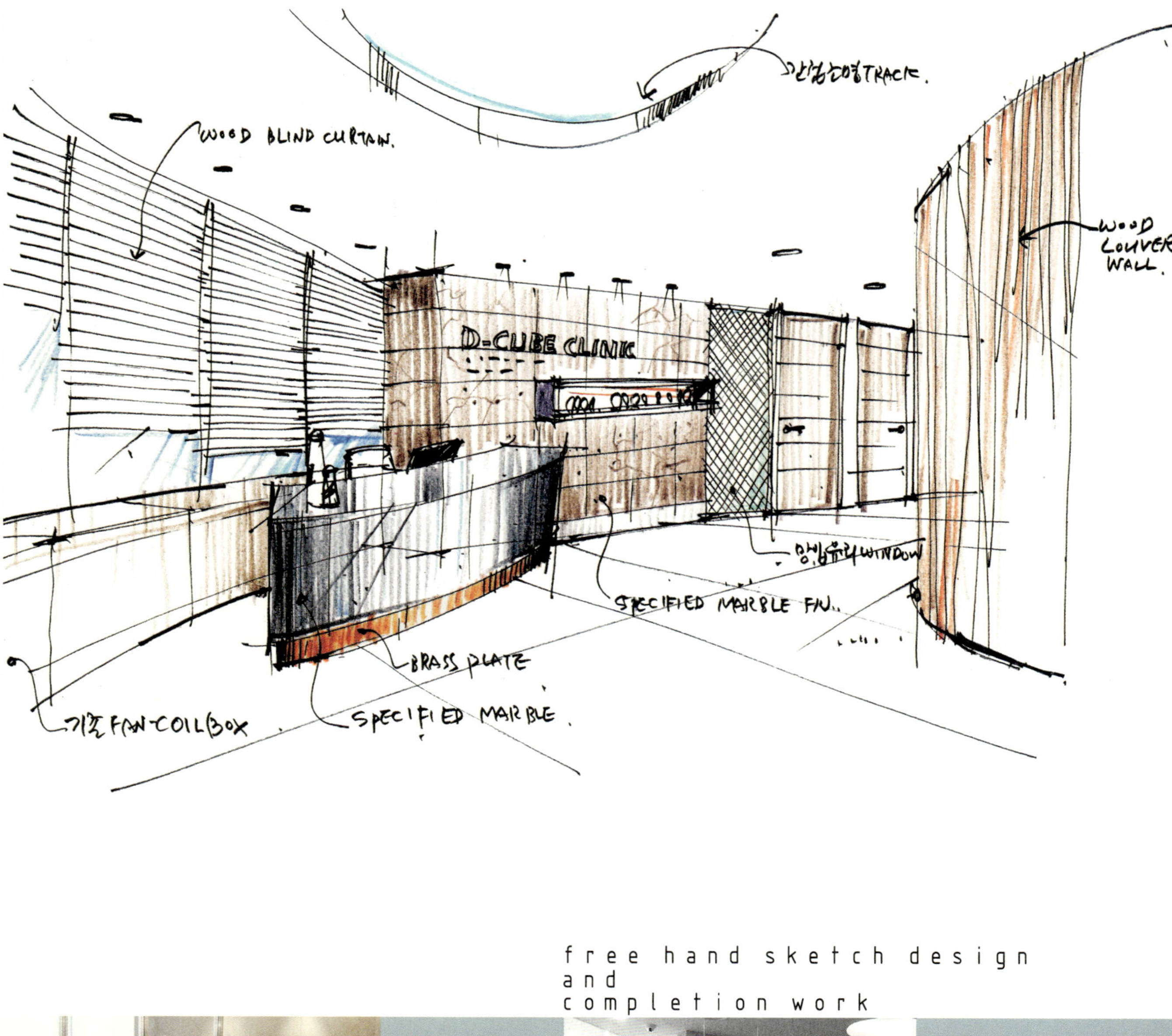

free hand sketch design and completion work

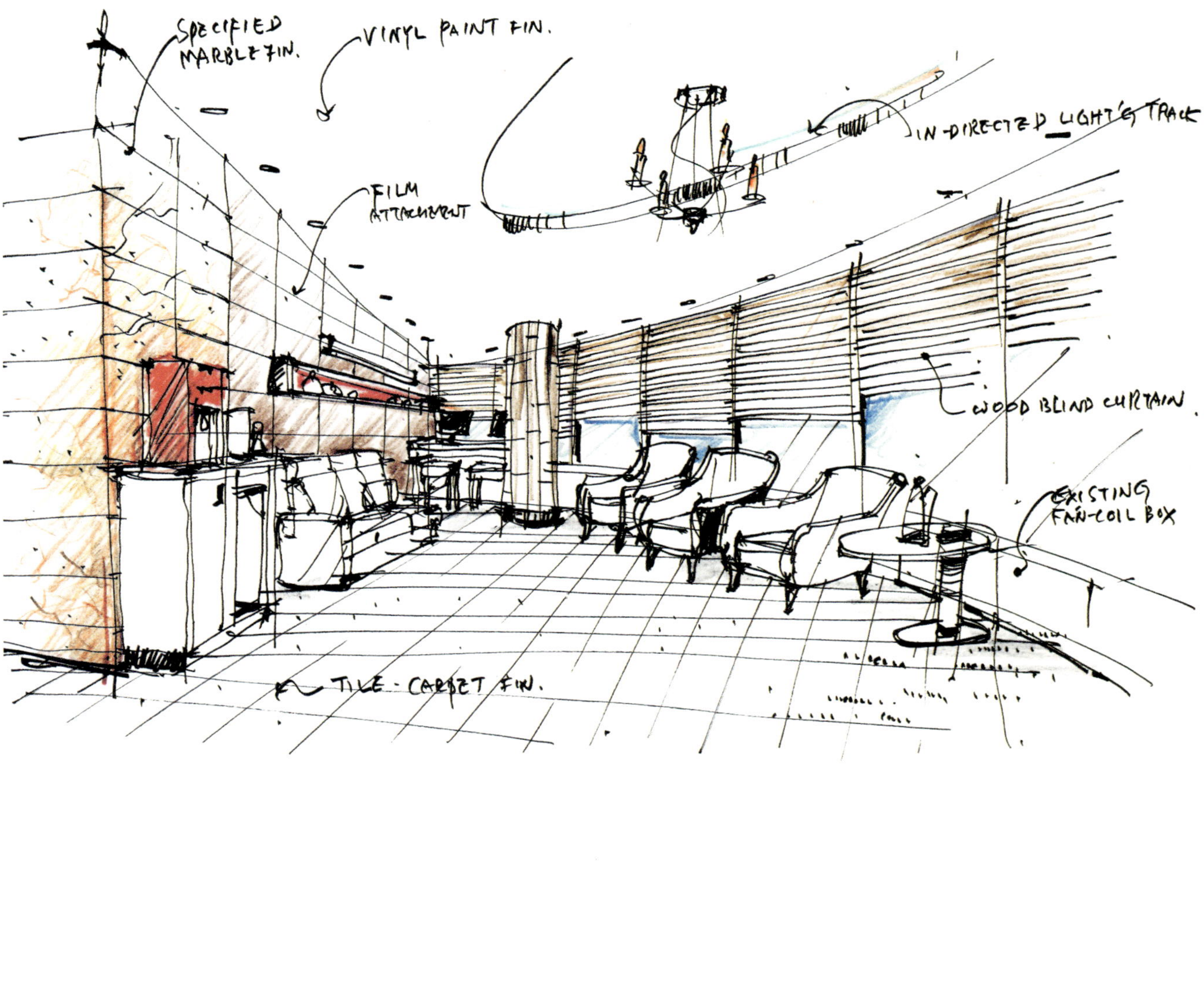
SPECIFIED MARBLE FIN.
VINYL PAINT FIN.
IN-DIRECTED LIGHT'G TRACK
FILM ATTACHMENT
WOOD BLIND CURTAIN
EXISTING FAN-COIL BOX
TILE-CARPET FIN.

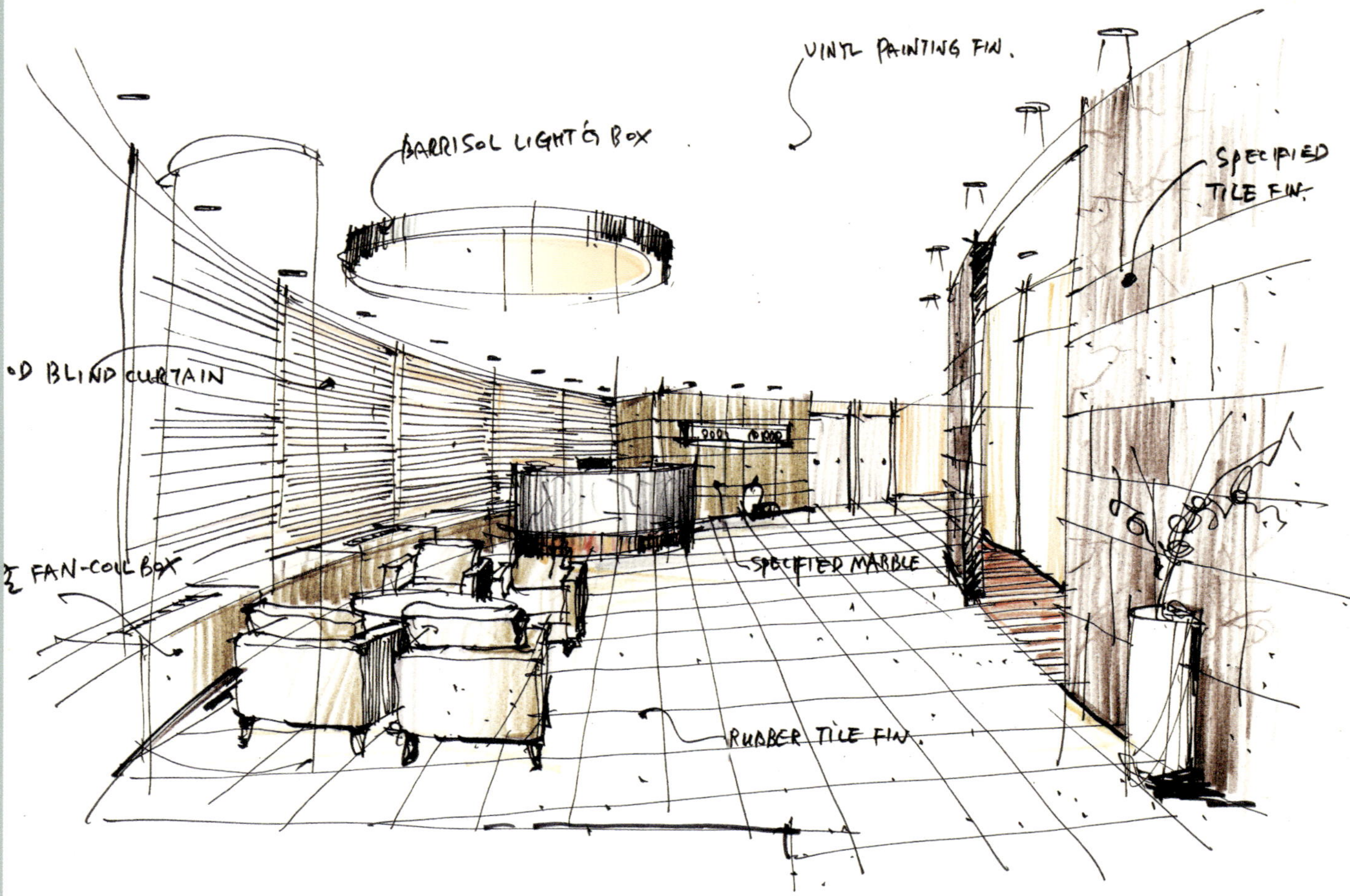

free hand sketch design
and
completion work

VINYL PAINTING. FIN.
IN-DIRECTED LIGHTING
MDF MOULDING
(18T x 180)
CLEAR GLASS
SAFETY GUARD RAIL
FLOOR: D-TILE (WOOD GRAIN) FIN.

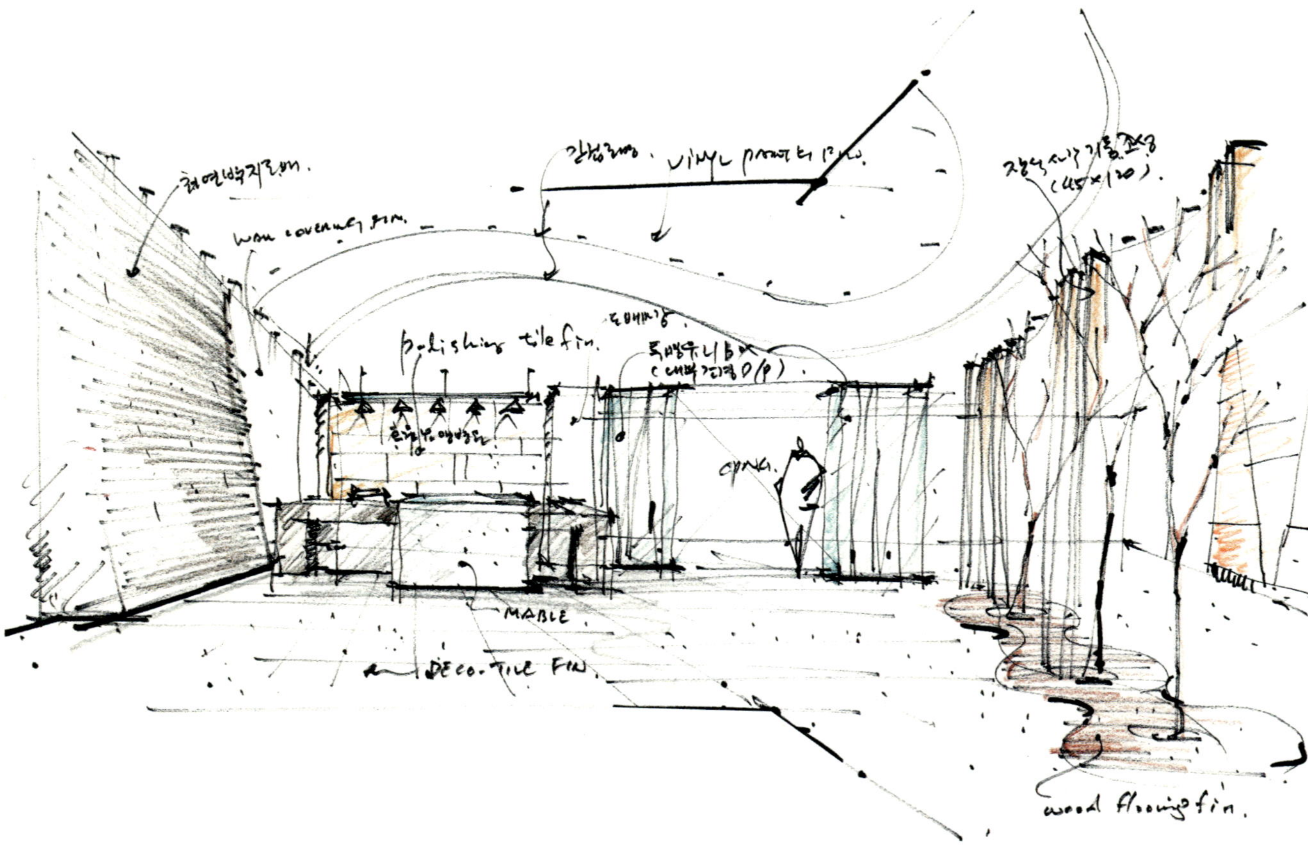
Polishing tile fin.
MABLE
DECO-TILE FIN.
wood flooring fin.

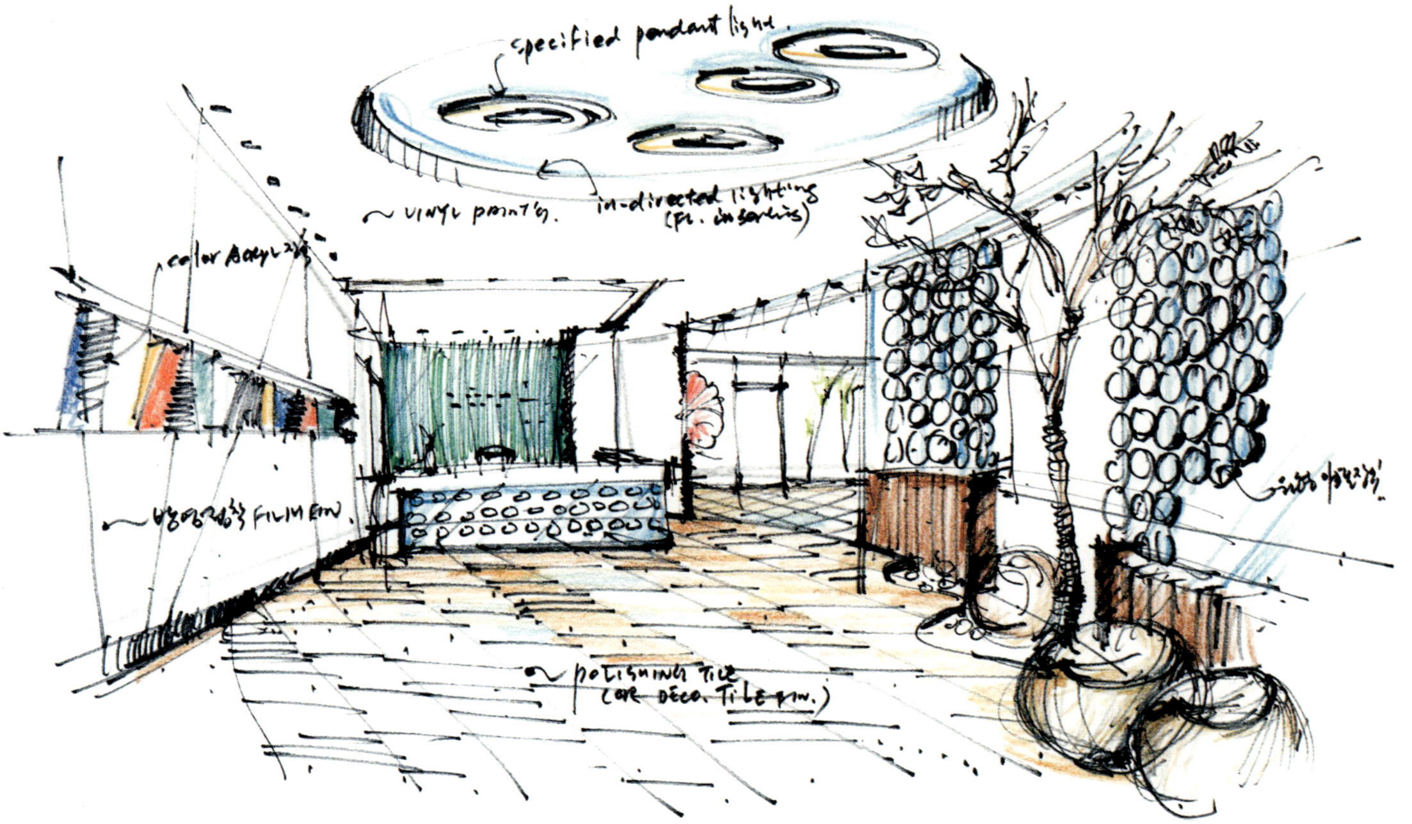
specified pendant light

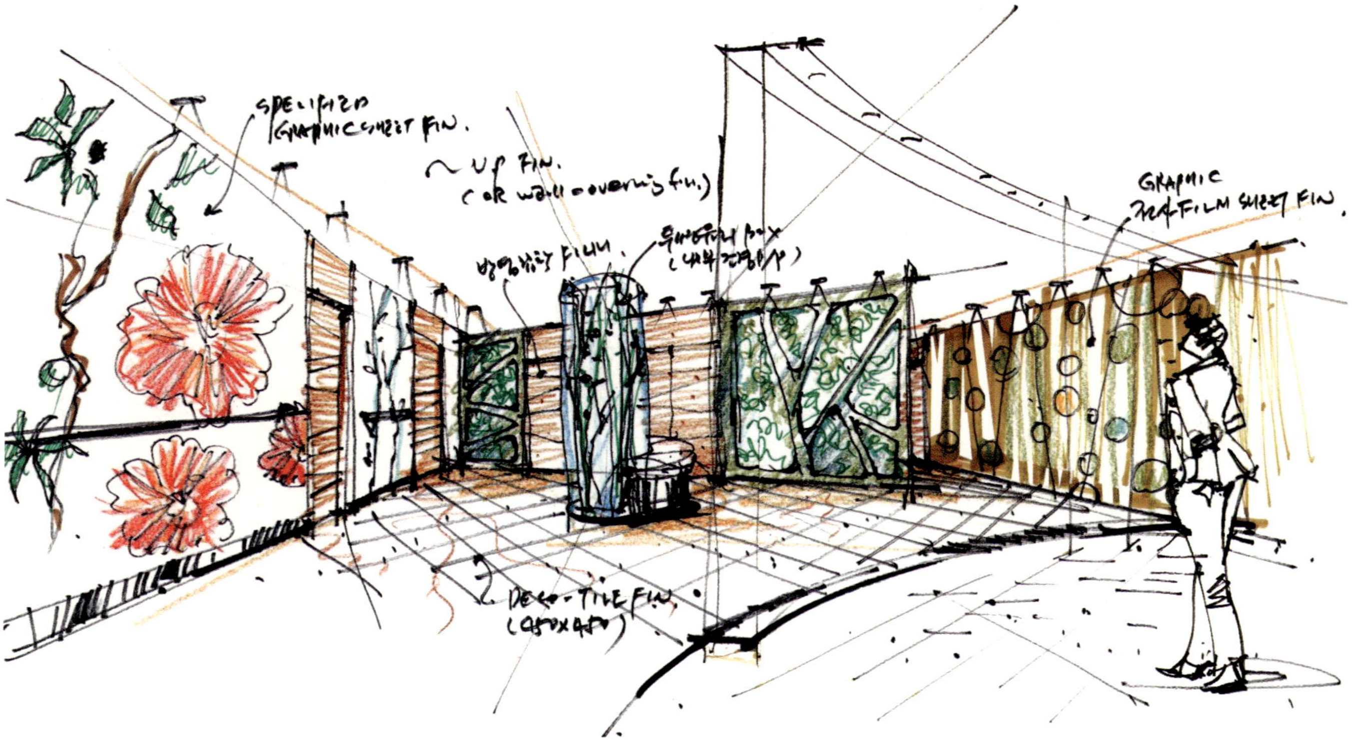

FREE HAND SKETCH
WITH
3D COMPUTER GRAPHICS

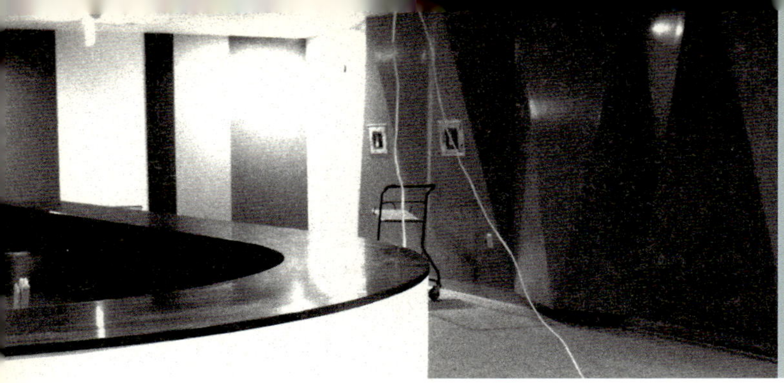

Vinyl painting fin.
투명유리Box
(내부 wood장식재사용)
Specified lighting
MDF/color laquer fin.
wood louver wall
polishing tile fin.

CHA
Clinic Center

free hand sketch
with
field work
general clinic center project

LCD MONITOR.
graphic wall
metal panel.
information Desk
EXISTING FINISHING,
specified marble fin.
chair.

POMONA

DECORATIVE WALL (GRAPHIC BOARD)
SPECIFIED CEILING LIGHT
METAL LATH PANEL
SIGN BOARD
EXISTING MARBLE FIN. (BOTTICINO)

POMONA
information

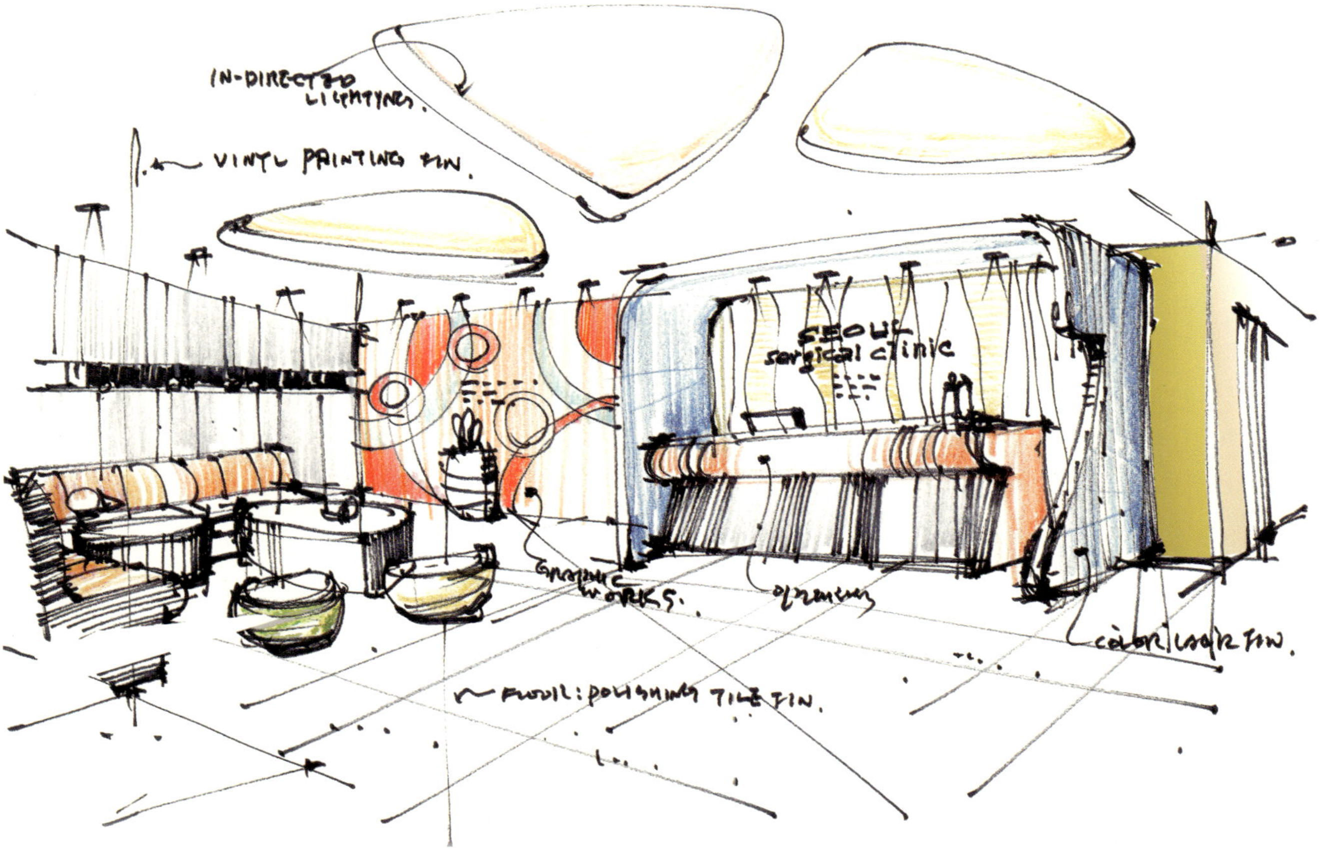
IN-DIRECTED LIGHTING.
VINYL PAINTING FIN.
SEOUL
surgical clinic
GRAPHIC WORKS.
FLOOR: POLISHING TILE FIN.

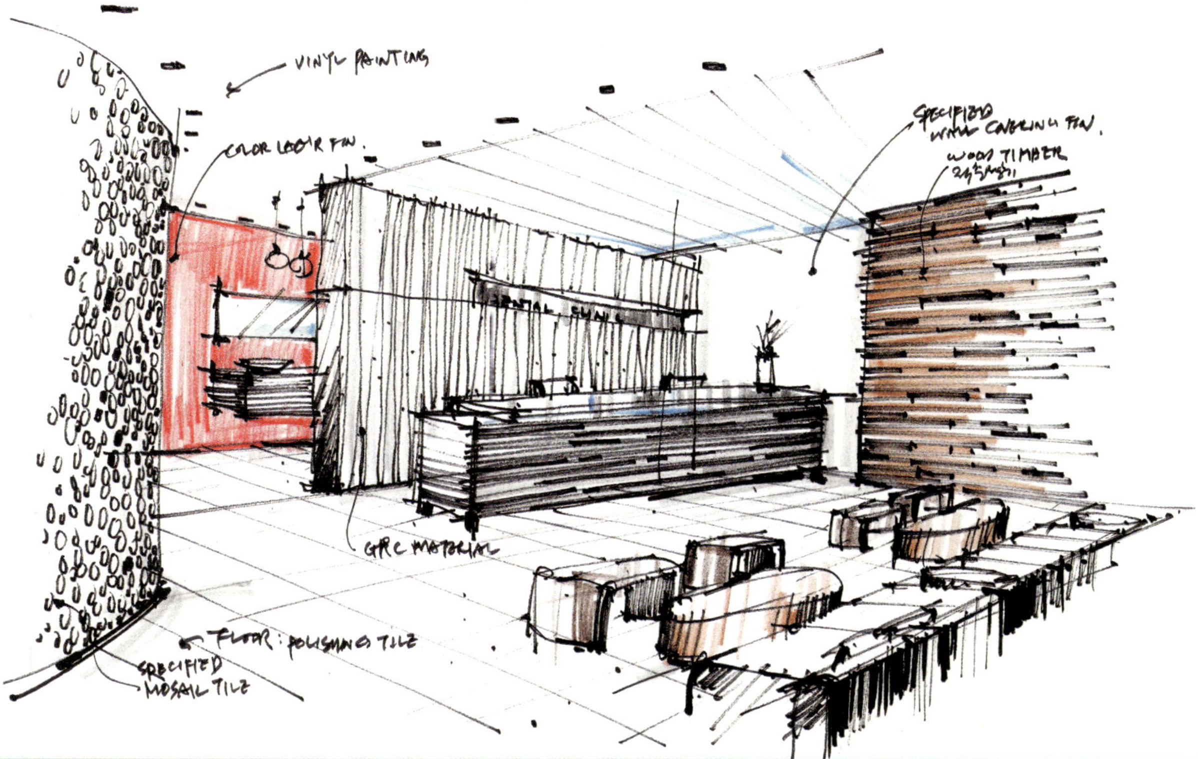
VINYL PAINTING
WOOD TIMBER
GRC MATERIAL
FLOOR: POLISHING TILE

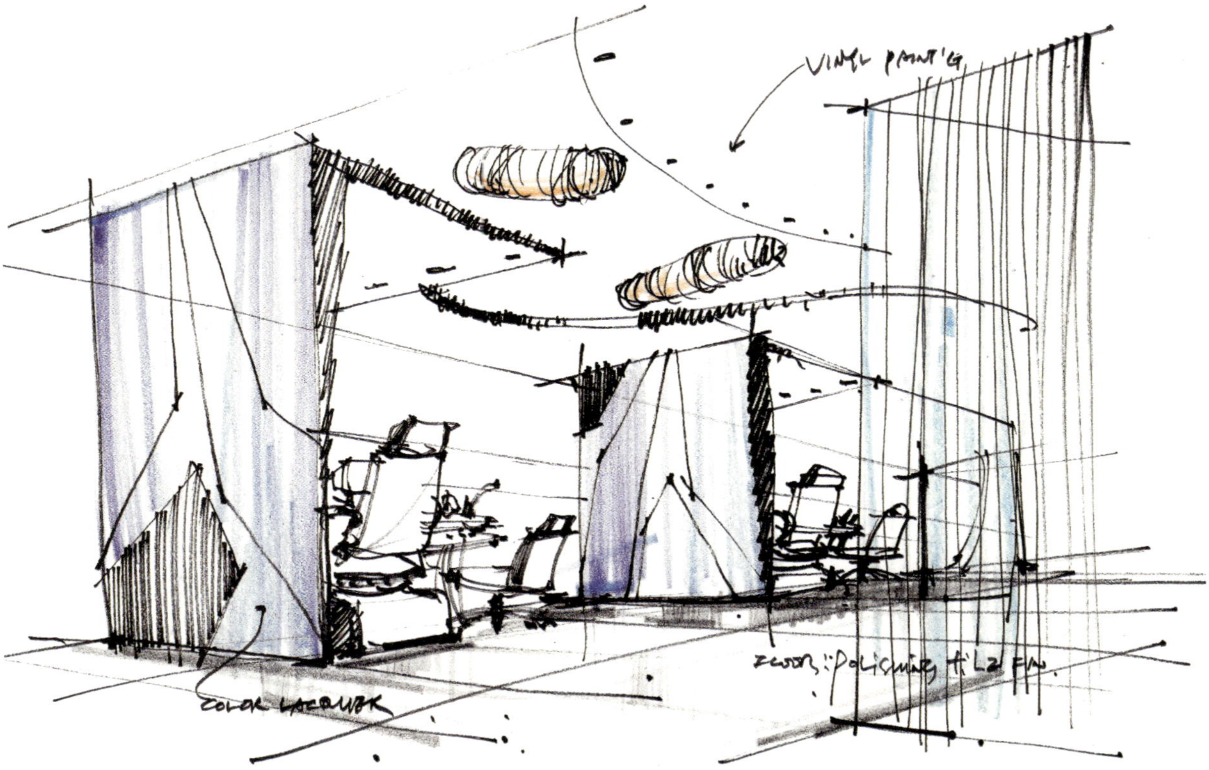
VINYL PAINT'G

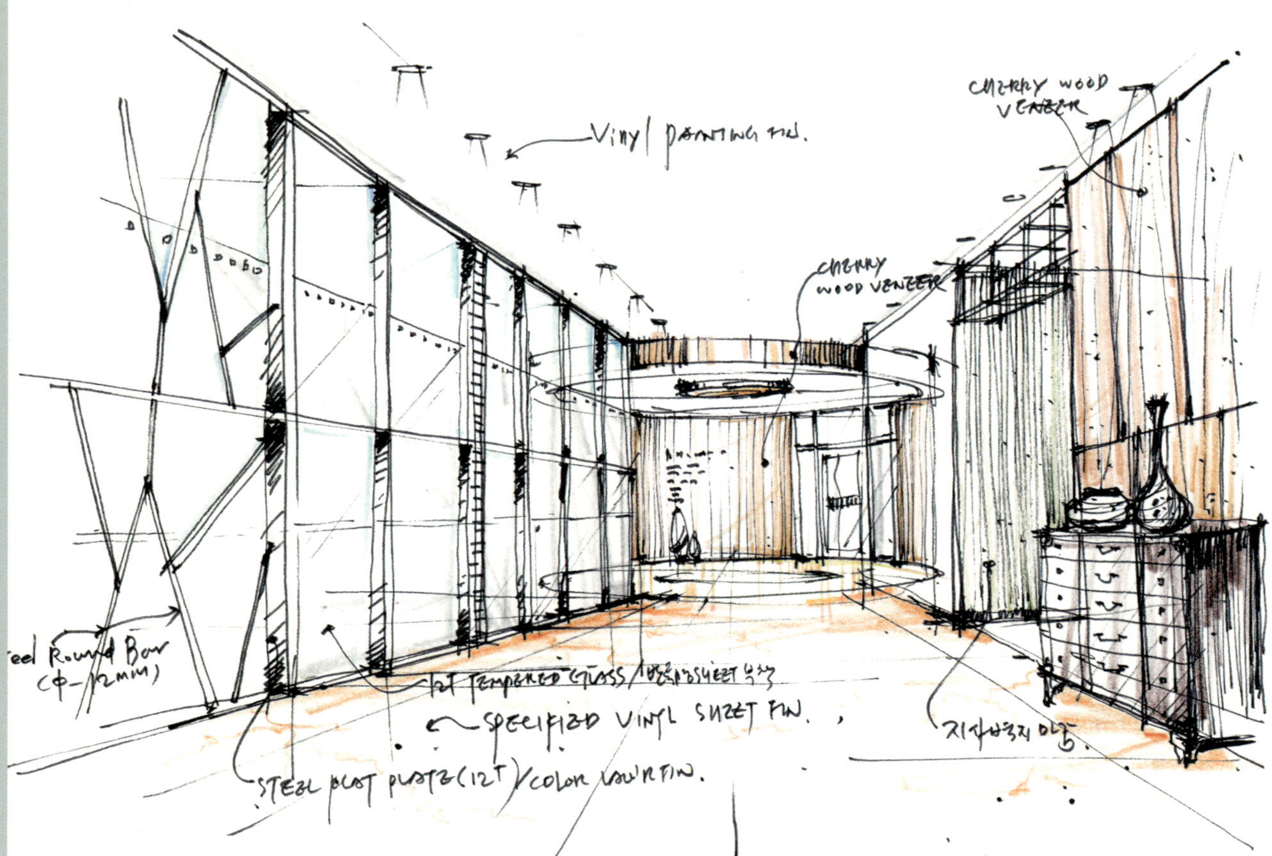

free hand sketch design
and
completion work

free hand sketch design

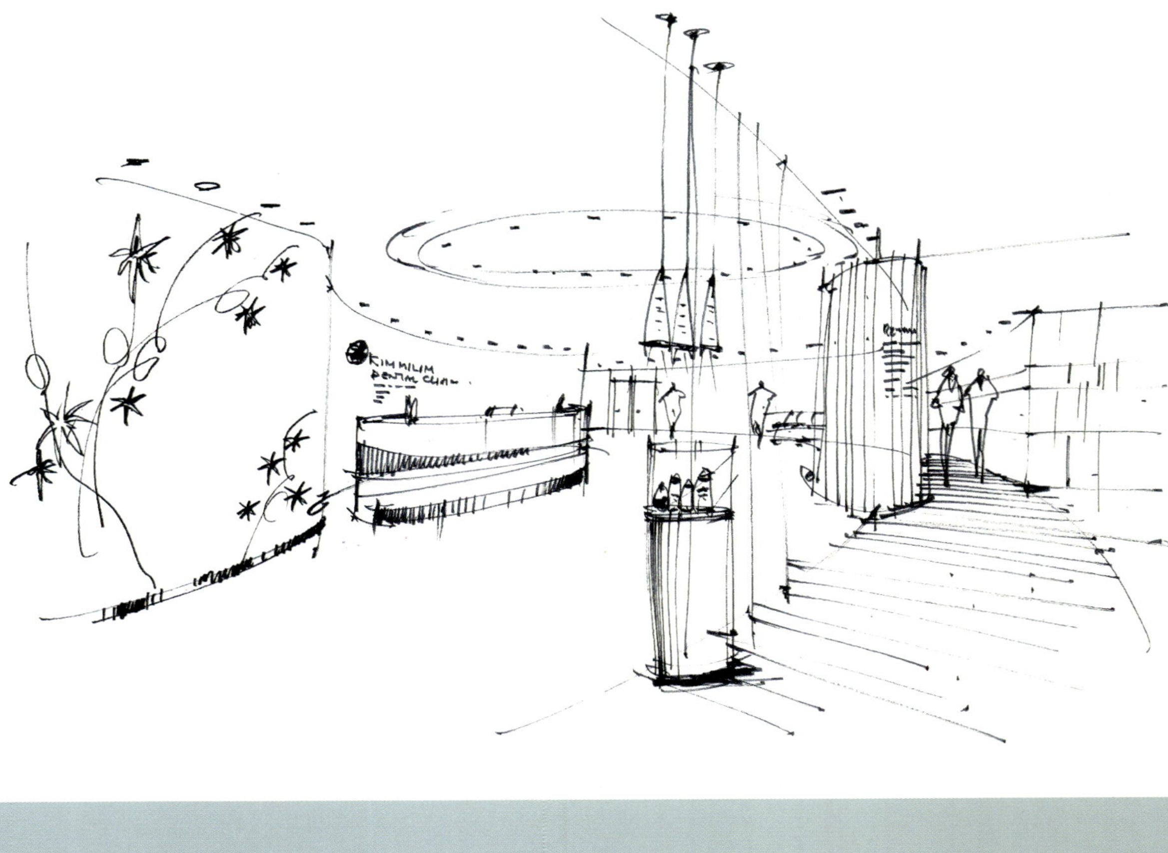

"분명히 도식적 사고는 당신이 해결해야 하는 문제나 창조적인 사고의 해결책으로서가 아니라 이러한 문제들을 풀기 위한 하나의 기본적인 도구로 생각되어져야 한다.

도식적 사고는 우리들에게 전달 방향을 알려주고 있는 것 같다.

이렇게 볼 때 sketch는 문제에 관한 사고의 방법을 제시해 주기 때문에 아주 중요하다고 본다."

Paul Laseaw 저서, 디자인 원리와 개념 중에서

The Sketch

commerce facilities project

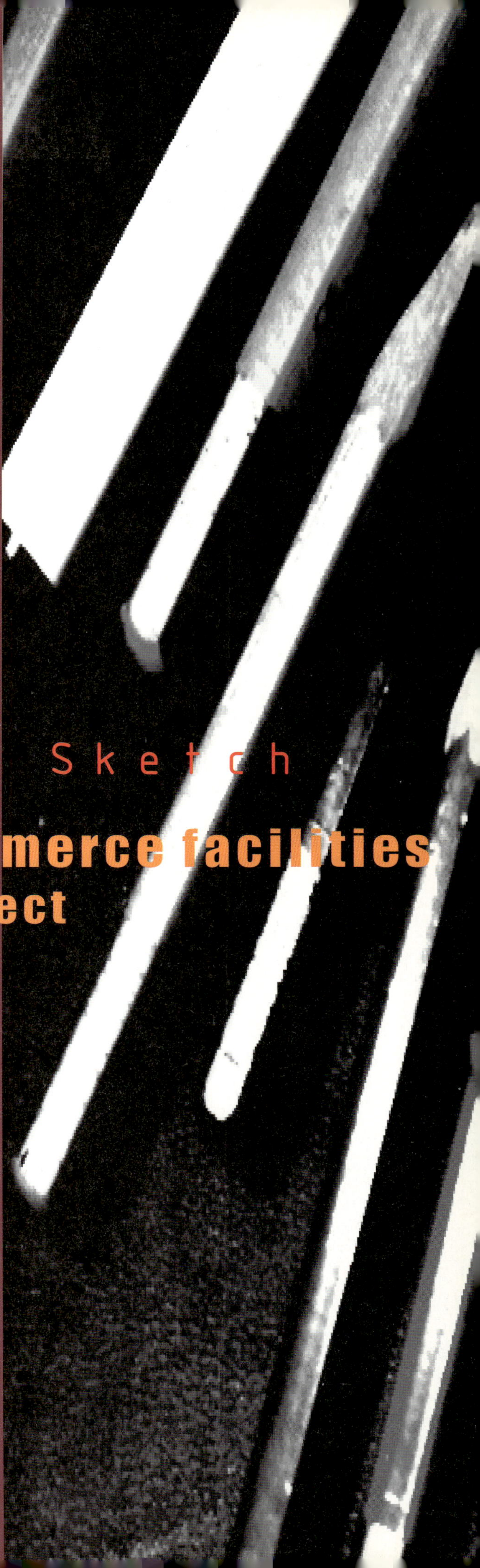

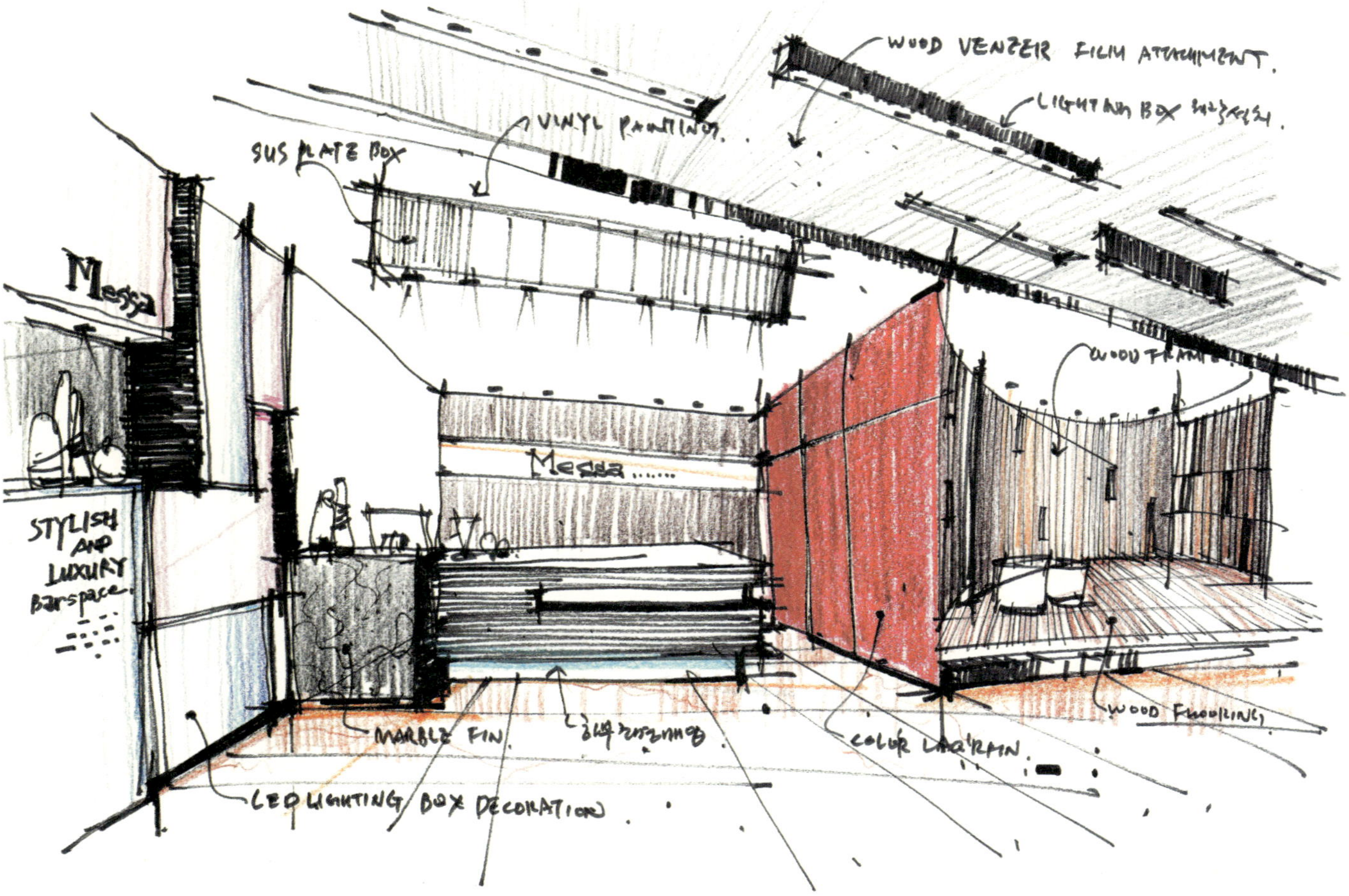
WOOD VENEER FILM ATTACHMENT.
LIGHTING BOX
VINYL PAINTING.
SUS PLATE BOX
Messa
Messa
STYLISH AND LUXURY Barspace.
WOOD FRAME
WOOD FLOORING
MARBLE FIN.
LED LIGHTING BOX DECORATION.

MESSA

WOOD FILM FIN.
STEEL
WOOD FRAME.
WOOD FLOORING FIN
STEEL STRUCTURAL
STAIR-CASE
EXISTING ELEV. DOOR

이따금 디자인을 할 때 마다 문득 감각이 무뎌지고 감성이 건조해지는 상황이 나타날 때가 있다.
그것은 인테리어 디자인이 건축적인 공간속에서 이루어지는 엔지니어링 성격의 특성을 고려할 수 밖에 없는 현실적 관계를 인식하고 접근해야 하는 불가분의 사안들이 적지 않기 때문이다.
그러니까 공학적 맥락의 기술적인 여건을 고려하다 보면 그런 가운데에서 자칫 실내공간만이 가지는 특색과 개성 창출의 열정과 의지를 잃지 않을까 하는 때가 있게 된다.
이는 인테리어 디자인만이 가지는 감성과 개념을 잠시 이탈하는 경우다.
기본계획에 대한 스케치 작업을 진행할 때 프로젝트의 특성에 따라 그 표현이 매우 회화적인 요소를 요구하게 될 때, 그 감각을 유지하지 못하면 프리스케치도 결과적으로 만족스러운 결과물이 나오지 못하게 된다고 본다.
따라서 자신의 디자인적 감각과 창의적 감성을 스스로 조절하고 자극하여 좋은 구상을 이끌어 내기위한 노력도 소홀히 하지 않아야 할 것 같다.

FREEHAND SKETCH FOR INTERIOR DESIGN

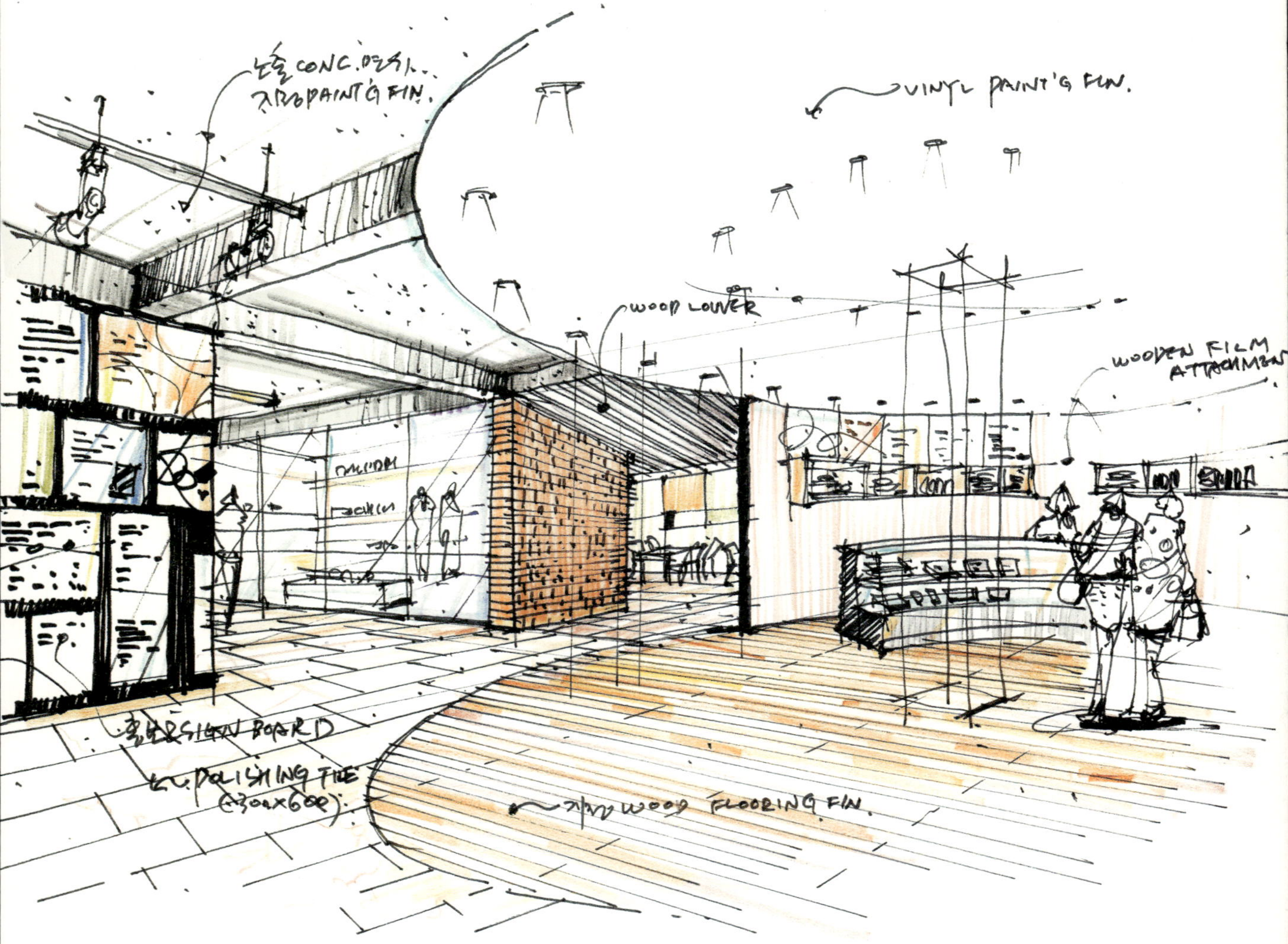
VINYL PAINT'G FIN.
WOOD LOUVER
SIGN BOARD
POLISHING TILE
WOOD FLOORING FIN.

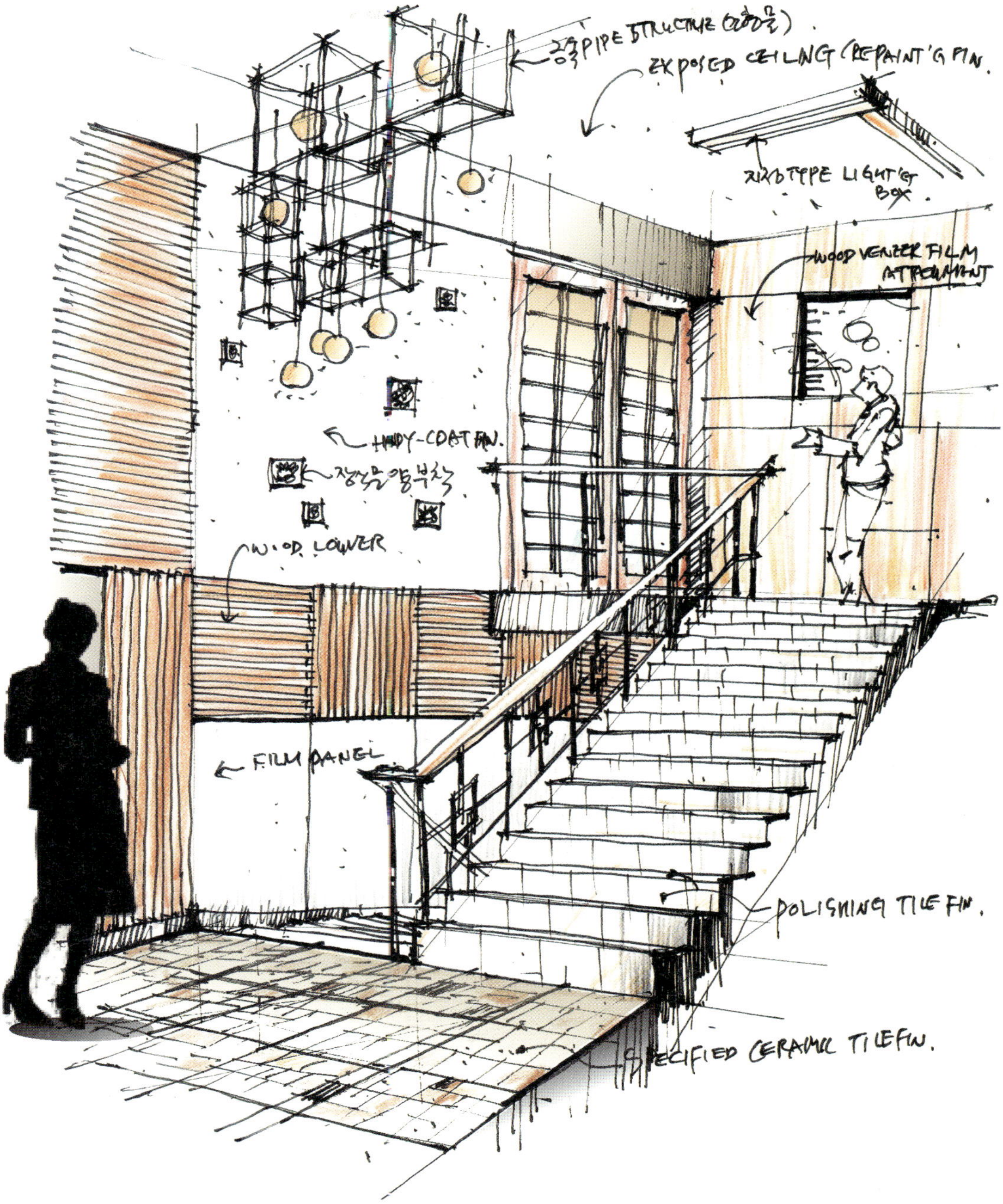

스케치 작업에 있어서 간과할 수 없는 건 구도(viewing angle)다.
이는 어떠한 3차원 작업시라도 신경써야 할 조건이기도 하다.
여담이지만 3D작업을 하는 경우를 유심히 보면 대체적으로 모델링이나 조명과 질감등에만 신경쓰는 상황을 많이 접하게 된다.
그러나 그러한 노력에도 불구하고 결과적으로 최적의 구도를 잡지 못하면 그 작품은 우수한 결과를 얻어내지 못한다.

현장에서 보는 좁고 협소한 공간을 가장 최적의 공간으로 연출해야 하는 어려운 과제를 해결하는데에는 일차적으로 스케치의 구도 설정과 위치가 매우 중요할 수 밖에 없다.
1층과 계단의 LANDING 부분, 그리고 지하로 내려가는 계단 통로와의 상호간 유기적인 공간 관계에 대해서 디자인의 연출 의도를 함축적으로 보여 주는 것은 클라이언트와의 원활한 설계 협의와 디자인 의도를 충분히 전달하는 데에 바람직한 결과를 얻게 될 것이다.

line groove(w=50)
v.p fin.
clear glass + fog film fin.
attached film (wood veneer)
polishing tile fin.
wood flooring fin.

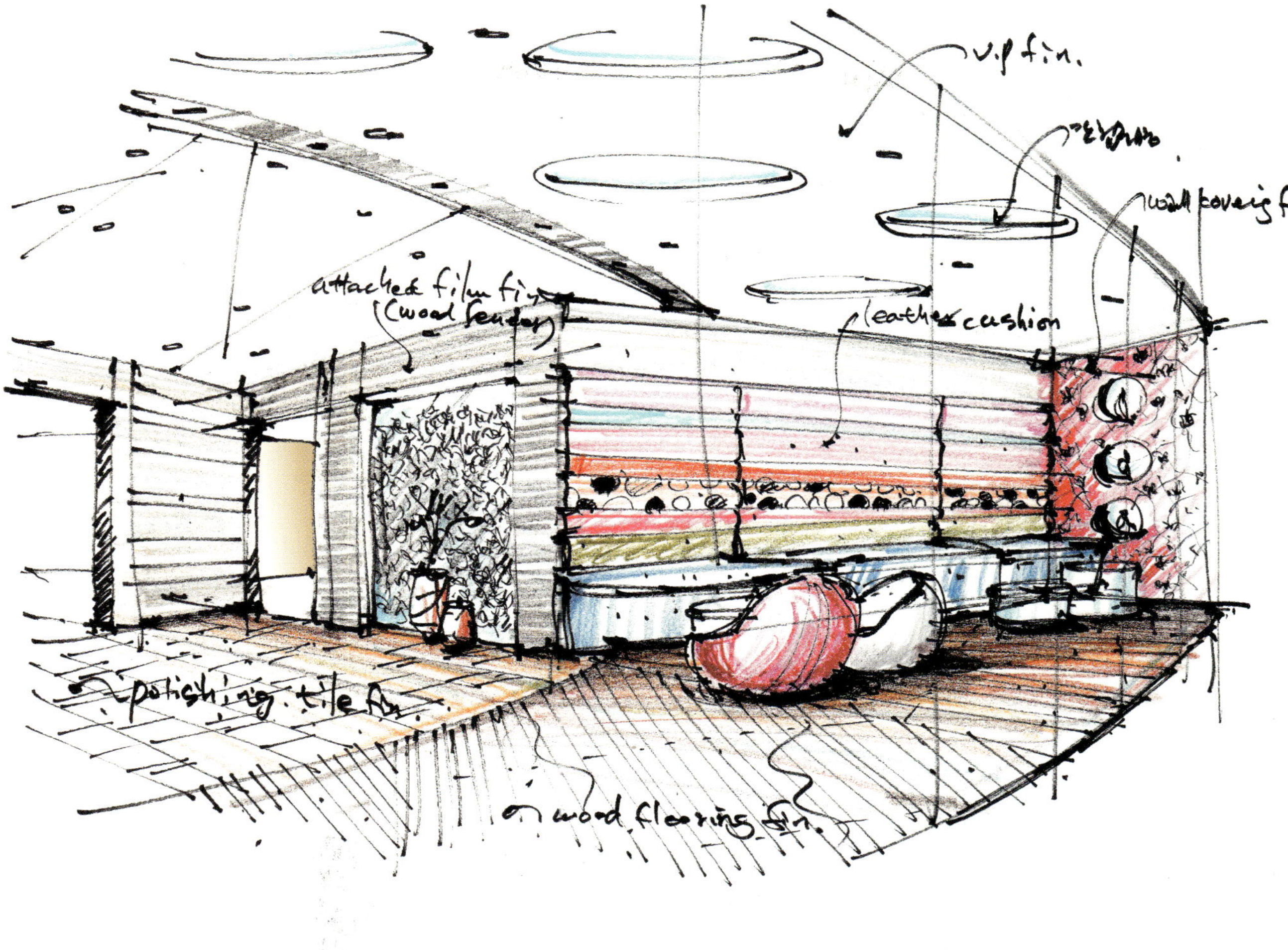

AND
Free_hand Drawing Technic

프리핸드 스케치는 작업이전에 스케치해야 할 확실한 목표의식과 집중력이 필요하다. 그리고 기본적으로 가장 효과적인 결과물을 표현하기 위한 요소들을 염두에 두어야 한다. 익히 알고 있는 명암과 라인의 굵기는 입체적인 효과를 얻어내는 데에 결코 빠질 수 없는 팁이다. 그러나 어느 위치와 자신이 의도하는 핵심적인 부분을 잘 표현해 내고자 하는 구도의 형태를 선정해서 진행해 가는 것이 무엇보다도 가장 좋은 스케치를 만들어 낼 수 있는 기술이다.

Draw a Sketch

프리 스케치 작업시 치수나 스케일은 특별히 신경쓸 필요는 없다고 생각한다. 신속한 표현방식으로 가시적 제안과 차후 조정의 여유를 고려해 볼 때 그에 대한 제약이나 구속이 따른다면 스케치 본래의 목적과는 맞지 않기 때문이다. 시각적 전달 과정과 묘사 행위는 이러한 무한의 표현방식을 스스로도 억업하지 않도록 조율할 필요가 있다. 어떠한 계획안의 시행착오나 새로운 시도와 반복된 작업과정등을 통한 결과는 이미 진행된 작업의 향샹과 작업방식과 능력을 더욱 숙달시키는 상당한 효과를 갖게된다는 것을 믿어야 한다. 스케치 행위에 대한 꾸준한 노력의 결과는 남다른 디자인 능력으로 발전할 수 있다.

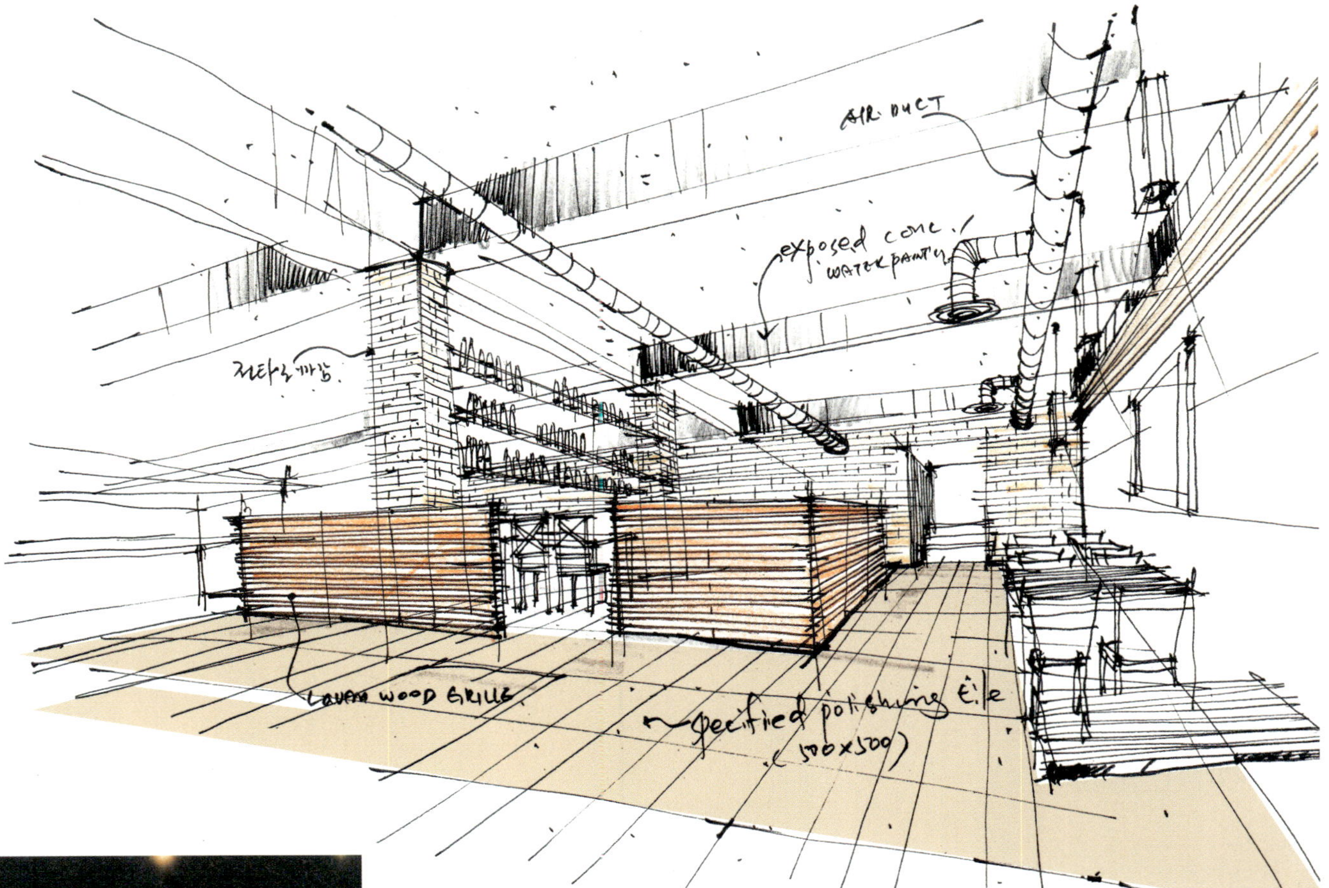
AIR DUCT
exposed conc.
WATER paint'g
전타일 마감
LAUAN WOOD GRILL
specified polishing tile
(500x500)

POP YOUTH
SPECIFIED BRICK

SKETCH TIP

스케치를 잘 하기 위한 기술적 연습에 있어서 연필을 항상 사용하는 것은 그리 추천할 만한 유용한 방법만은 아니라고 본다. 연필과 수성펜이나 유성펜과는 그 특성이 엄연히 다르기 때문에 후에라도 펜사용에 대한 적응에 애를 먹을수가 있다. 연필로 연습하는 것이 당장은 편할 수는 있지만 궁극적으로는 수성이나 유성펜으로 스케치를 하여야 하기에 연습과정에서 잘못되어 다시 작업을 하게 되더라도 과감히 펜을 사용하여 자신감을 갖도록 하여야 한다. 그런 과정을 겪다보면 스스로 그 펜 특성을 알게되고 활용하는 테크닉을 깨닫게 된다.

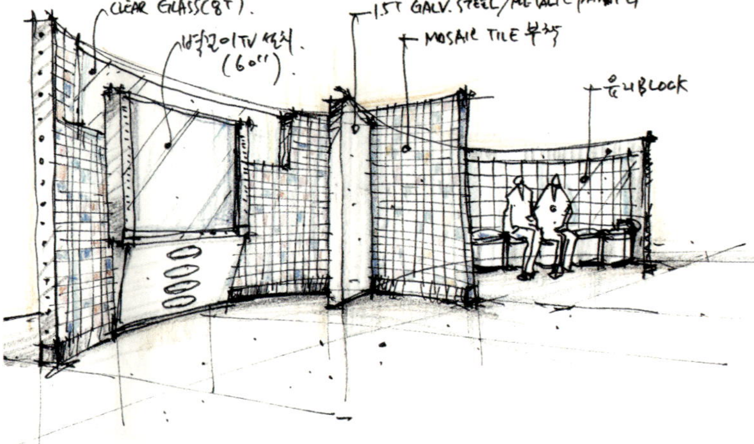

FREE HAND SKETCH
FOR
INTERIOR SPACE DESIGN
commercial project

FREE HAND SKETCH
FOR
INTERIOR SPACE DESIGN
commercial project

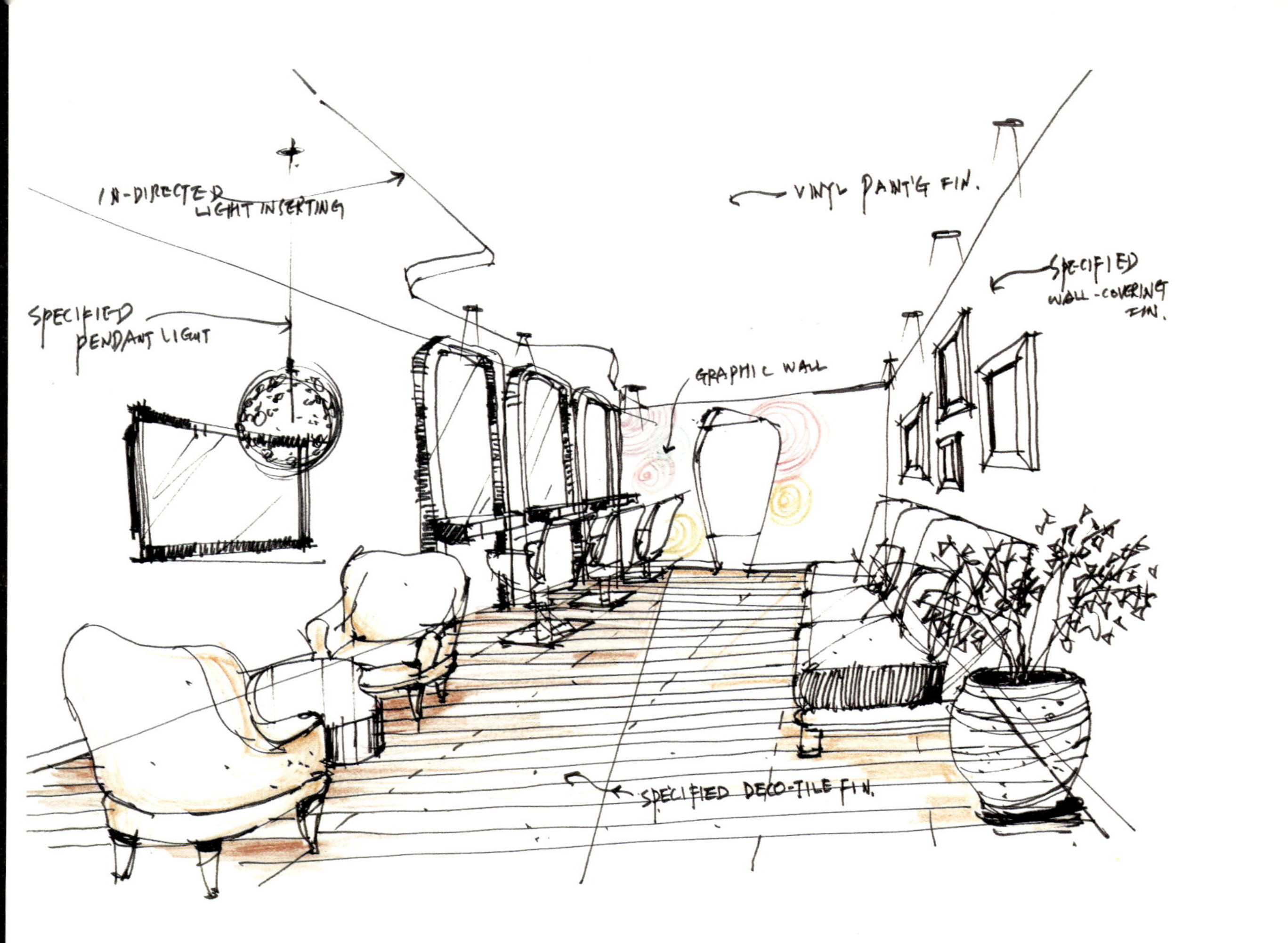
IN-DIRECTED LIGHT INSERTING
VINYL PAINT'G FIN.
SPECIFIED WALL-COVERING FIN.
SPECIFIED PENDANT LIGHT
GRAPHIC WALL
SPECIFIED DECO-TILE FIN.

and.
hair style

VINYL PAINTING
SUS PIPE HAND-RAIL
POLISHING TILE FIN.
EPOXY COATING FIN.

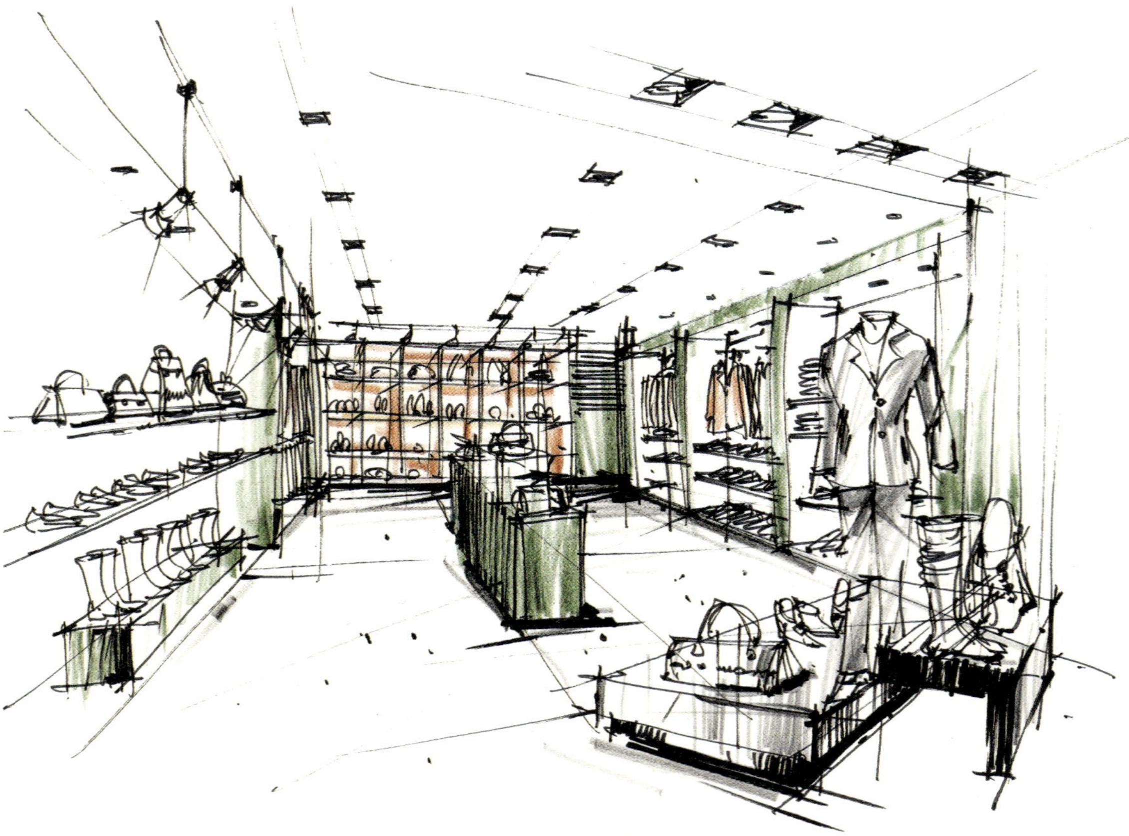

wood grille
MAIN ENTRANCE ZONE
image sketching

exposed conc
screen.
wood veneer

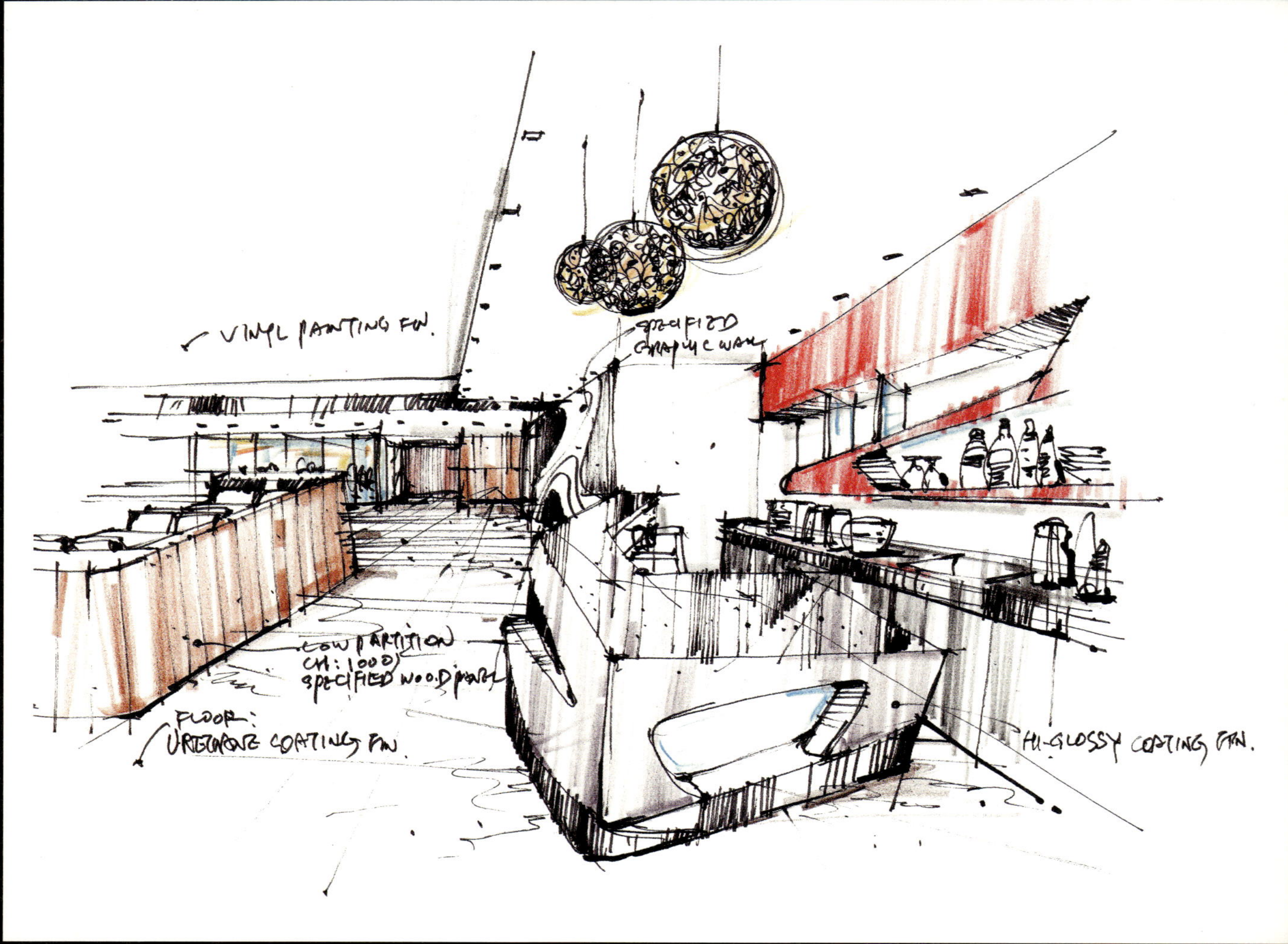
VINYL PAINTING FIN.
SPECIFIED GRAPHIC WALL
LOW PARTITION
CH: 1000)
SPECIFIED WOOD PANEL
FLOOR:
URETHANE COATING FIN.
HI-GLOSSY COATING FIN.

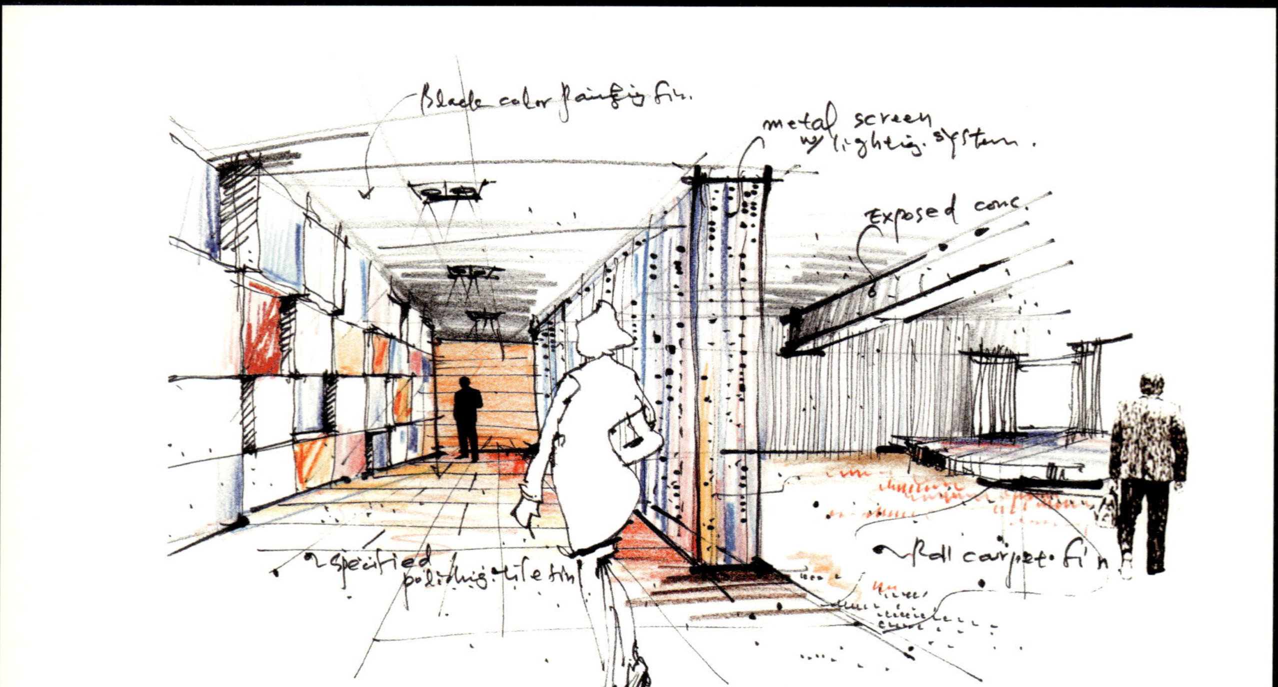
Black color painting fin.
metal screen
w/ lighting system.
Exposed conc.
Specified
polishing tile fin
Roll carpet fin

SKETCH TIP

스케치를 하는 것은 계획한 디자인의 구체화를 위한 기초적 단계이다. 따라서 사안에 따라서는 간단하고 막연하지만 생각나는대로 표현해 보는 것도 매우 의미있는 결과를 가져오기도 한다.
그것은 평면적인 계획안과 관련 수집된 자료에 대하여 일차적으로 집약된 입체적 형태를 시각적으로 가늠해 보고 판단할 수 있기 때문이다.
그렇기 때문에 자신이 설계하고 있는 프로젝트에 대하여 재검증도 거칠 수 있는 방안이 되기도 하며, 또 다른 아이디어의 발상으로 진전된 계획안을 발전시키는 유용한 방법이다.

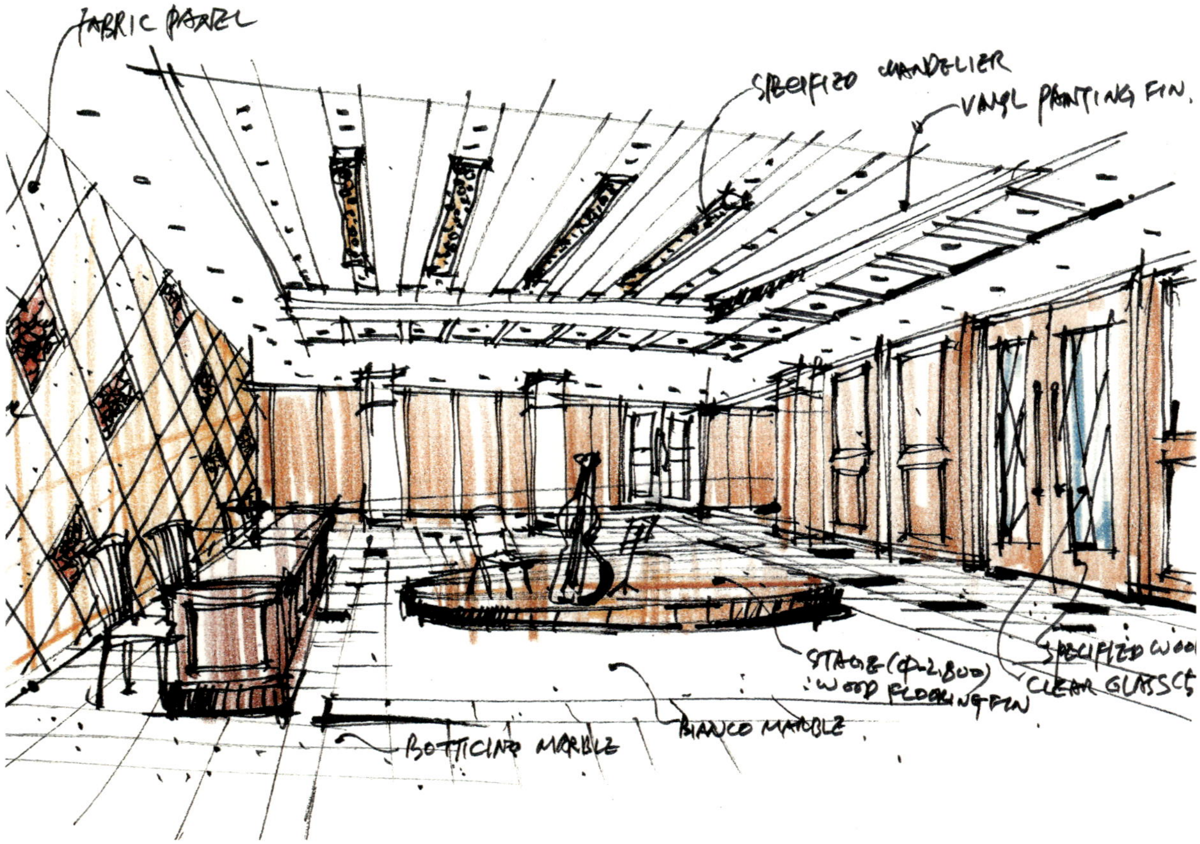
FABRIC PANEL
SPECIFIED CHANDELIER
VINYL PAINTING FIN.
STAGE
WOOD FLOORING FIN
SPECIFIED WOO
CLEAR GLASS
BOTTICINO MARBLE
BIANCO MARBLE

VINYL PAINT'G FIN.
IN-DIRECTED LIGHT'G.
VINYL PAINTING
WOOD MOULDING.

TRACK
COLOR GLASS PANEL (BLACK)
ROLL CARPET

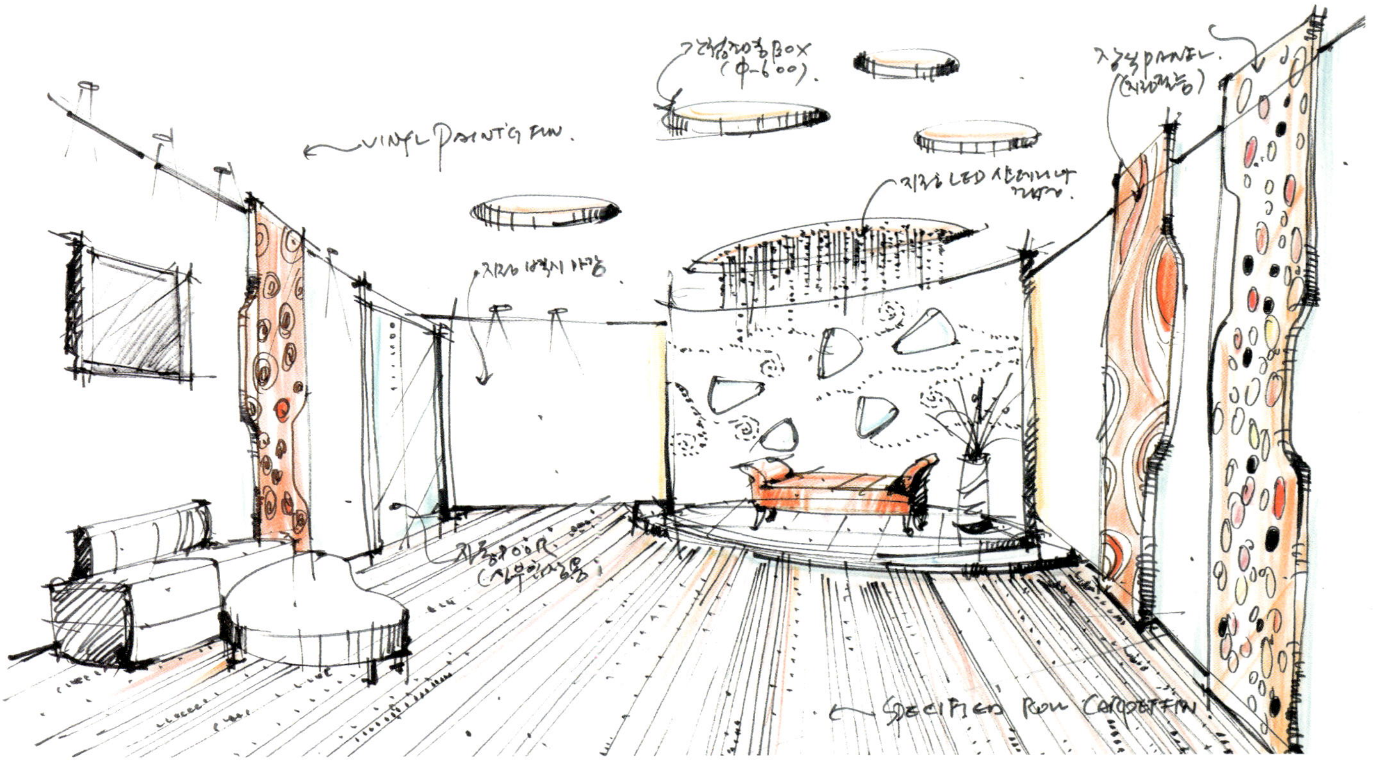
VINYL PAINT'G FIN.
SPECIFIED ROLL CARPET FIN

SAMWON CONVENTION
wedding

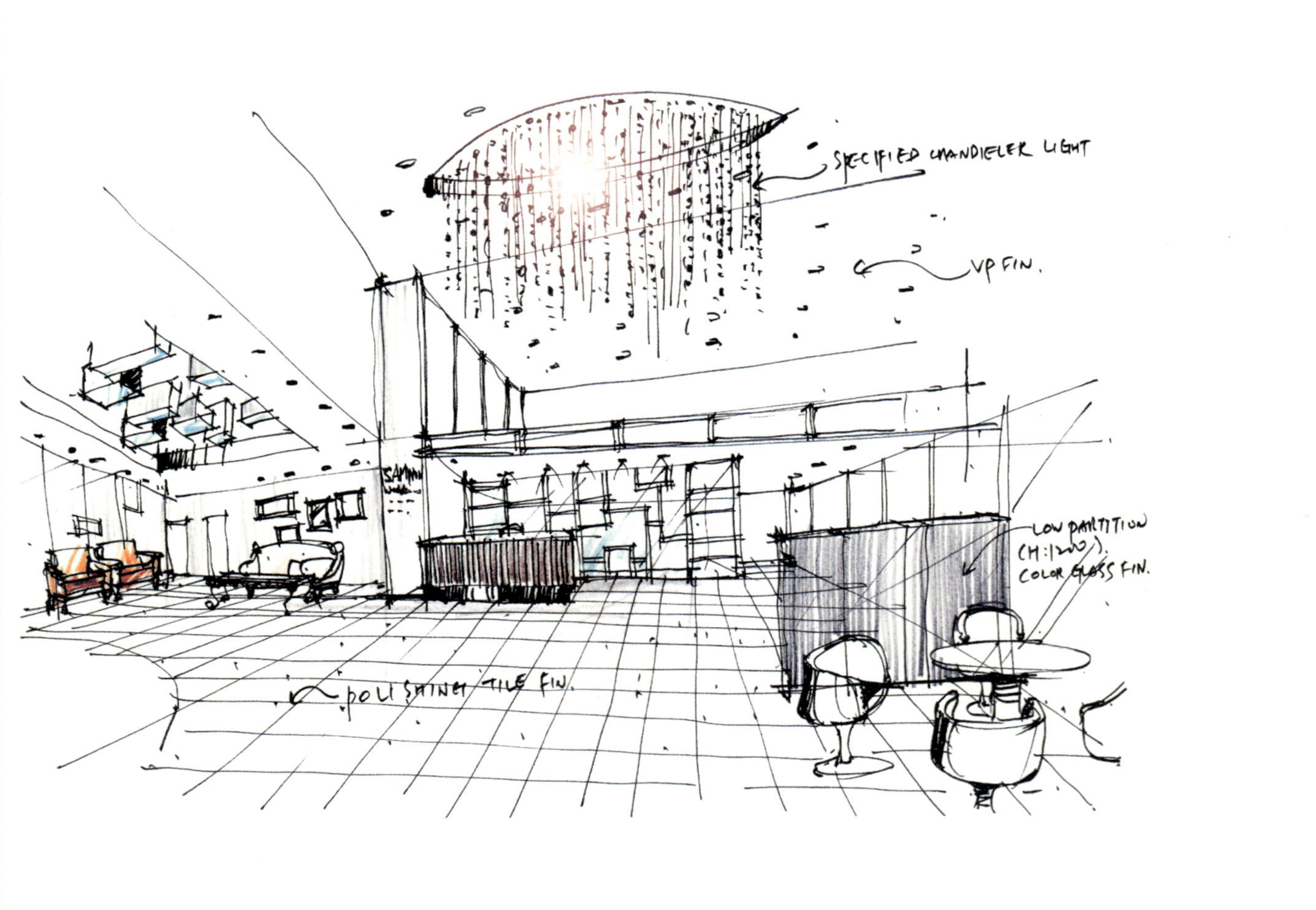
SPECIFIED CHANDIELER LIGHT
V.P FIN.
LOW PARTITION
(H:1200).
COLOR GLASS FIN.
POLISHING TILE FIN.

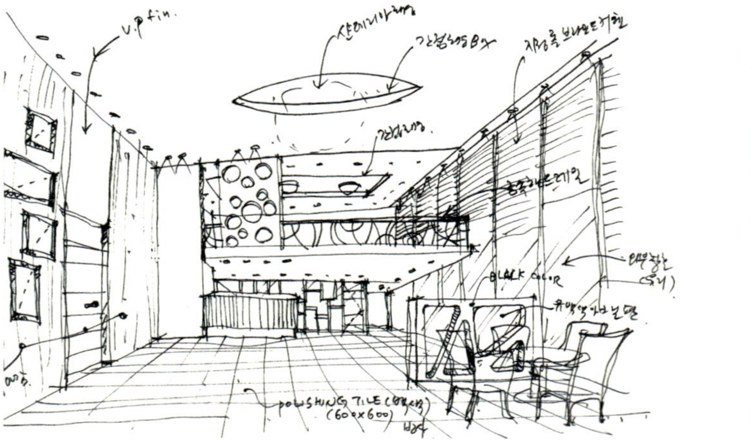
V.P fin.
BLACK color
POLISHING TILE
(600×600)

1.2T STEEL PLATE
VINYL PAINTING
WOOD FL
POLISHING TILE FIN.

"기존의 도식적 재료인 트레이싱은 건물을 스케치할 때 사용하는 하나의 방법이다. 트레이싱 종이를 그림 위에 올려놓고 베끼는 것은 확실히 수준낮은 방법이나, 억지로 하는 것 보다는 이러한 방법으로 수정되어야 할 필요가 있는 것들 위에 올려 놓고 그 변화들을 결합시켜서 전체적으로 새로이 스케치하는 것이 낫다.
당신은 어떠한 실수로 부터 하나의 실질적인 교훈을 얻을 수 있는 것이며, 그 최종적인 스케치는 보다 신선하고 바람직하게 될 것이다. .....트레이싱 작업은 당신에게 그 주체의 보다 나은 이해를 위해 독창적인 스케치나 사진을 자세하게 인식시켜 줄 것이다."

Paul Laseaw 저서, 디자인 원리와 개념중에서

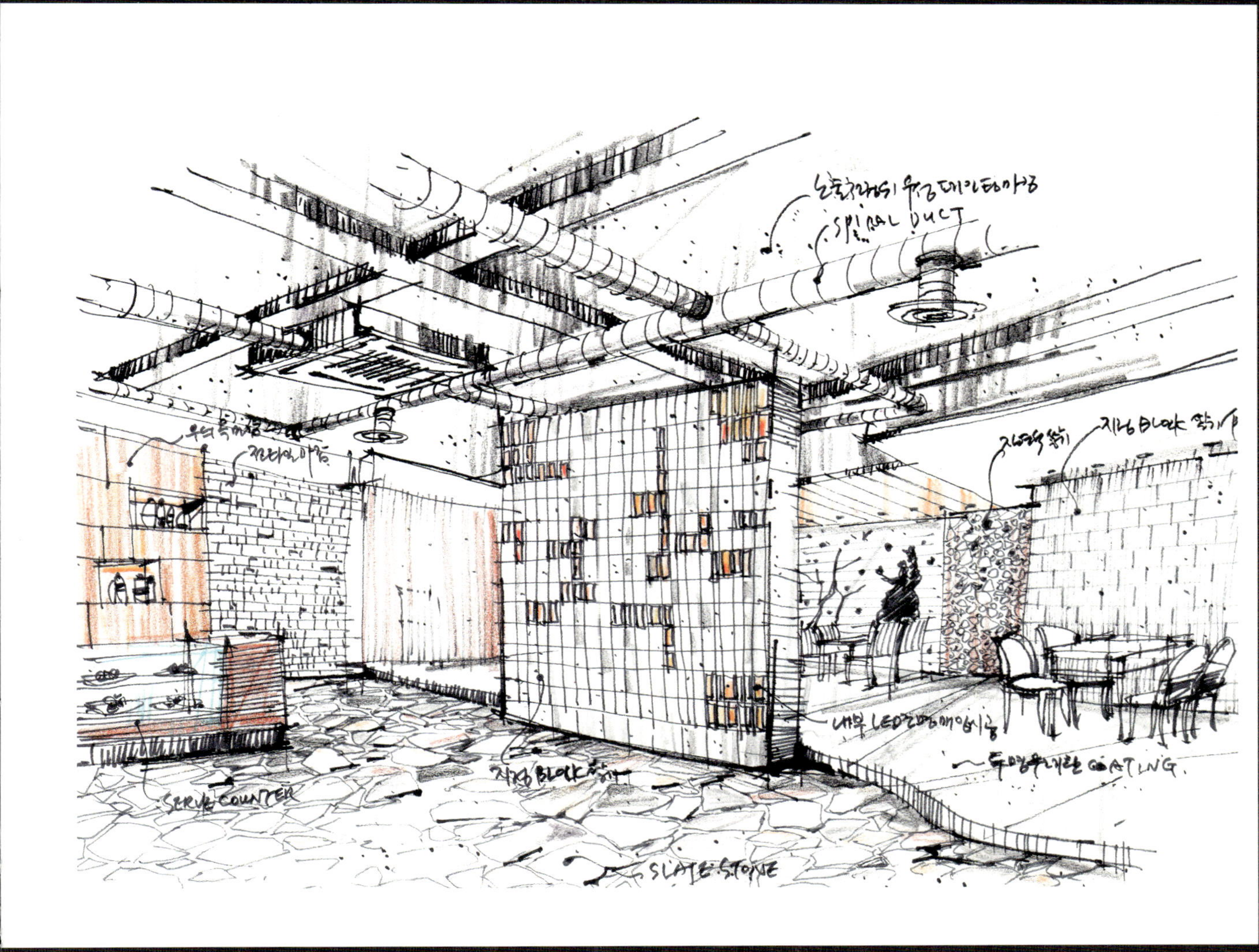
SPIRAL DUCT
SERVE COUNTER
SLATE STONE
COATING

IT IS WELL COMPOSED
freehand sketch of interior space

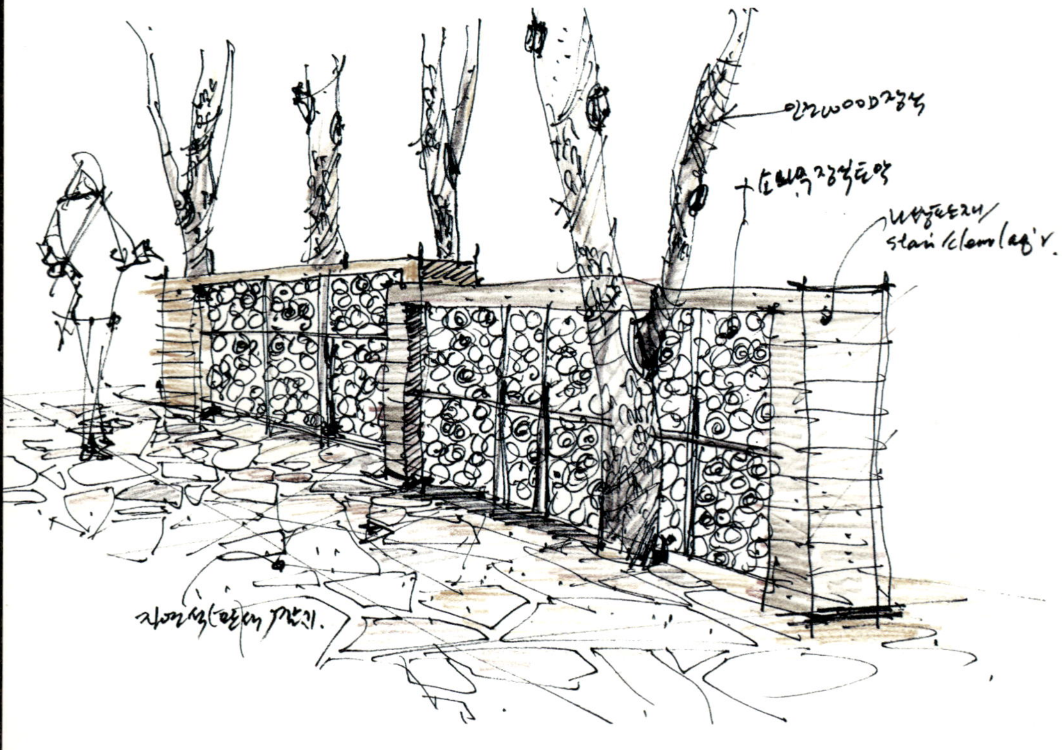

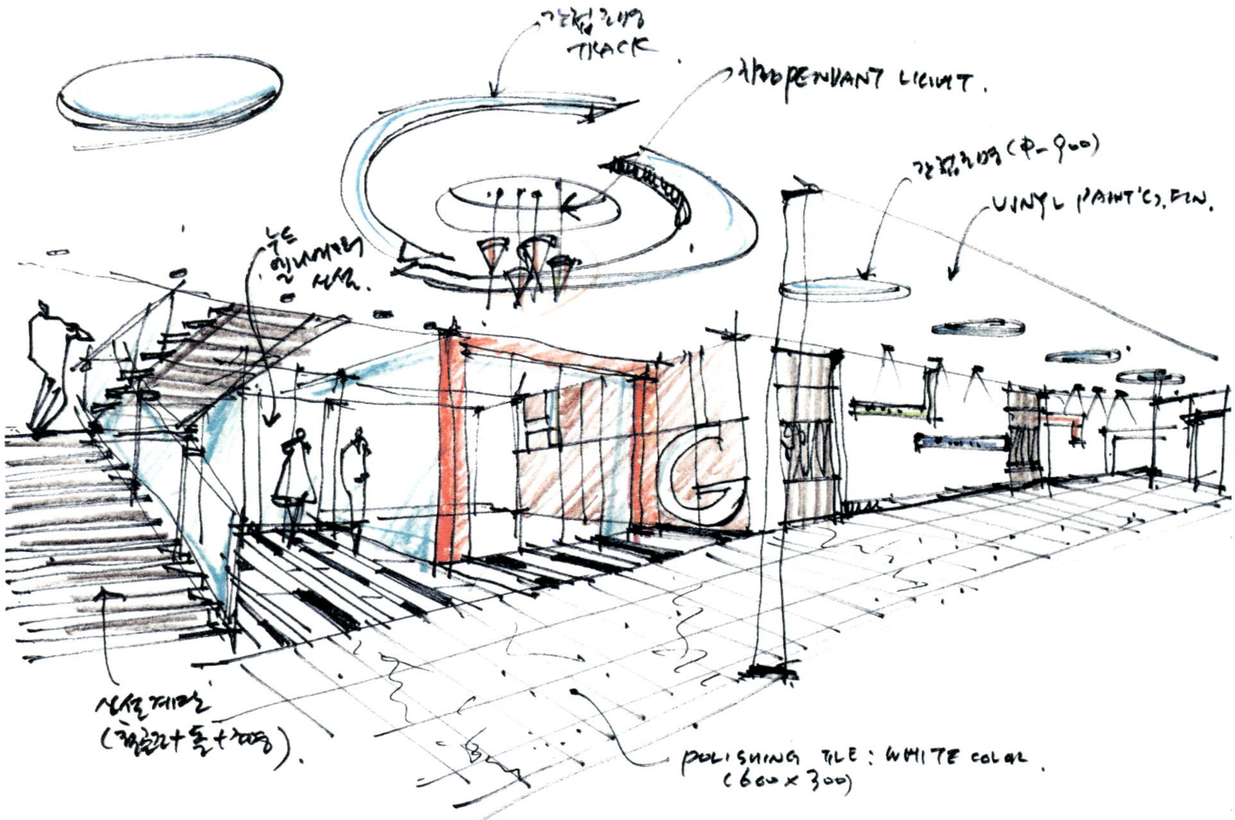
TRACK
PENDANT LIGHT.
VINYL PAINT'G. FIN.
POLISHING TILE : WHITE COLOR.
(600 x 300)

Dior
H
G

"프리핸드 스케치의 가장 효가적인 방법은 자기 자신이 스스로 발견하는 것이다."라고 교훈적인 의미의 말은 리차드 도우너의 저서 Drawing Bu-ildings에 나오는 말이다.

"도면 제작에 있어서 가장 중요한 것은 뚜렷한 목적 의식과 흥미를 가지고 그리는 것이다." 그 다음에는 당신의 주제를 잘 나타 낼 수 있도록 유리한 위치를 선택하는 것이 중요하다. 스케치 과정의 기초적인 세 단계로서는 구조,명함,상세가 있는데 이 3단계중 기초적인 구조의 스케치가 가장 중요하다. 각 부분들이 그리려고 하는 대상의 적당한 위치와 올바른 비례를 보여 주지 못하면, 스케치를 그르치는 결과가 되기 쉽다.

여유를 가지고 그 대상을 자세히 관찰하고 당신이 그린 스케치와 끊임없이 비교해 보라.

그 다음에 명함을 넣어라. 명함은 공간을 한정하는 요소인 빛,그림자,색조로 표현되어야 한다.

또한 가장 밝은 부분과 어두운 부분이 어디인지를 관찰하는 것이 중요하다. 이렇게 함으로써 스케치는 더욱 실감나게 표현된다.

마지막으로 디테일을 그려 넣어라. 모든 위치감을 살려 주면서 동시에 상세를 강조할 수 있어야 한다. 스케치는 이러한 과정을 거쳐 비로소 완성된다.

_Paul Laseaw저서,디자인 원리와 개념중에서

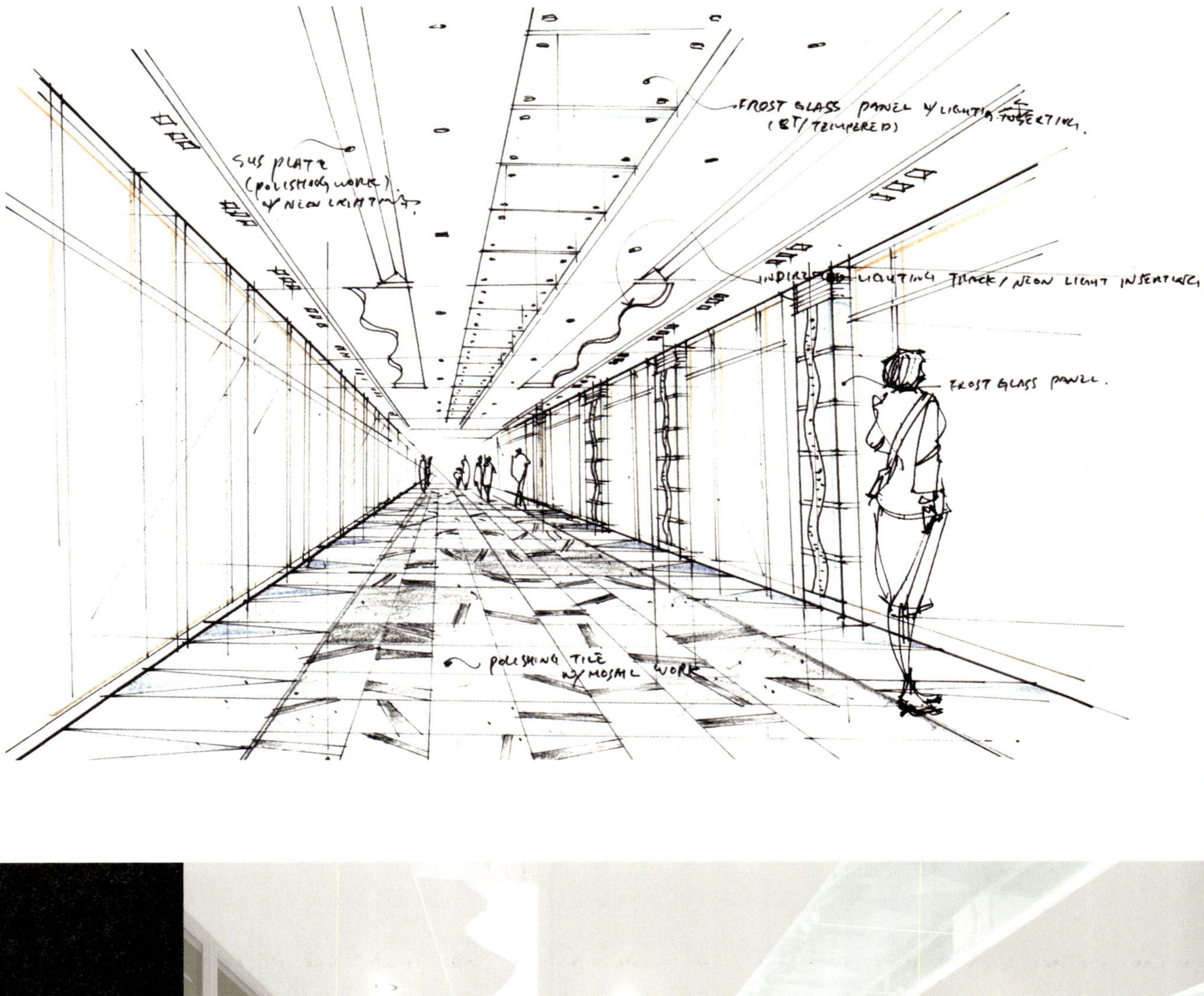
SUS PLATE
(POLISHING WORK)
W/NEON LIGHTING
FROST GLASS PANEL W/LIGHTING INSERTING
(8T/TEMPERED)
INDIRECT LIGHTING TRACK/NEON LIGHT INSERTING
FROST GLASS PANEL
POLISHING TILE
W/MOSAIC WORK

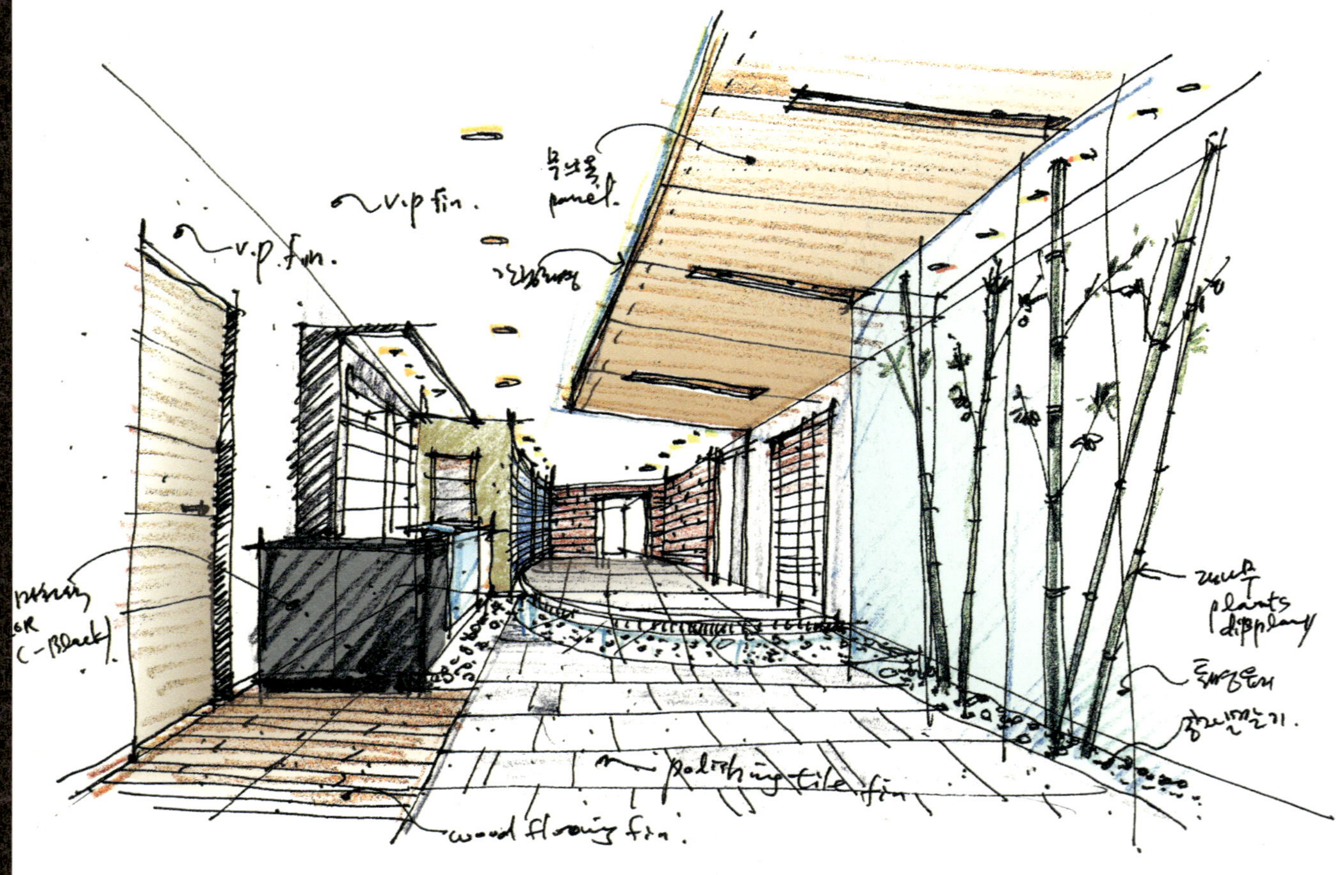
v.p fin.
v.p.fin.
panel.
plants display
polishing tile fin
wood flooring fin.

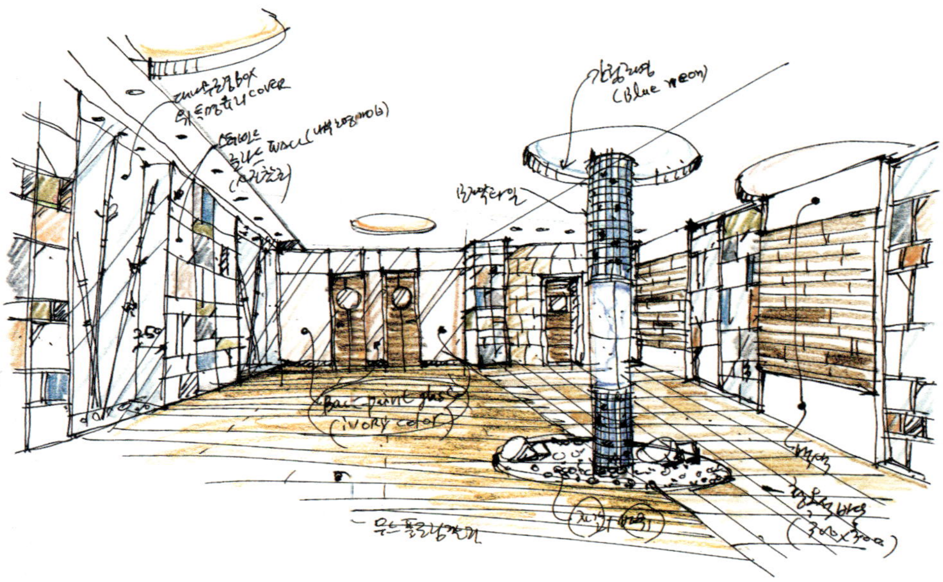
(Blue neon)
(ivory color)

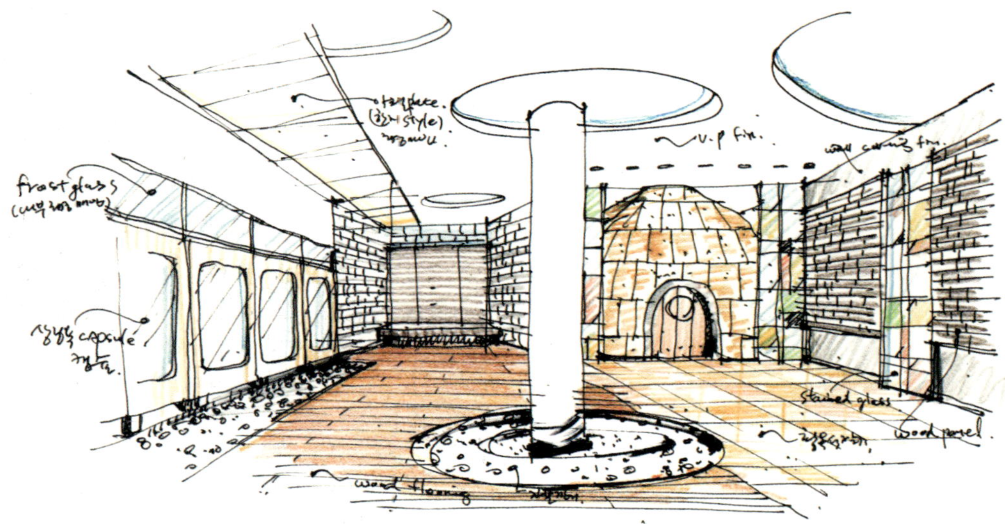
frost glass
capsule
V.P fix.
stained glass
wood panel
wood flooring

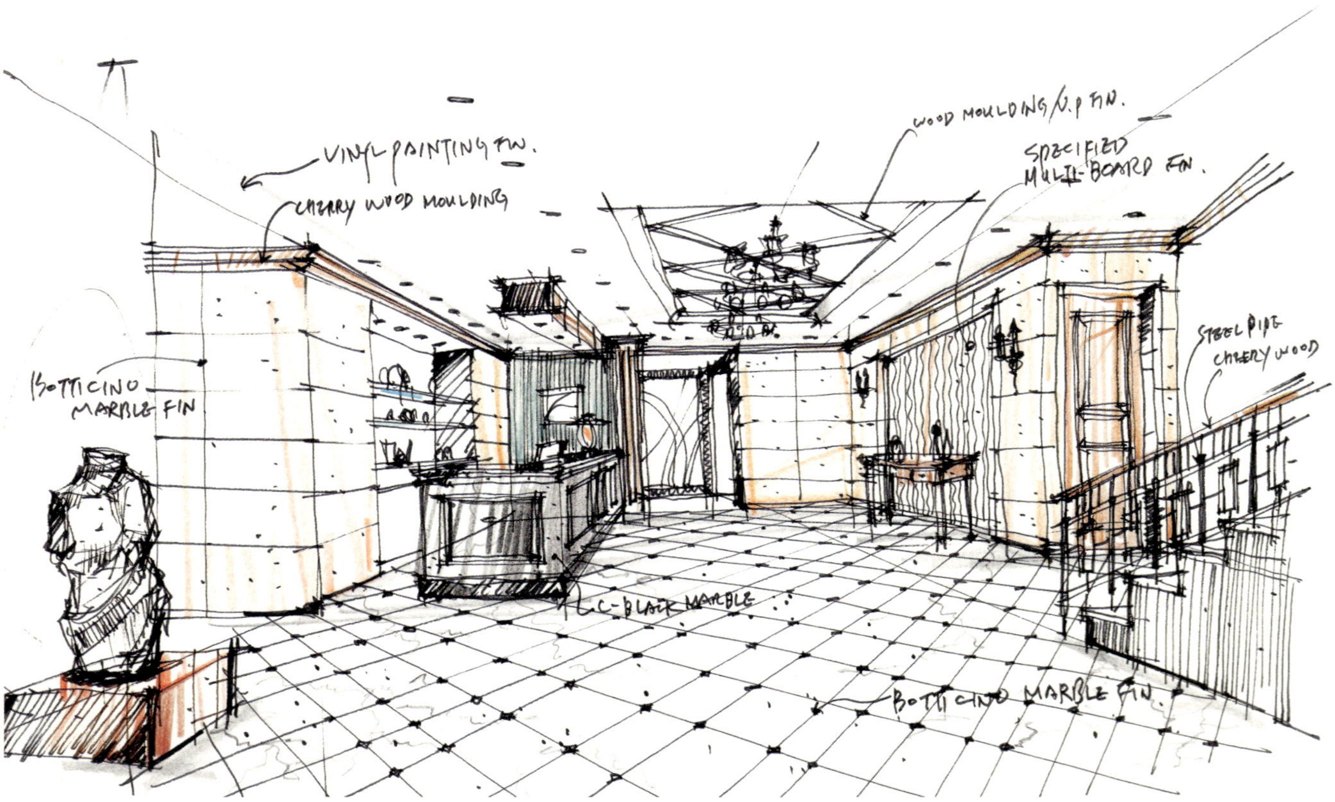
VINYL PAINTING FIN.
CHERRY WOOD MOULDING
WOOD MOULDING/N.P FIN.
SPECIFIED
MULTI-BOARD FIN.
BOTTICINO
MARBLE FIN
STEEL PIPE
CHERRY WOOD
L.C-BLACK MARBLE
BOTTICINO MARBLE FIN.

any-times
singing the rain....
befor the rain ... some times have always enjoy to lovely minds
shout out!

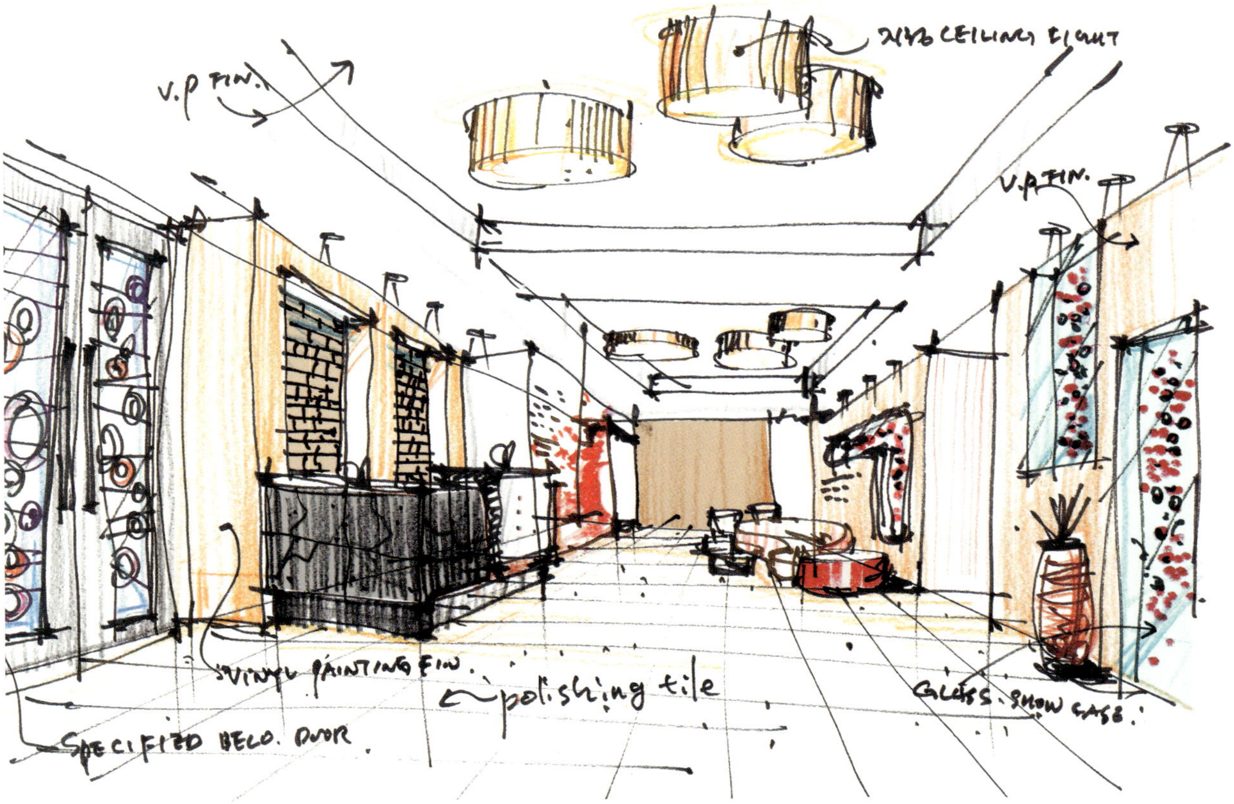
V.P FIN.
V.P FIN.
VINYL PAINTING FIN.
polishing tile
GLASS. SHOW CASE.
SPECIFIED DECO. DOOR

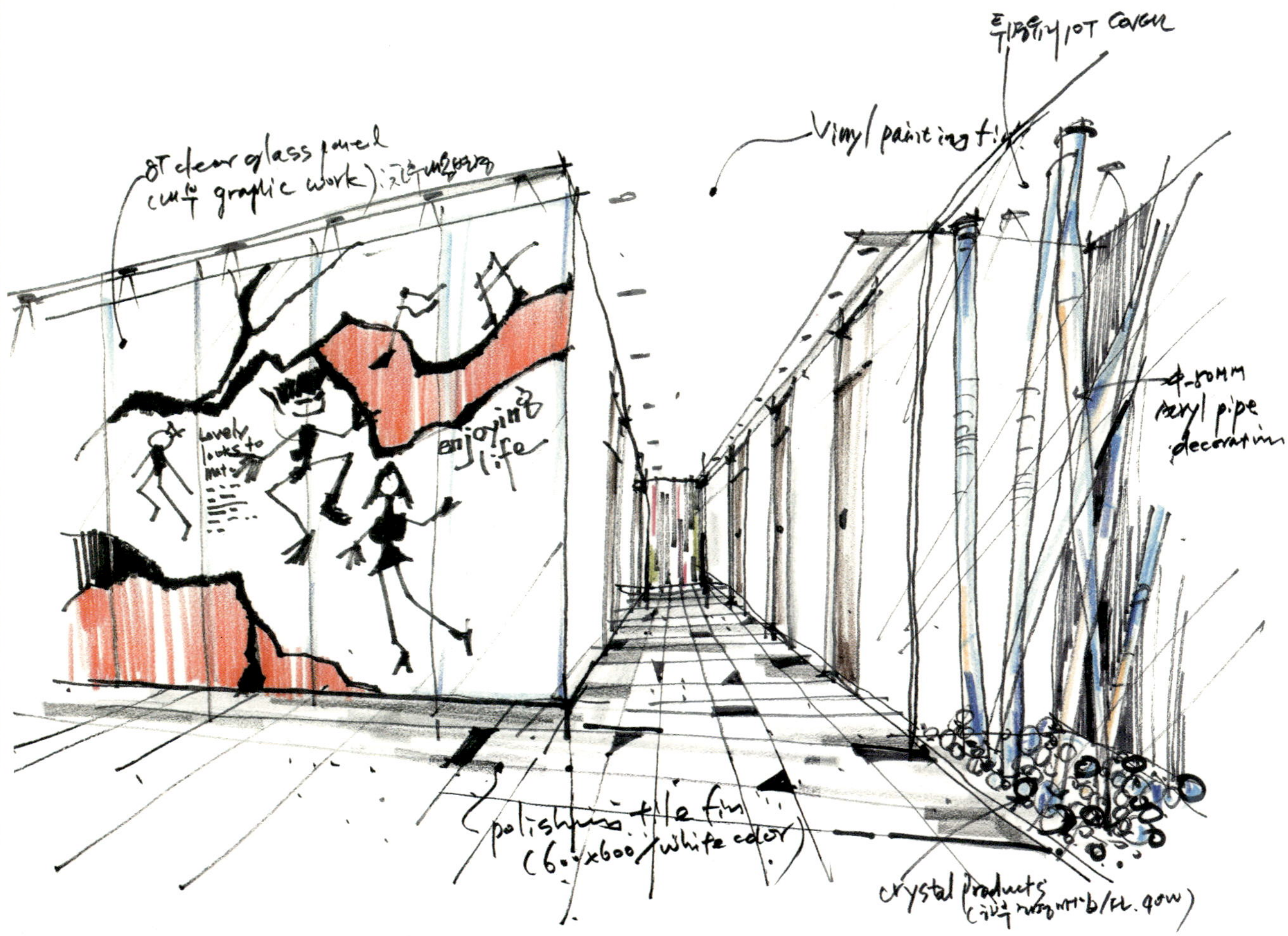

idea sketch for interior design

상업시설에 대한 프로젝트를 진행하다 보면 우선은 구조적인 형태를 위주로 스케치를 하게 되지만, 그 형태에만 치중하다 보면 전반적인 디자인의 의도를 충분히 표현하지 못하는 경우가 간혹 있게 된다. 예를들면 어느 특정한 벽면등에 회화적인 그래픽 작업을 필요로 하게되는데 이것은 디자인 전반에 적지않은 영향을 미치게 되며, 그 공간을 그대로 남겨두고 작업을 마무리한다면 그 스케치는 최종적인 결과물로 볼 수 없다. 따라서 스케치의 차별화와 설득력을 갖기 위해서는 벽면의 회화적인 그래픽을 표현하기 위한 만화적 요소에 대해서도 나름대로 기법숙달을 위한 부수적인 능력을 갖출 필요가 있다.

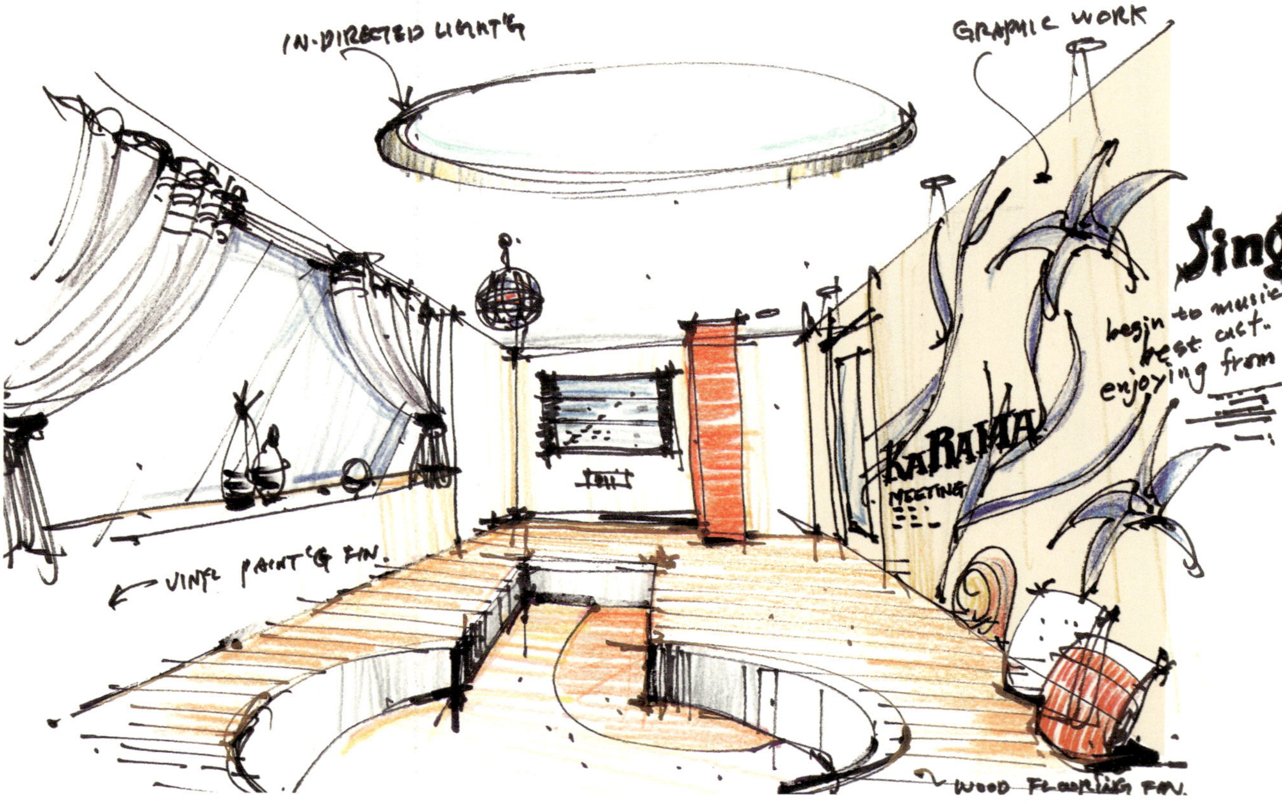

DRAW A SKETCH
FOR
COMMERCIAL PROJECT

프리헌드 스케치는 아이디어의 도출에 집중되어야 한다. 그렇기 때문에 사실적 표현을 전제로 스케치하려고 애를 쓴다면 만족할 만한 창의적인 결과를 얻어낼 수 없다고 본다. 프로젝트의 내용에 따라 과장된 표현과 과감한 선 작업등은 잠재된 아이디어 이상의 진전된 시각적 전개를 경험할 수가 있다. 스케치는 어디까지나 확정된 결과를 정해놓고 작업하는 것이 아니기 때문에 구상하는 모든 작업 과정의 자료들은 체계적인 계획안을 완성하기 위한 유익한 기초 자료가 될 것임은 틀림없다. 따라서 프리스케치작업은 무한한 아이디어의 표출을 최대한 극대화하는 의미로 활용되어야 한다.

GAN JI
HIP
HOP

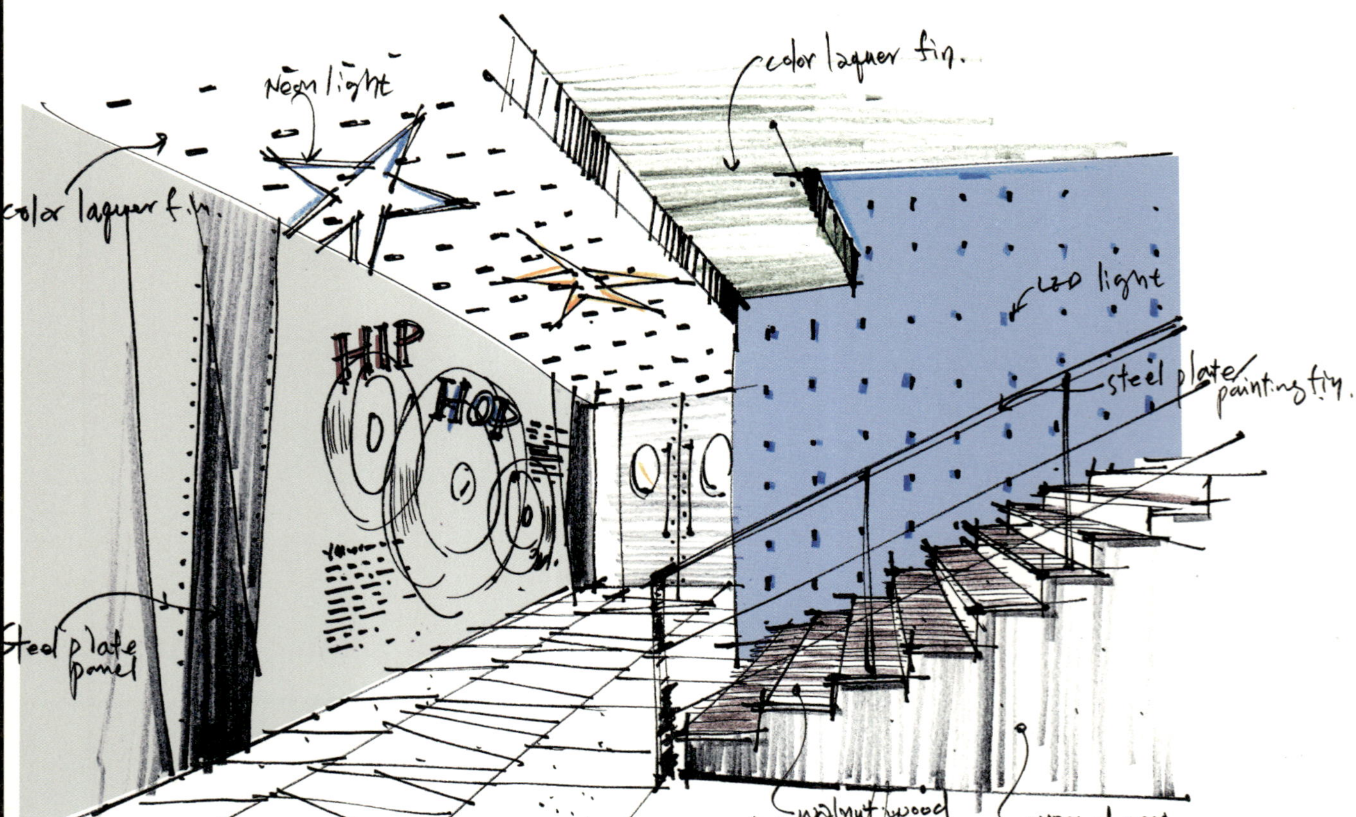
Neon light
color laquer fin.
color laquer fin.
LED light
steel plate painting fin.
HIP
HOP
steel plate panel
walnut wood
exposed conc.
ceramic tile film.
1300x600

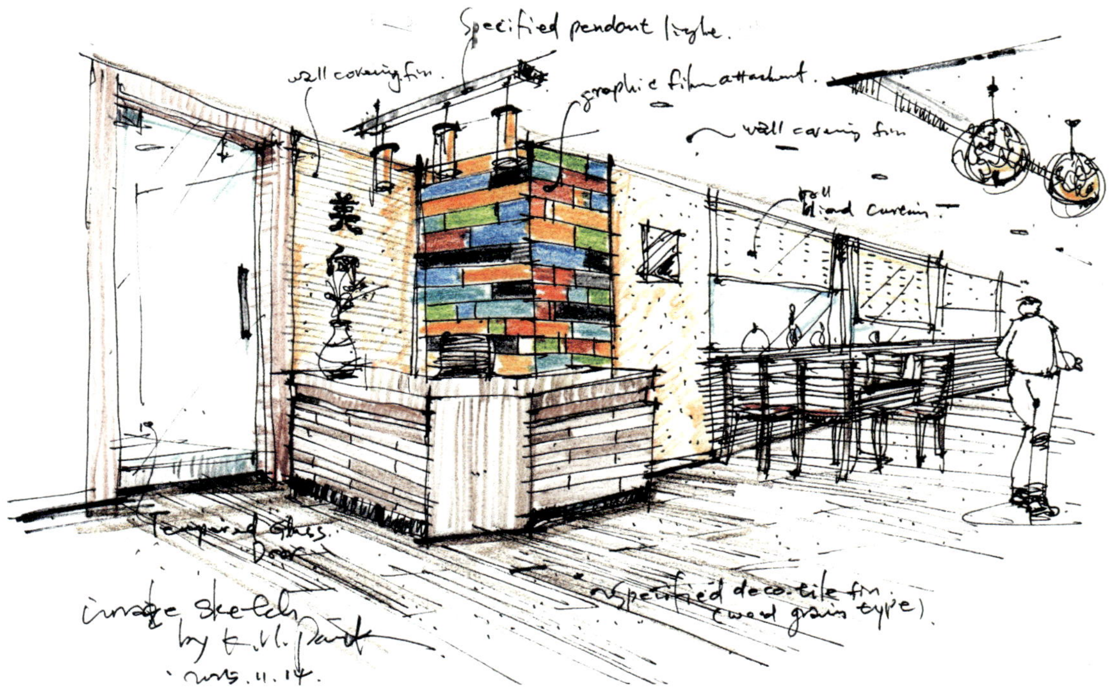
Specified pendant light.
wall covering fin
graphic film attachment.
wall covering fin
wall blind curtain
Tempered Glass Door
specified deco. tile fin (wood grain type)
image sketch by K.M. Park

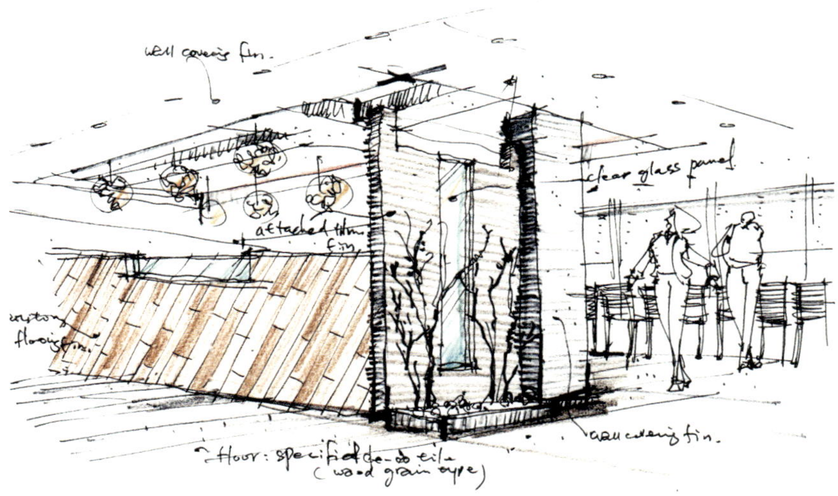
wall covering fin.
clear glass panel
attached film fin
wall covering fin.
floor: specified deco tile (wood grain type)

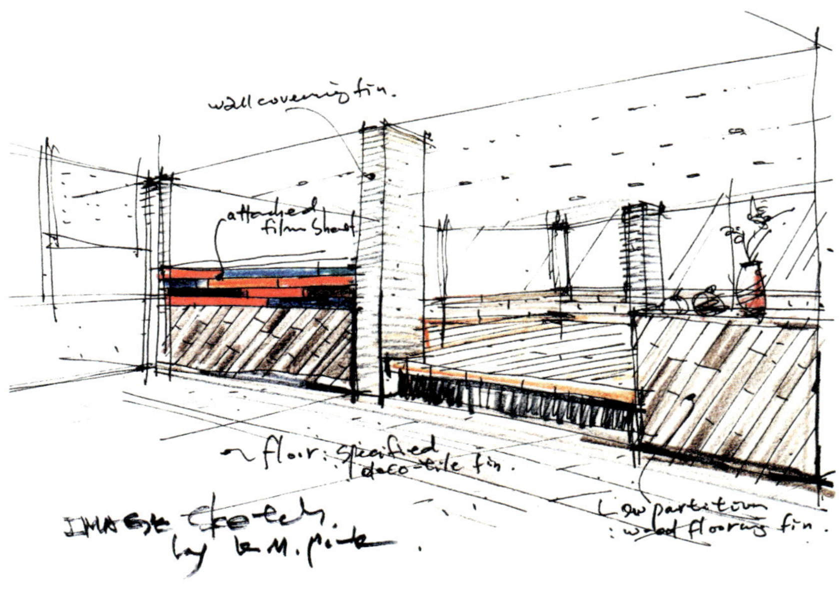
wall covering fin.
attached film sheet
floor: specified deco tile fin.
Low partition : wood flooring fin.
IMAGE sketch by K.M. Park.

VINYL PAINTING FIN.
SUS PLATE (1.6T HAIR-LINE)
SPECIFIED MARBLE FIN.
WOOD VENEER PANEL

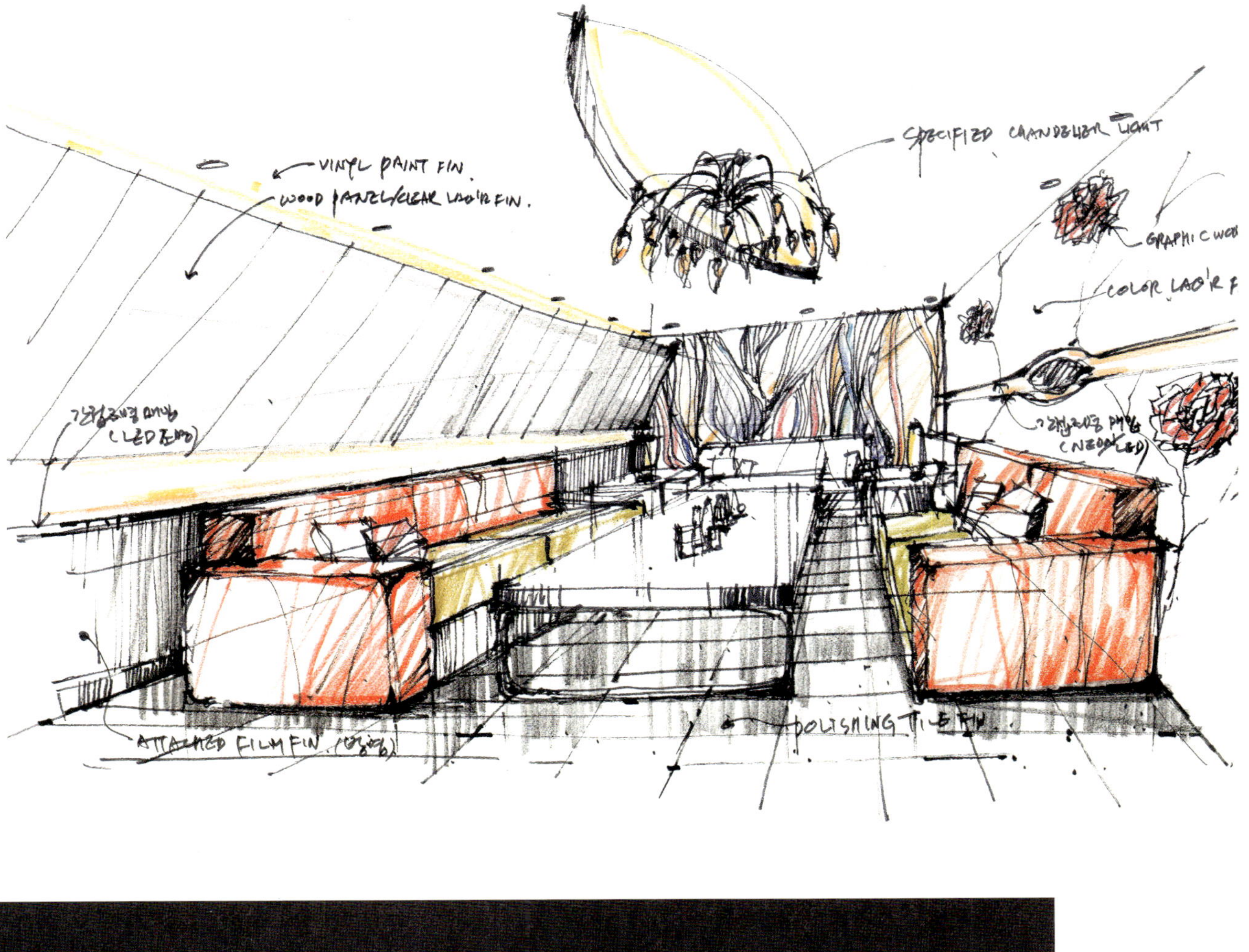

VINYL PAINT FIN.
WOOD PANEL/CLEAR LAQ'R FIN.
SPECIFIED CHANDELIER LIGHT
COLOR LAQ'R F
ATTACHED FILM FIN.
POLISHING TILE FIN

MUSEE BOUTIQUE
www.museeboutique.co.kr
DSQUARED2

MUSEE BOUTIQUE
DSQUARED2

VINYL PAINT FIN.
(OR WALL COVERING FIN)
MULTI-RAIL
SPECIFIED DECO. TILE FIN.
(WOOD GRAIN)

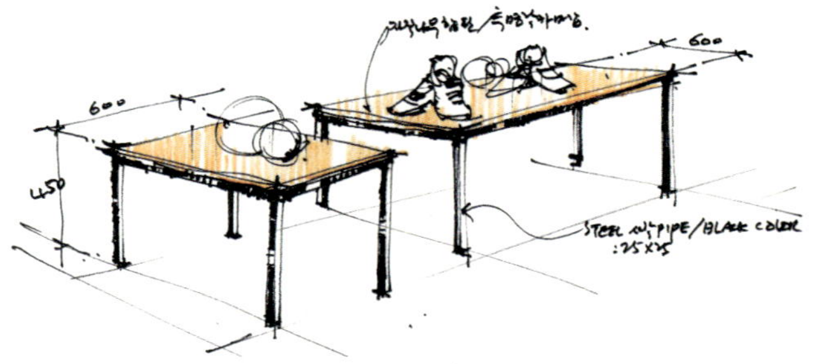
600
600
450
STEEL PIPE/BLACK COLOR
:25X25

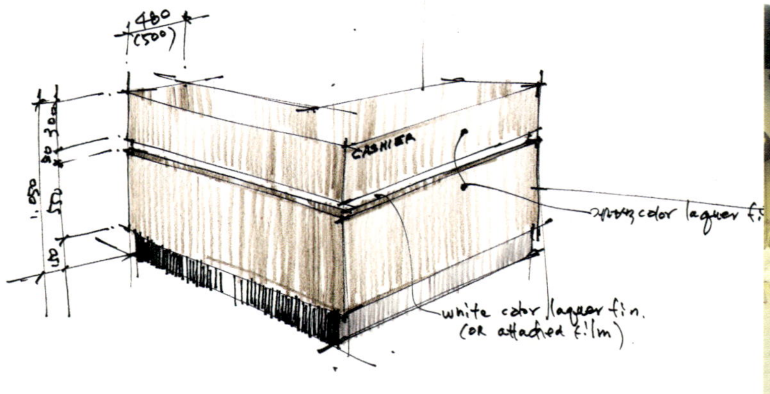
480
(500)
CASHIER
color laquer f
white color laquer fin.
(or attached film)

wire-mesh panel/vinyl painting
specified Deco-tile film

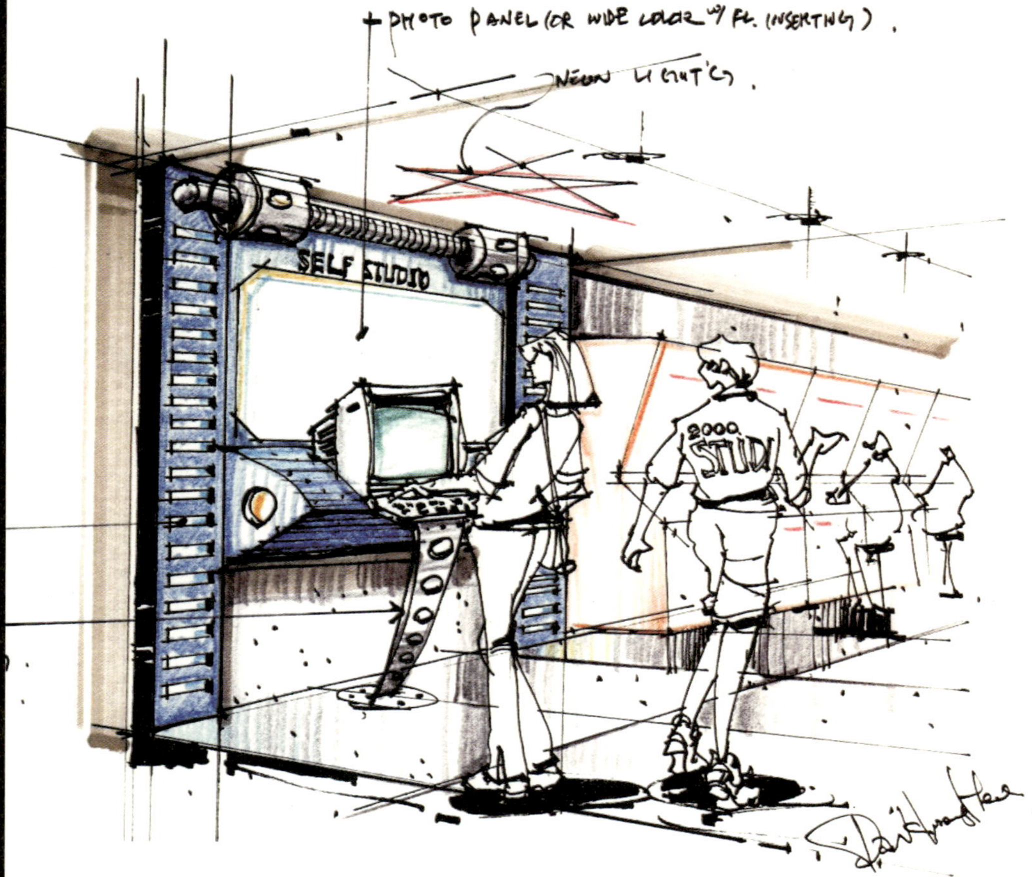
PHOTO PANEL (OR WIDE COLOR W/ FL. INSERTING)
NEON LIGHT'G
SELF STUDIO

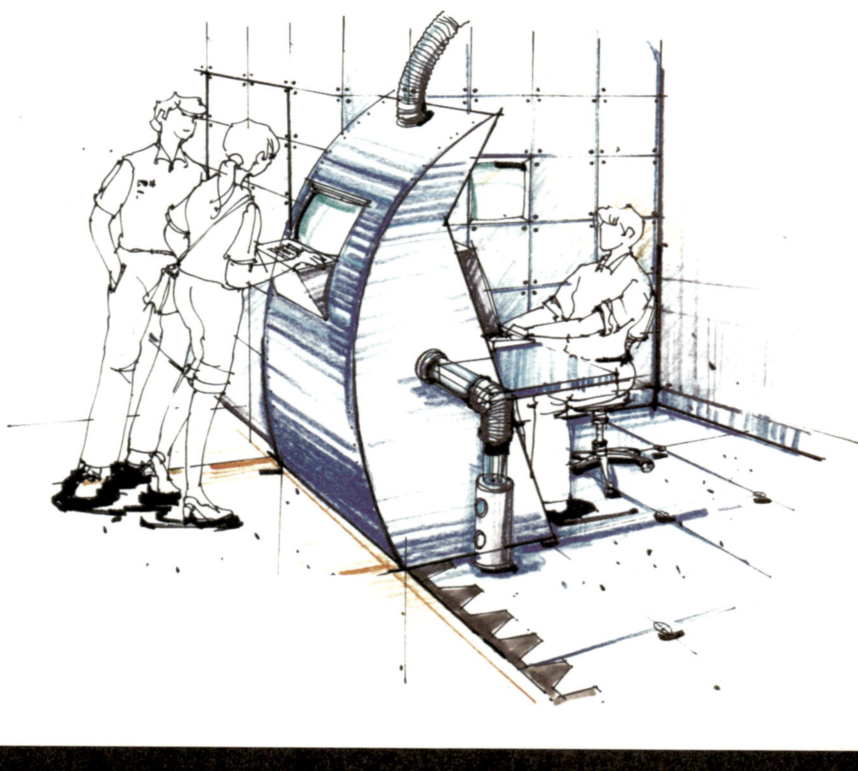

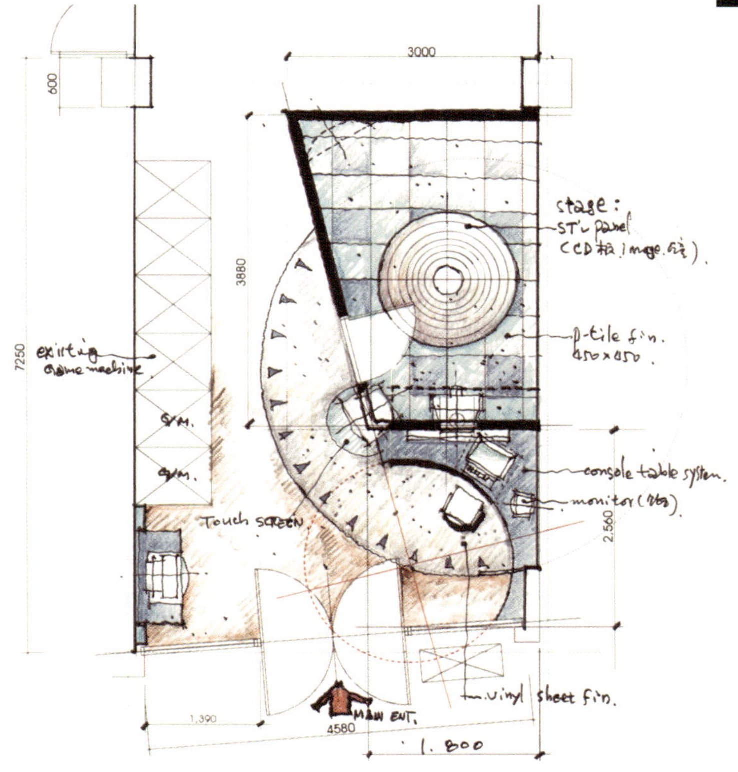
3000
600
3880
7250
stage:
ST'L panel
(CD 対応 image 등)
existing
game machine
p-tile fin.
450x450.
G/M.
G/M.
console table system.
monitor
Touch SCREEN
2,560
vinyl sheet fin.
MAIN ENT.
1,390
4580
1. 800

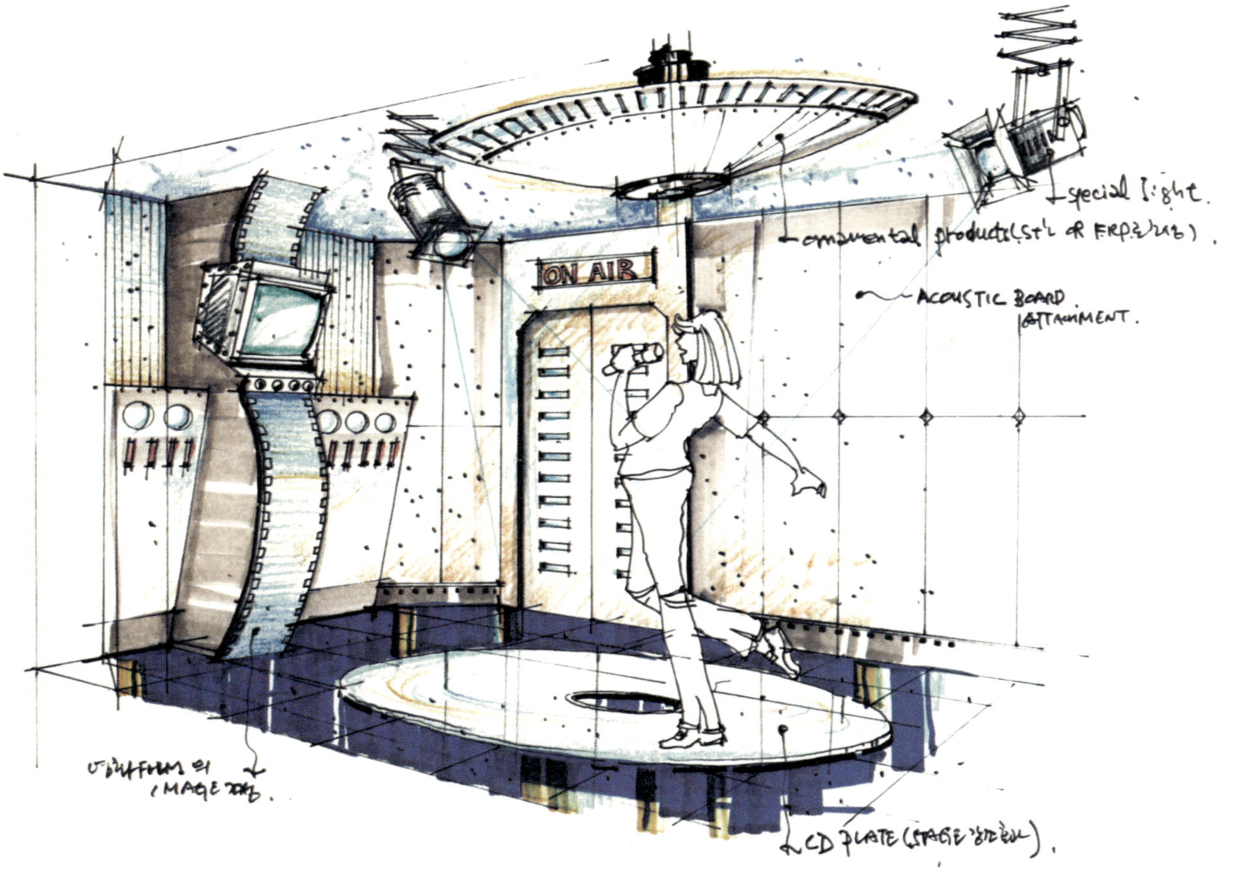
special light.
ON AIR
ACOUSTIC BOARD
ATTACHMENT.

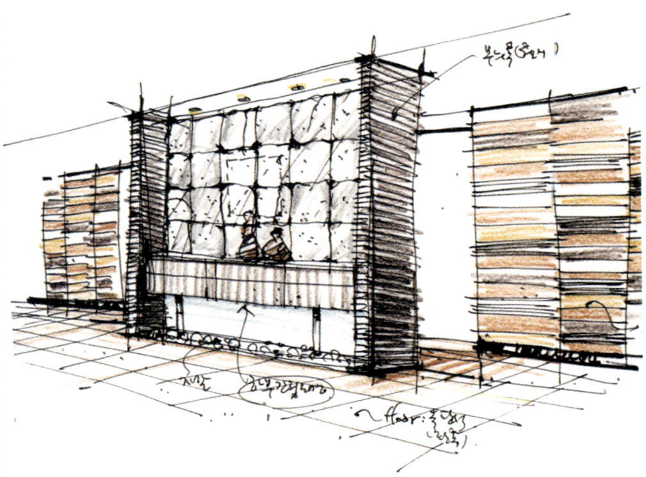

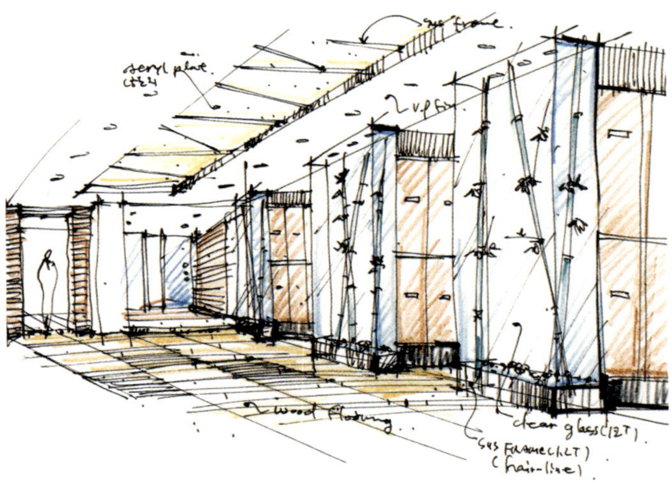
wood flooring.
clear glass(12T)
(hair-line)

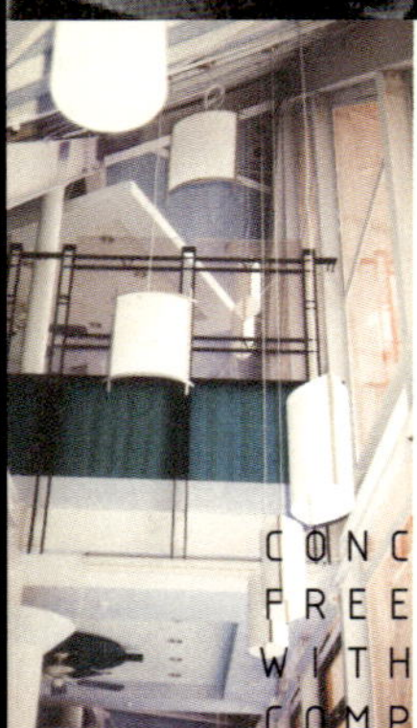

CONCEPTUAL
FREE HAND SKETCH
WITH
COMPLETION IMAGE

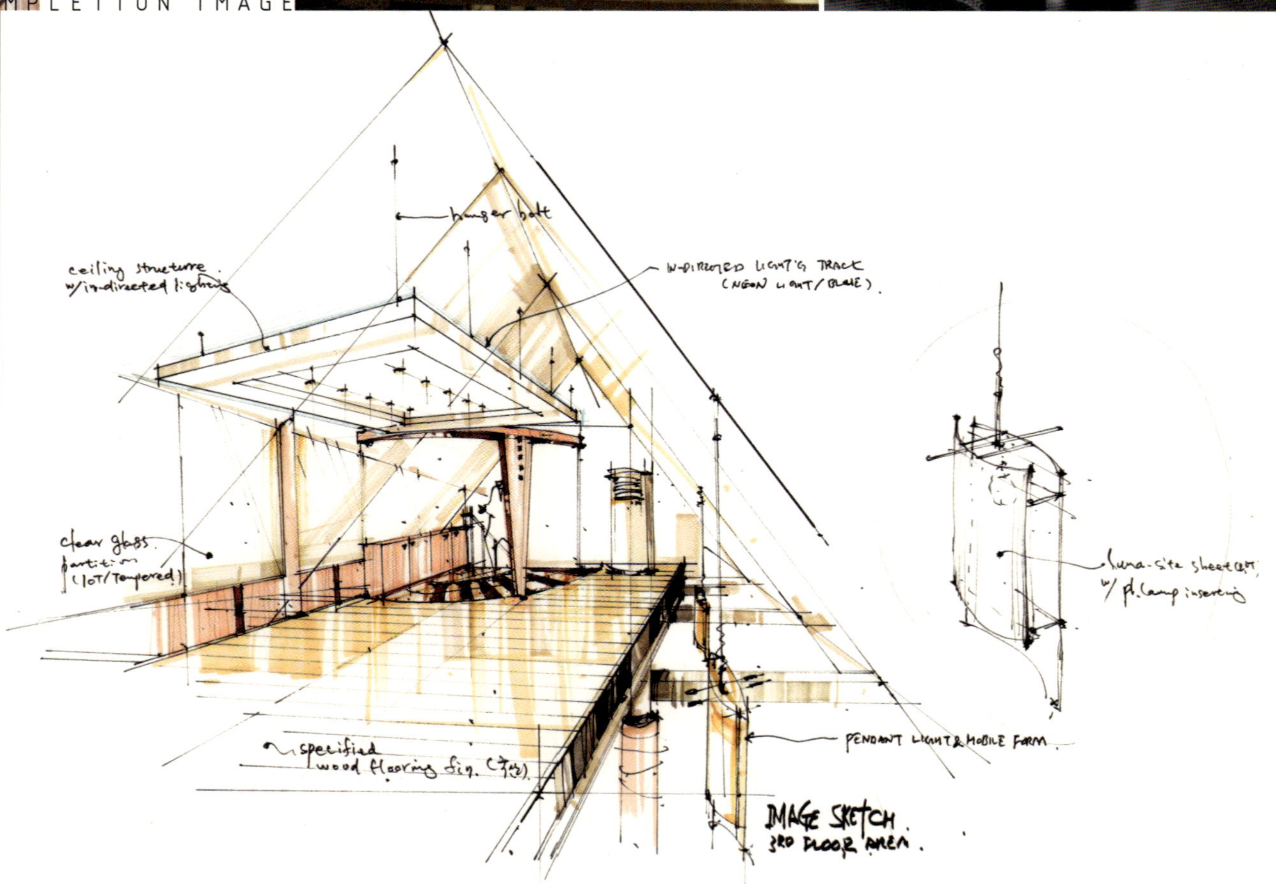

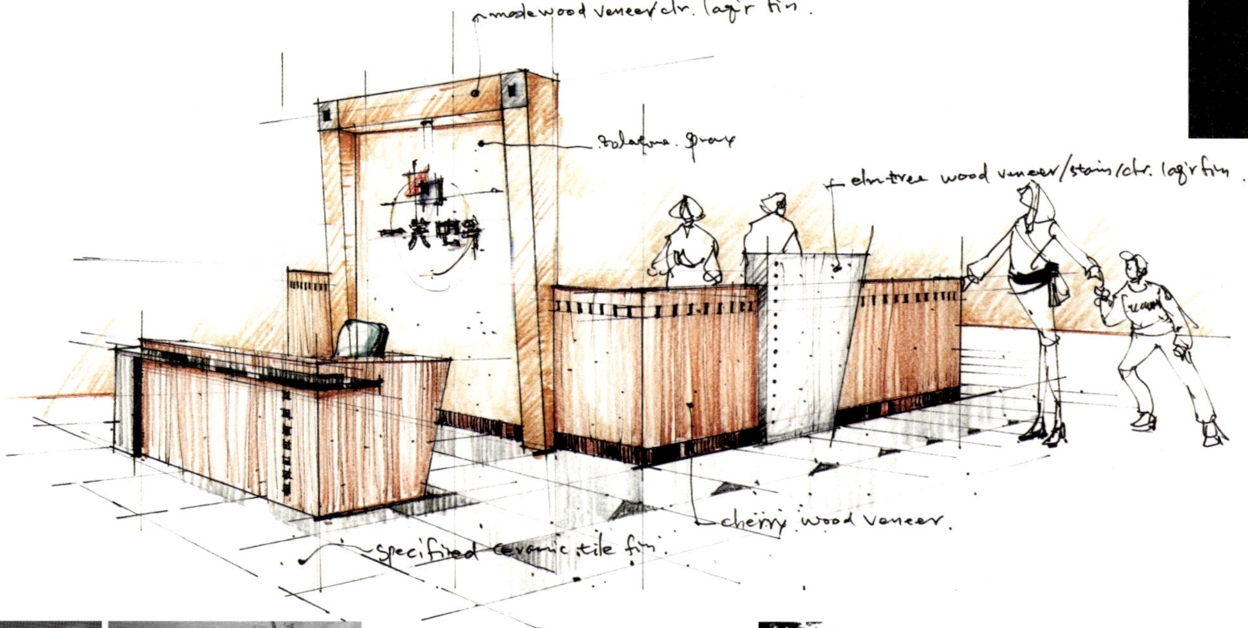

CONCEPTUAL
FREE HAND SKETCH
WITH
COMPLETION IMAGE

ENERGY AND VITALITY

SKETCH는 IMAGE를 적용하는 정열과 열의를 내포한다.그리고 스케치의 생명력은 계획안에 대한 것들을 클라이언트에게 전달하고자 하는 것들을 강화한다.

Paul Laseaw저서,<디자인원리와 개념>중에서

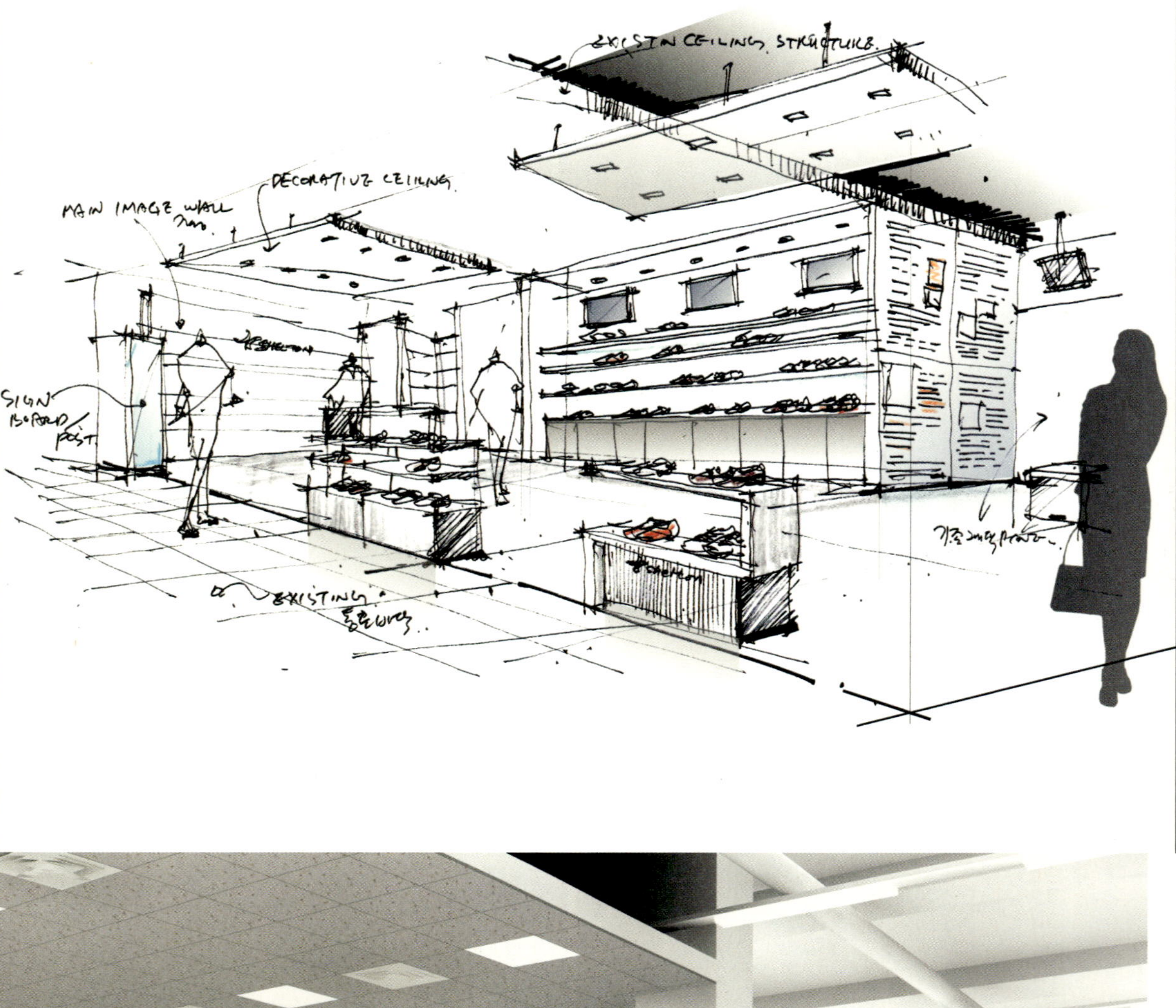

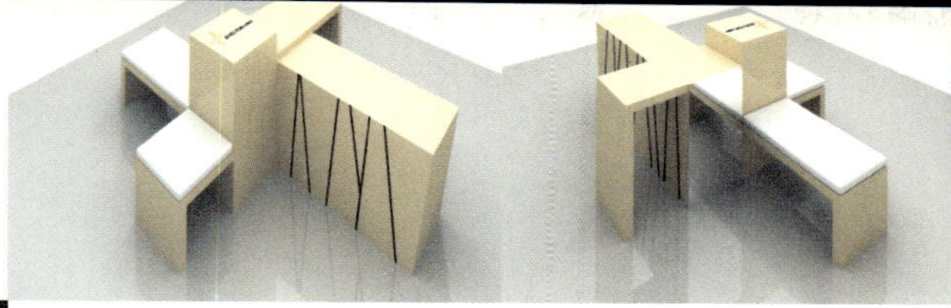

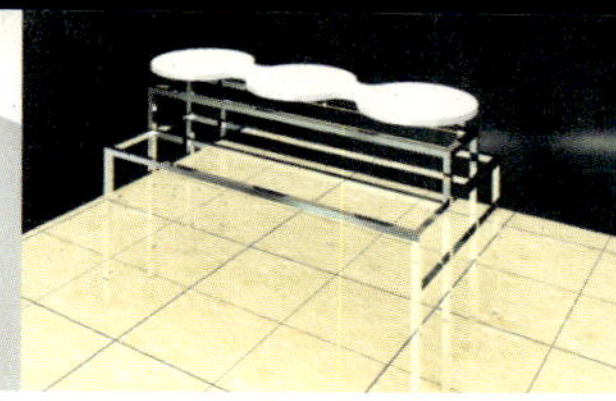

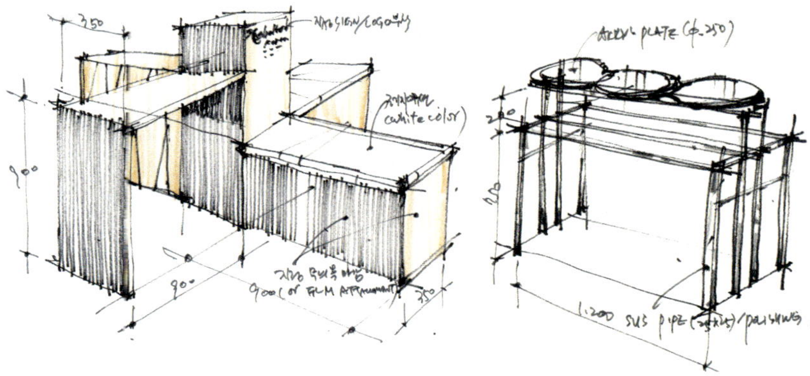

shelton
LONDON
shelton

SHELTON
LONDON
SHELTON
LONDOD

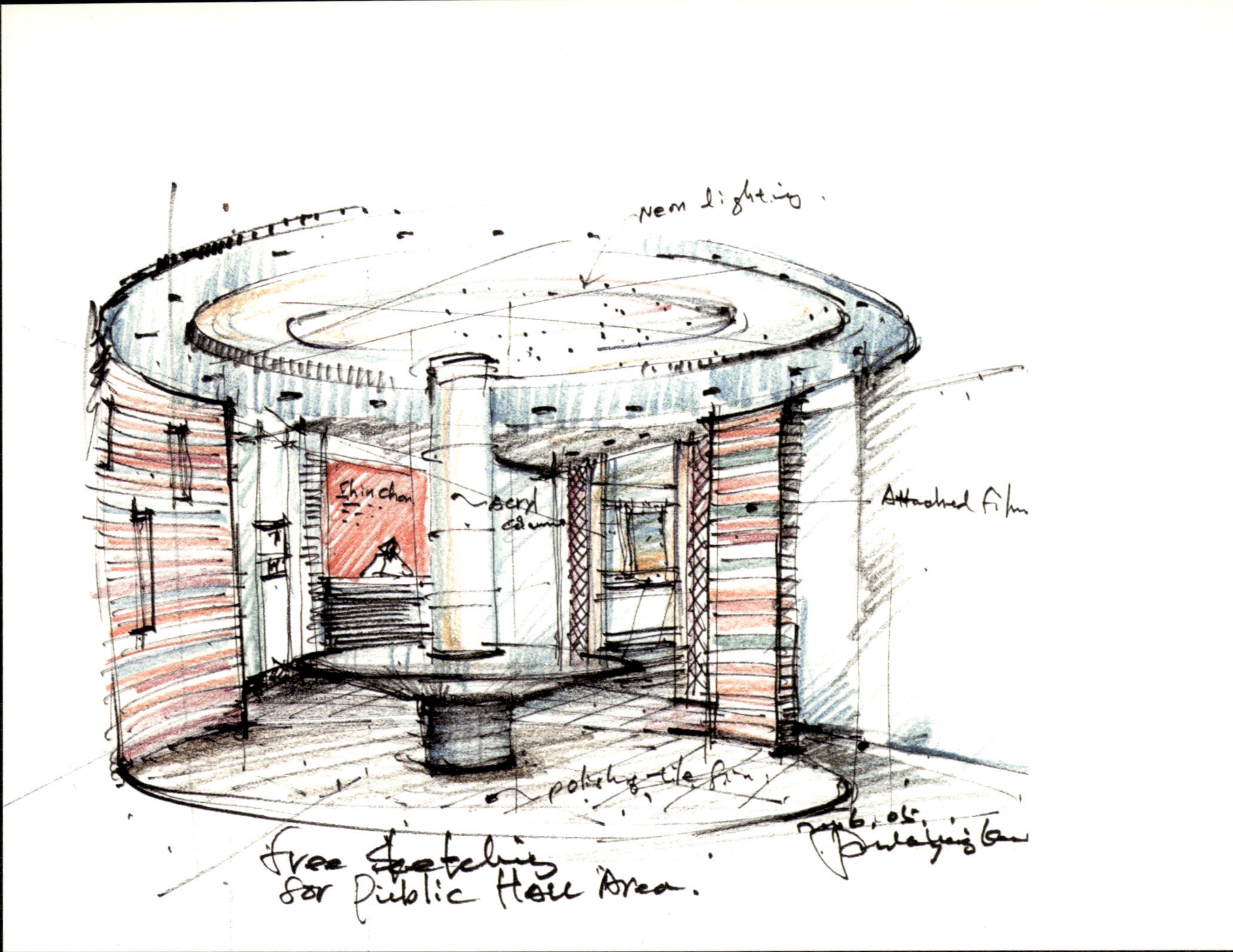
Neon lighting
Shin chan
Attached film
free sketching
for Public Hall Area

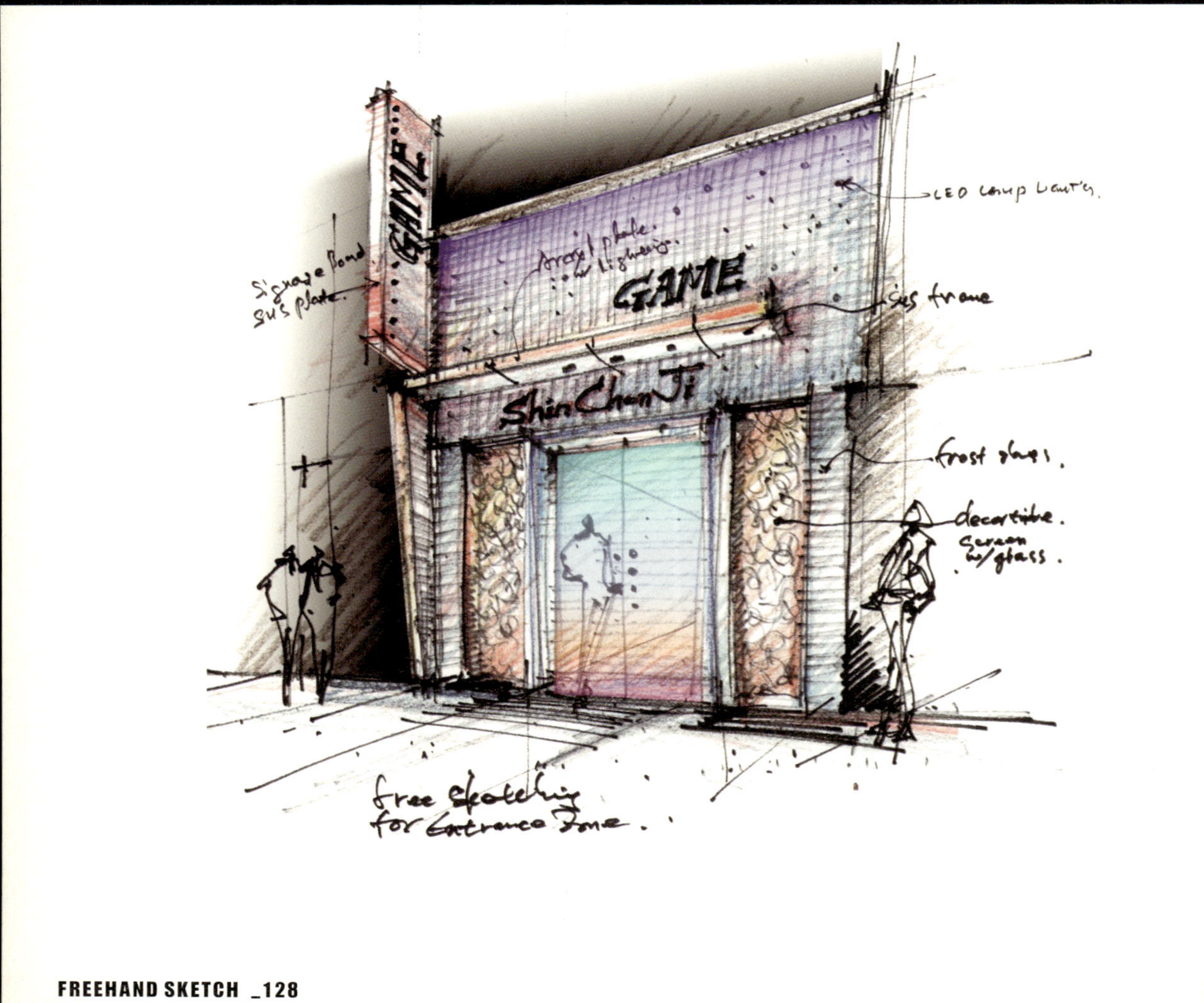
GAME
LED Lamp Lighting
GAME
SUS frame
ShinChunJi
frost glass
decorative
free sketching
for Entrance Zone

GRAPHIC THINKING
IN
INTERIOR ARCHITECTURE

'new idea'와 'special image making'의 도출은
창작에 있어서 놀라운 반전을 가져 올 수 있다고 한다.
이미 통용되고 있거나 익숙해져 있는 관념에
반응하고 사용에만 국한한다면
그건 이미 과거지향의 산물이 되고 말 것이다.
모든 위대한 예술가들은 남들이 생각치 못하는
놀라운 방법의 고찰과 시도를 함으로서
대단한 창조에의 세계를 만들어 냈다고 한다.
free hand sketch의 전개방식은 이러한 모든 가능성을 부여한다고 본다.

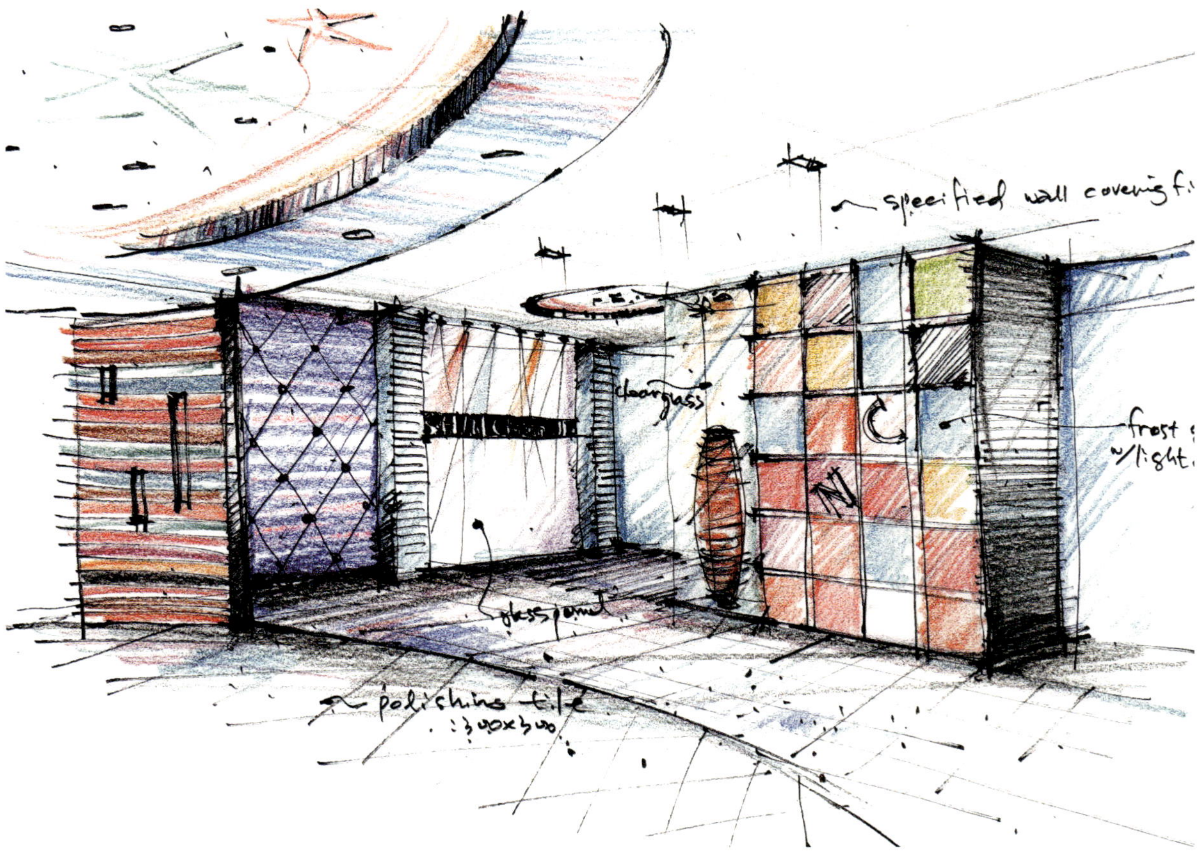

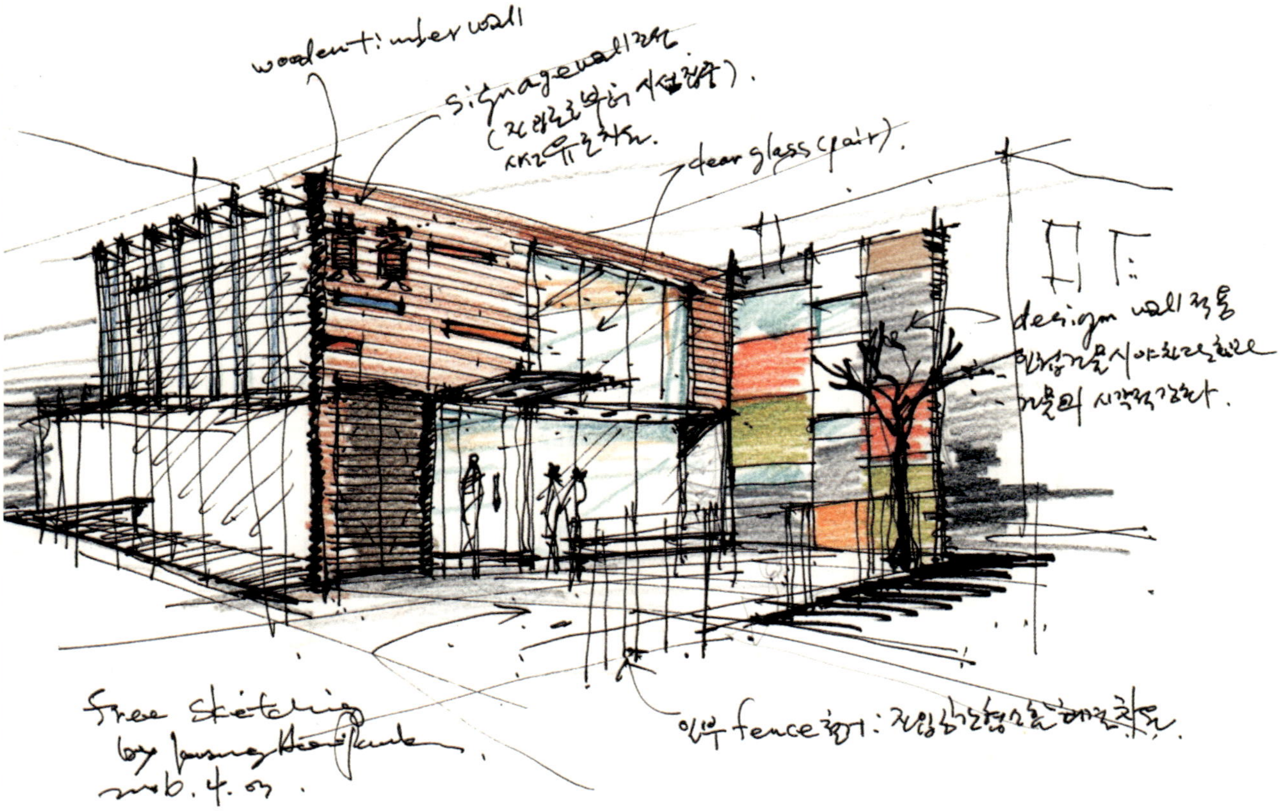
wooden timber wall
clear glass (pair).
design wall 적용
fence

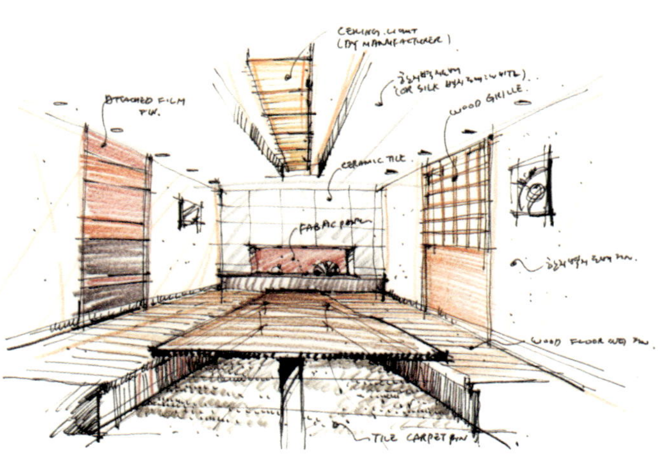
CEILING LIGHT
WOOD GRILLE
CERAMIC TILE
TILE CARPET

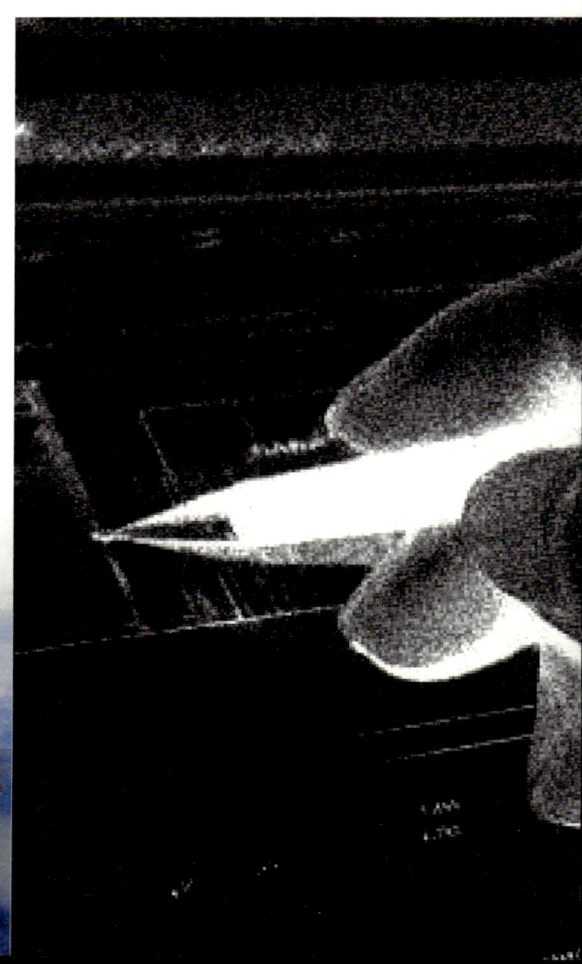

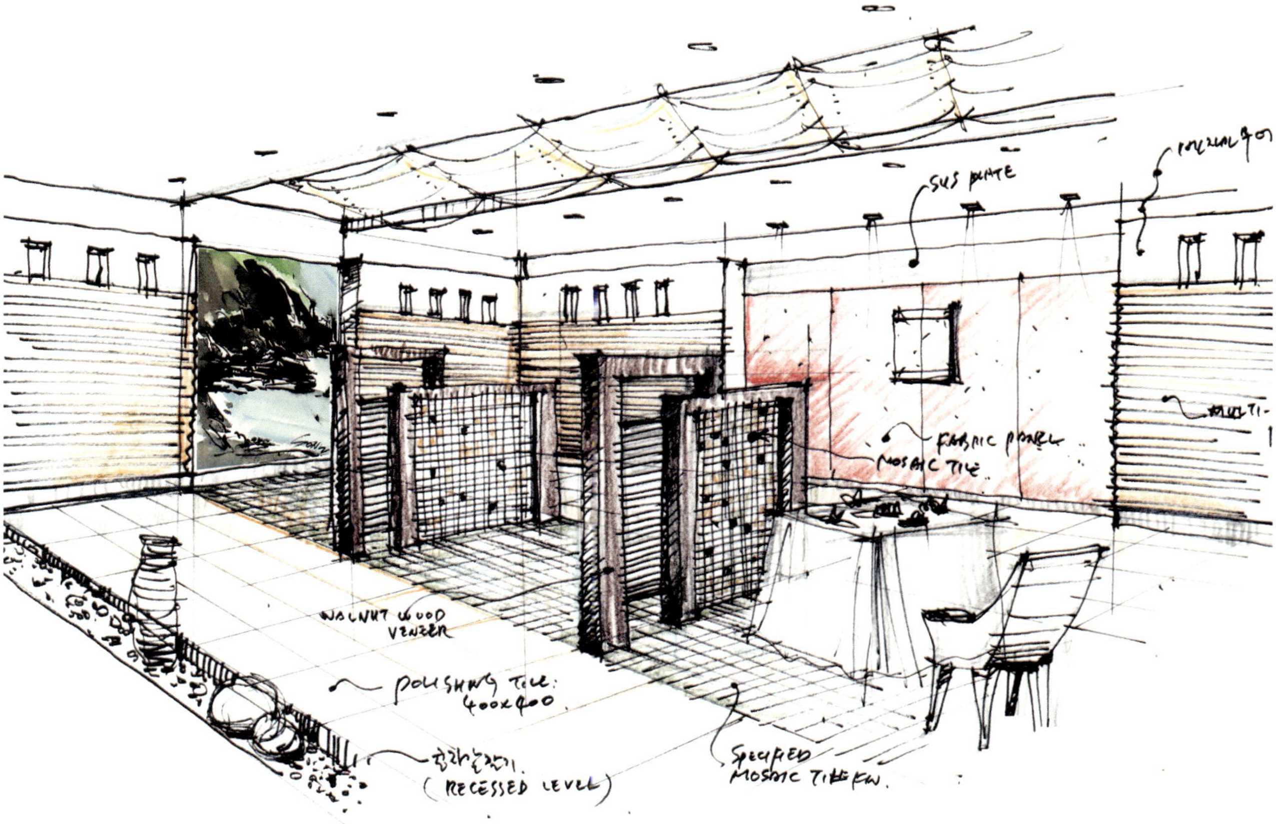

FREE HAND SKETCH AND COMPUTER GRAPHICS

FREE_HAND SKETCH >

< DESIGN COMMUNICATION

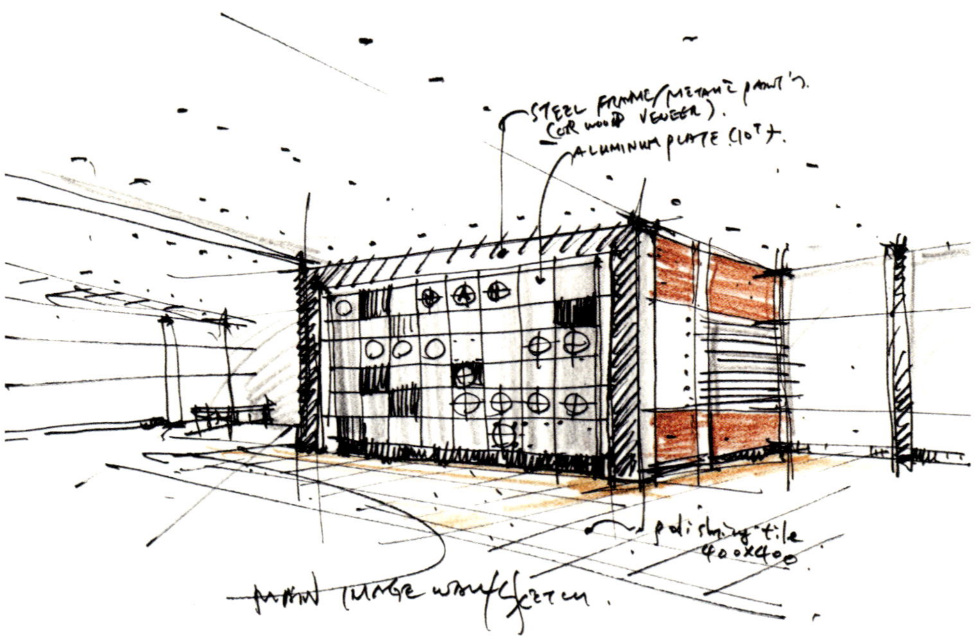

SKETCH

freehand sketching
and
computer graphics
for
interior design

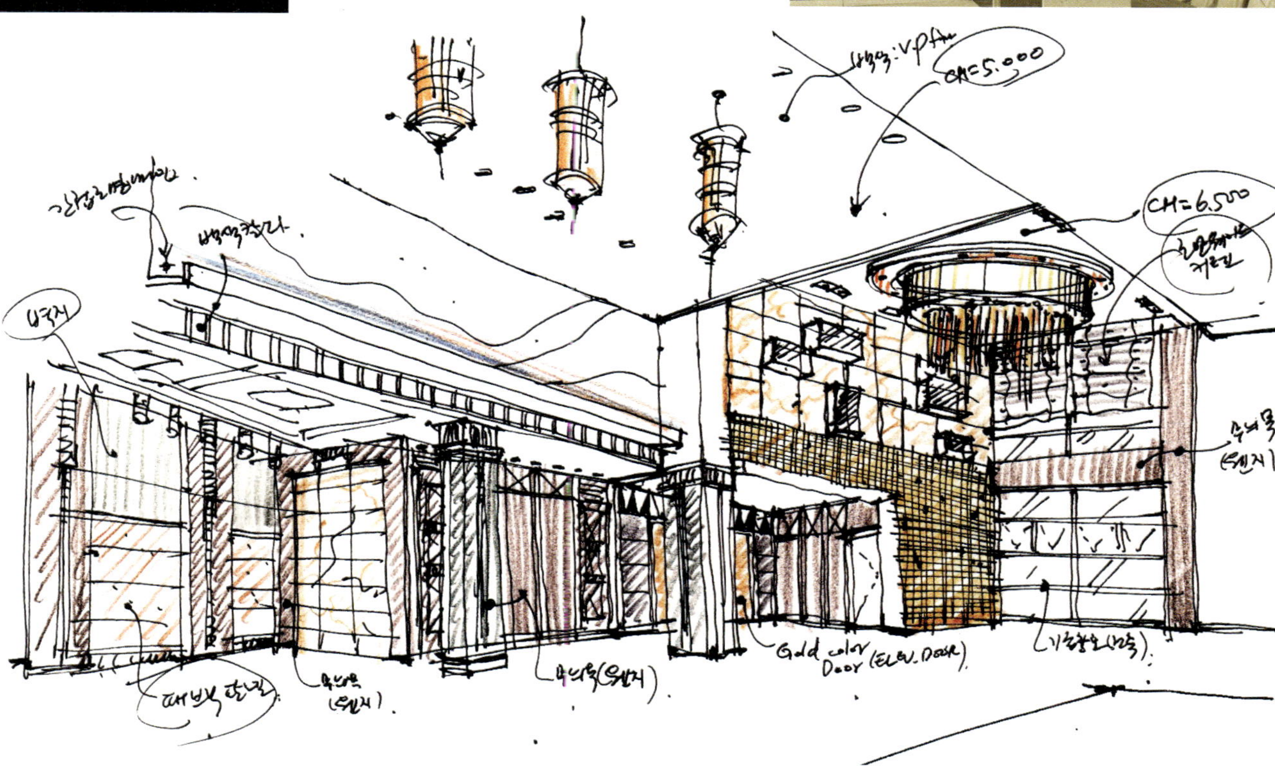
CH=5,000
CH=6,500
Gold color Door (ELEV. DOOR)

FREE HAND SKETCH

MARKER TOUCH

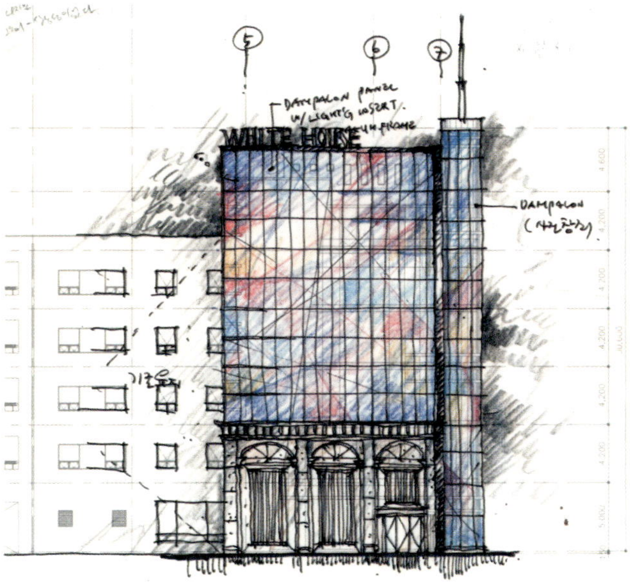
WHITE HOUSE
DAMPALON

ALUM. FRAME
DAMPALON FIN.
WHITE HOUSE

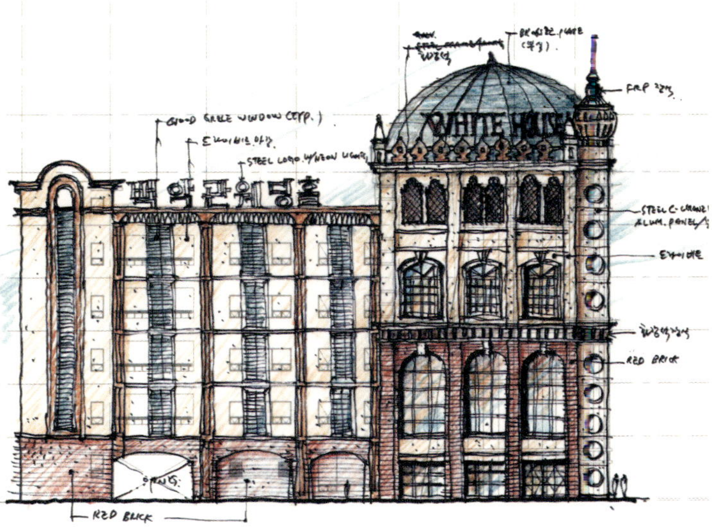
WHITE HOUSE
FRP
RED BRICK

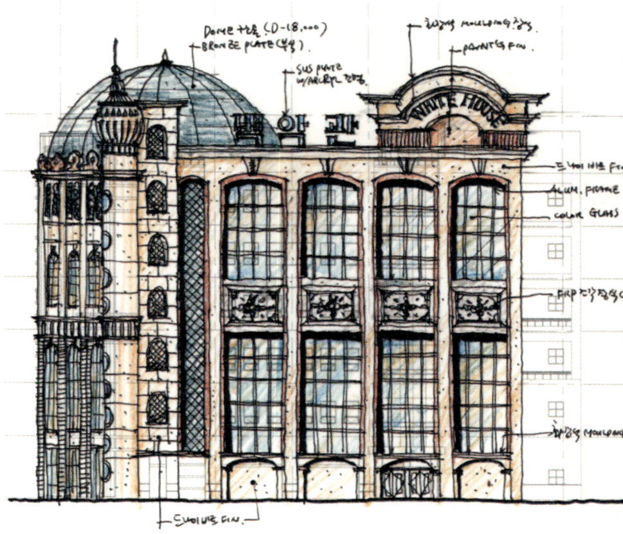
WHITE HOUSE
ALUM. FRAME
COLOR GLASS

"역사를 통해 REPRESENTATION과 DESIGN은 아주 밀접한 관계를 유지해 왔다.
가장 복잡한 기술이나 제도조차도 건축적 환경의 실제적 체험을 완전히 대치할 수 없다는 것을 우리는 알고 있어야 한다.
다시 말해서 사고를 위한 도구로서의 SKETCH 능력은 실제 스케치내에서 이루어진다.
표현을 볼 수 있는 만큼 그것을 사용하는 사람들의 제도 능력의 발전은 사고에 도움을 준다."

Paul Laseaw 저서, 디자인 원리와 개념 중에서

The Sketch

residence facilities project

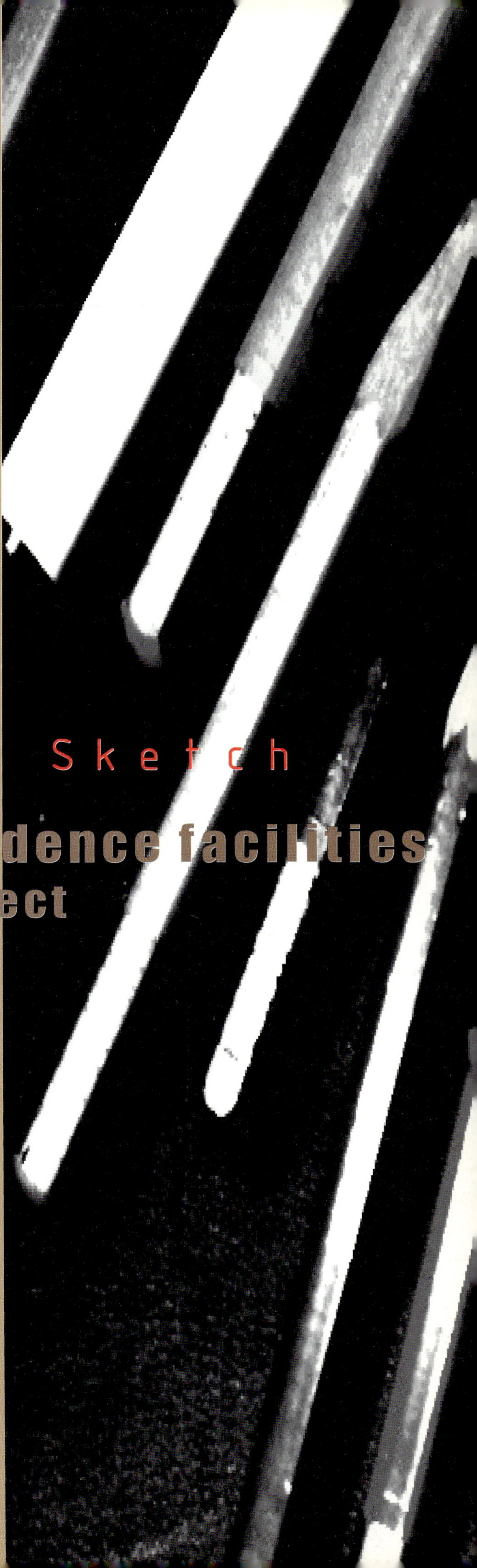

specified pendant light
directed lighting
vinyl painting fin.
specified chandelier
overing fin.
marble fin
wood flooring fin.
specified marble
carpeting

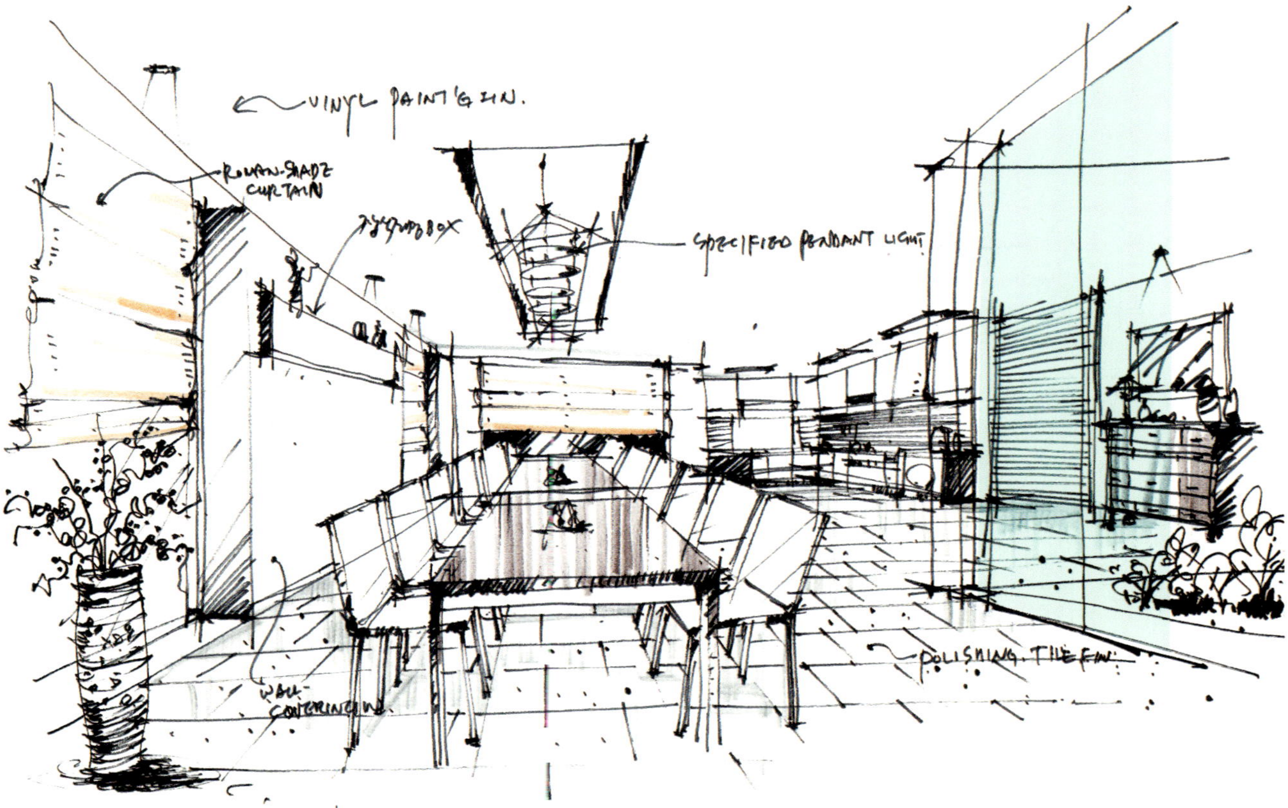
VINYL PAINT'G FIN.
ROMAN-SHADE CURTAIN
SPECIFIED PENDANT LIGHT
POLISHING. TILE FIN

SKETCHED BY PARK KWANG-HEE

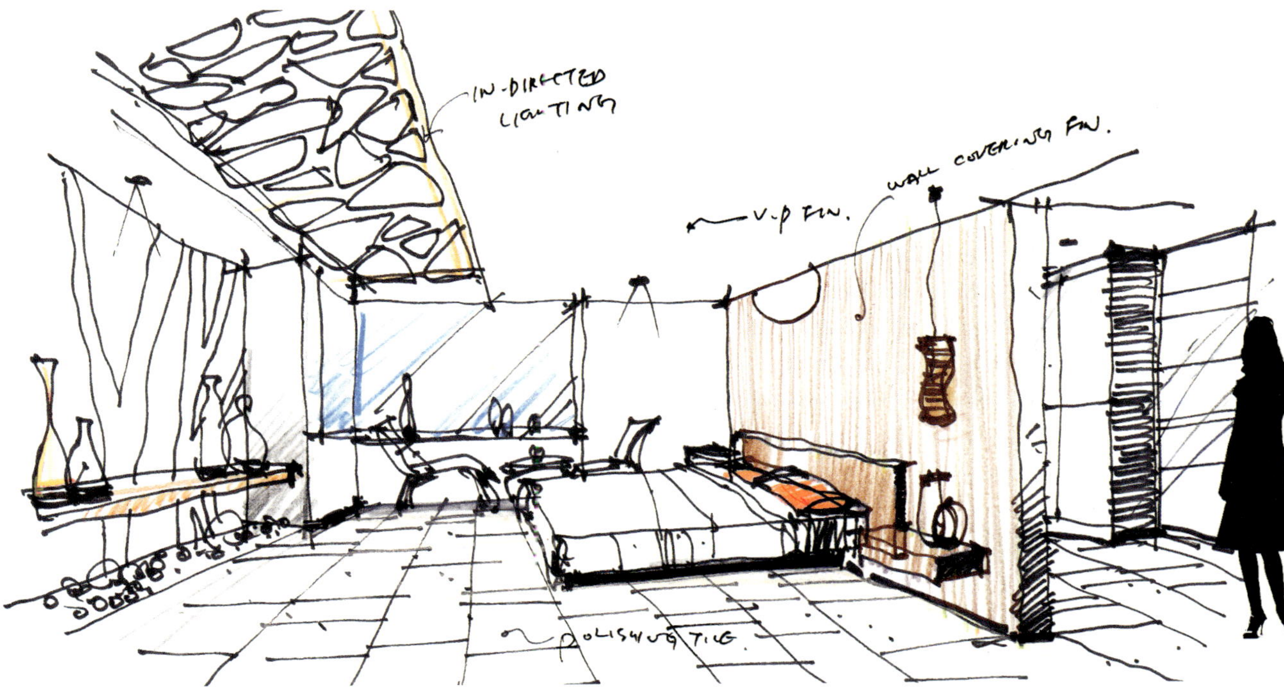

IN-DIRECTED
LIGHTING
WALL COVERING FIN.
V.P FIN.
POLISHING TILE

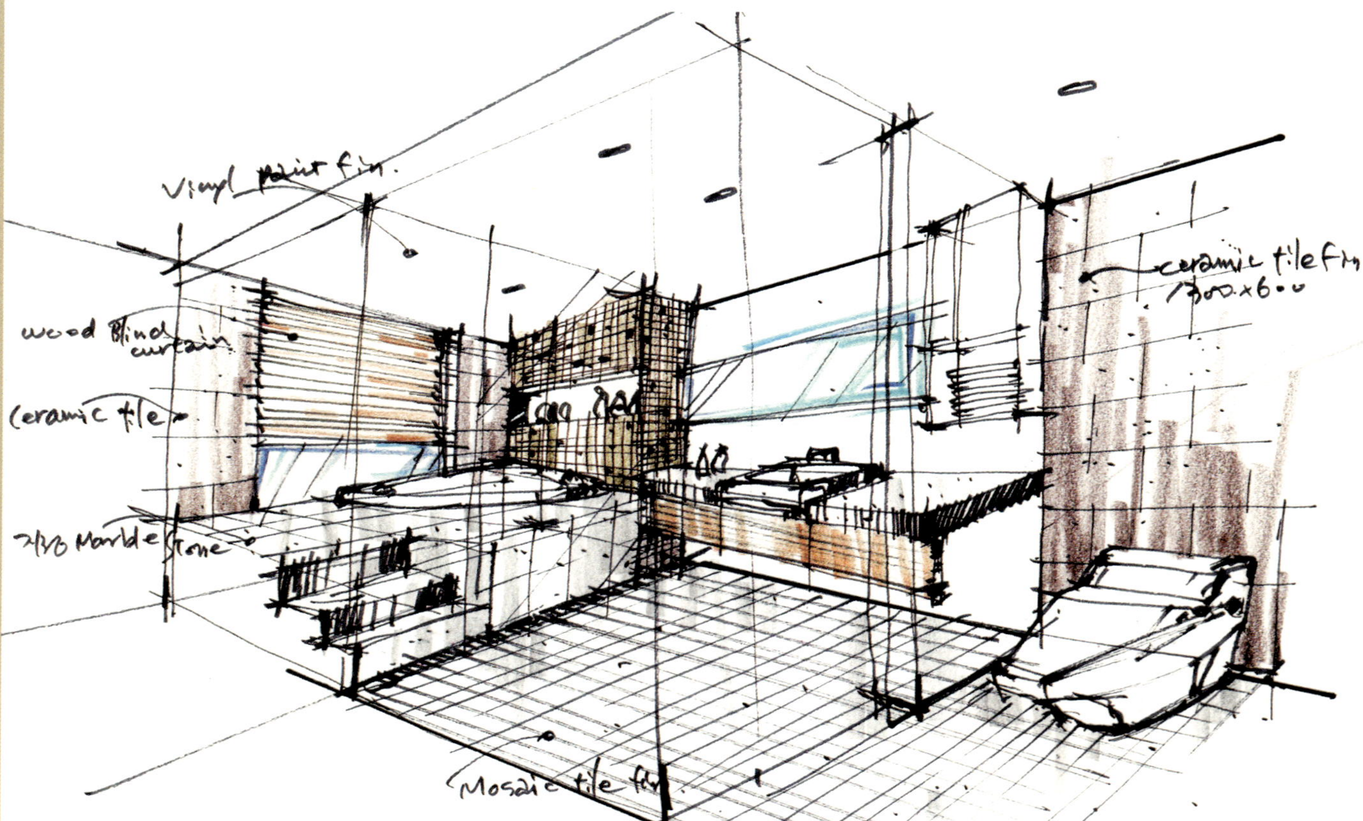
wood Blind curtain
ceramic tile
Mosaic tile

MINIMAL STYLE
WHITE COLOR + GREY COLOR
NATURAL MATERIAL

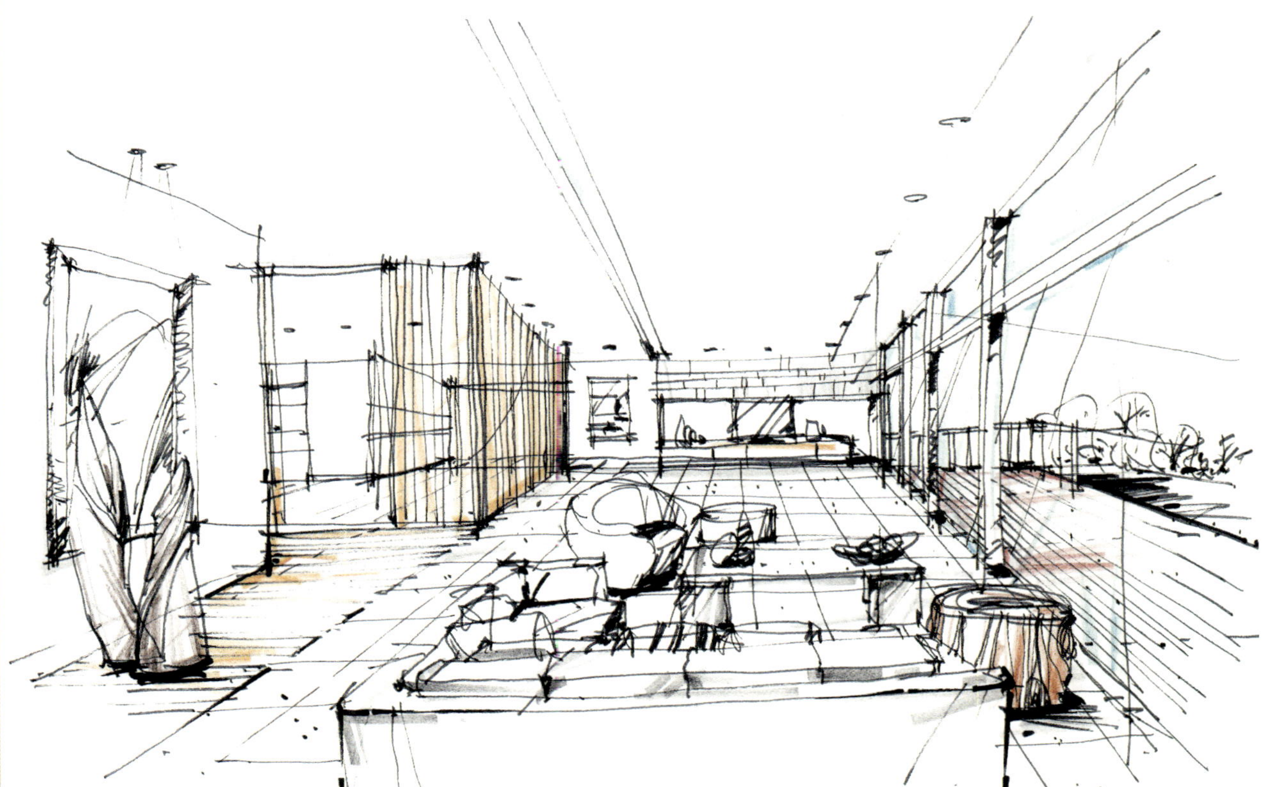

Vinyl Painting fin.
frost glass
fabric panel
Existing Architectural window System.
Specified wall-covering fin.
Wood flooring fin.
Rug Carpet

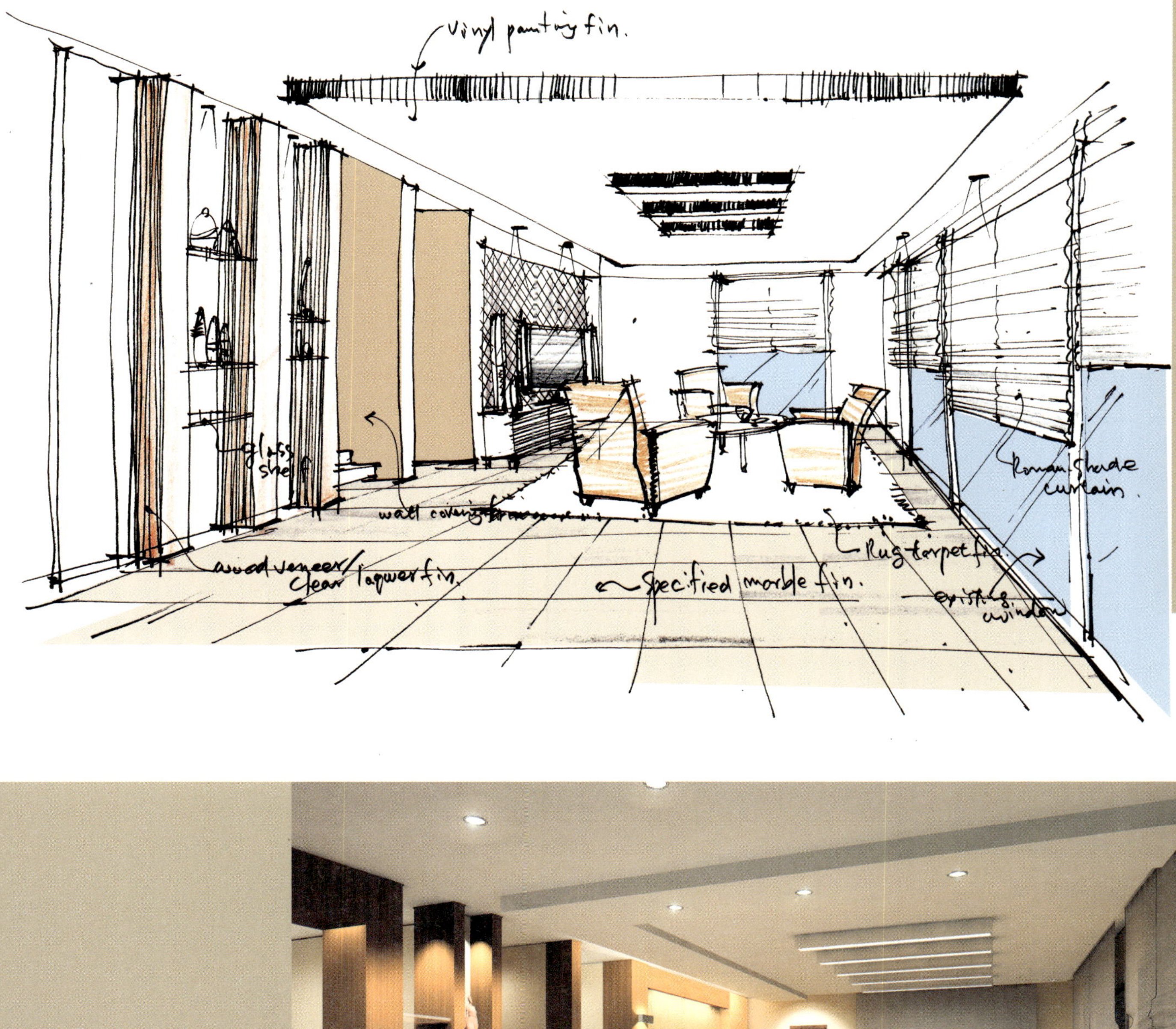
Vinyl painting fin.
glass shelf
wall covering
wood veneer/ clear laquer fin.
Specified marble fin.
Rug carpet fin.
Roman shade curtain.
existing window

묘사-REPRESENTATION_이것은 스케치에 있어서는 절대적 표현 행위이다. 자신의 사고를 충분히 표면화함으로써 전개과정과 일련의 결과에 실수나 새로운 구상에의 열의를 충동시킨다고 본다. 비록 체계적인 그림이나 도면이 아닐지라도 무형적 아이디어의 시각적 제시는 다양한 제안과 사고의 확장을 유도해 주기에 충분히 가능하다. Paul Laseaw는 그의 저서에서 스케치의 의의는 정물화나 어떠한 사실을 그려내는 작업이 아니라 새로운 무엇인가를 발견하기 위한 수단이라고 말하고 있다.그는 오늘날의 예술가들이 이러한 기초적인 행동이나 대상에 대하여 너무나도 무관심해 지고 있다는 것은 놀라운 일이 아닐 수 없다고 말하기도 한다. 특히 우리가 하고 있는 디자인에 대한 모든 설계에 대하여 가장 우선하는 기초적인 작업인 프리핸드 스케치는 모든 그 어느 디자이너에게도 반드시 숙달하여야 한다는 걸 새삼 경종을 울리는 의미라고 본다.

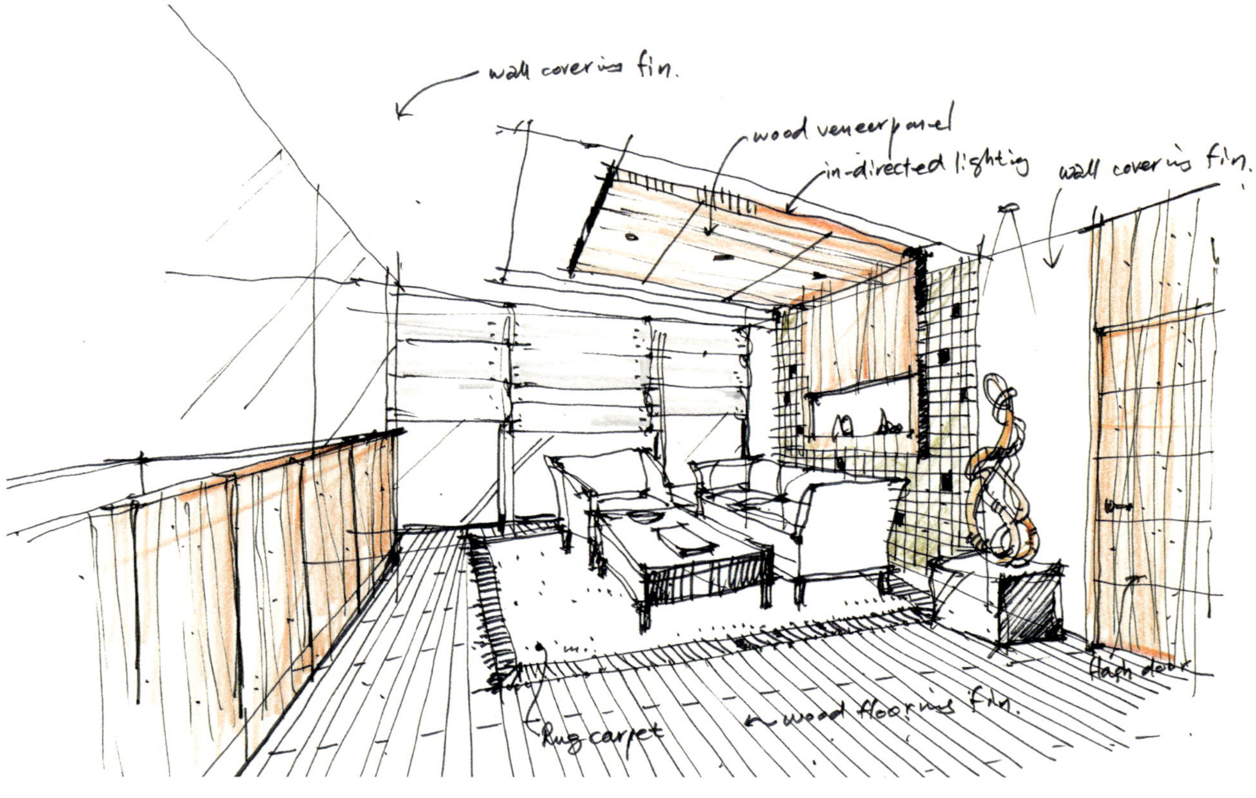

SPECIFIED WALL-COVERING FIN.
SPECIFIED VINYL PAINTING
SPECIFIED WOOD PANEL / CLEAR LACQ'R FIN.
WOOD FLOORING FIN.

WOODENFILM ATTACHMENT
PANEL
SPECIFIED WALL COVERING FIN.
WOOD. FLOORING FIN.
RUG CARPET

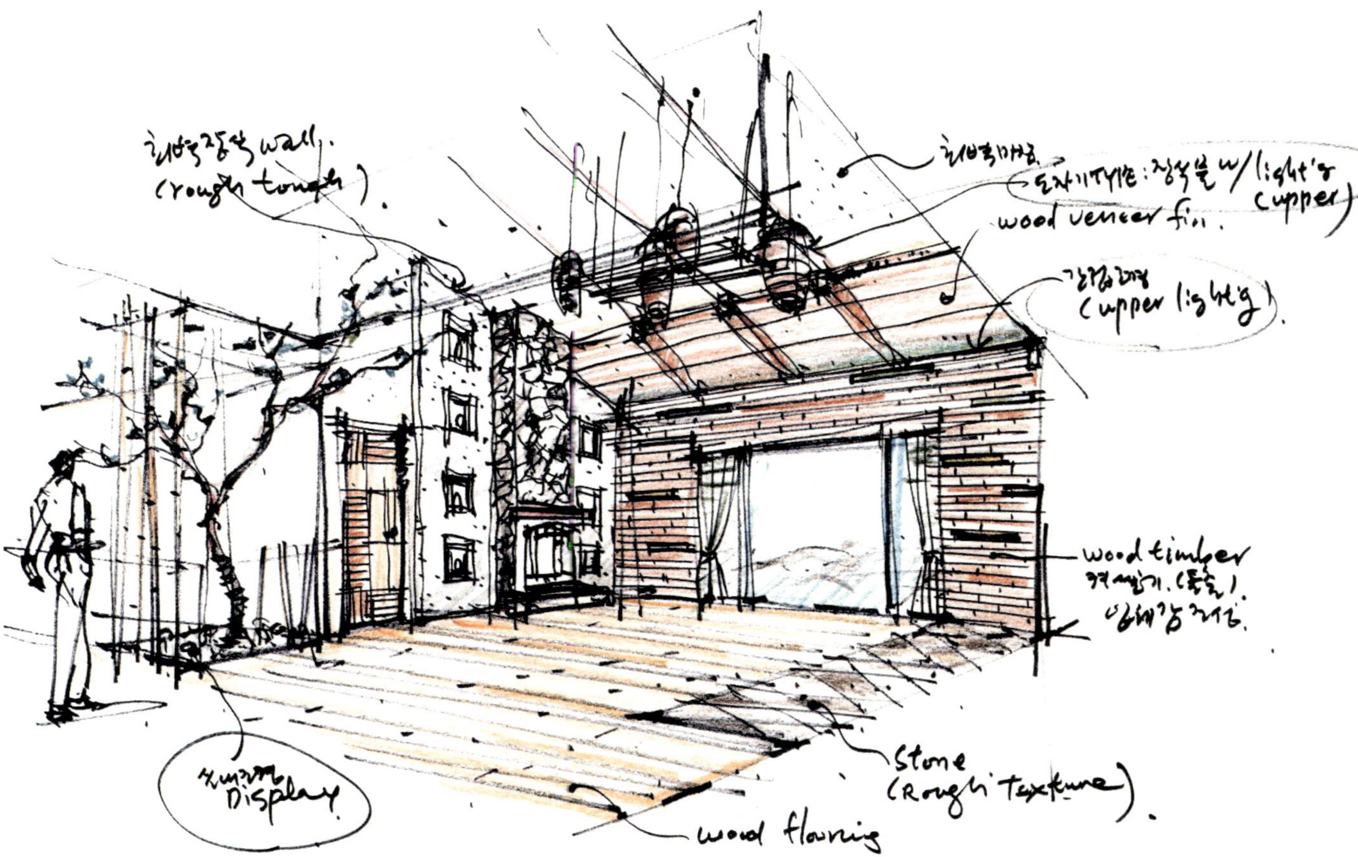

wall.
(rough touch)
(upper)
wood veneer fin.
(upper lighting)
wood timber
Stone
(Rough Texture)
wood flooring
Display

장식물(NON-LIGHT)
wood flooring

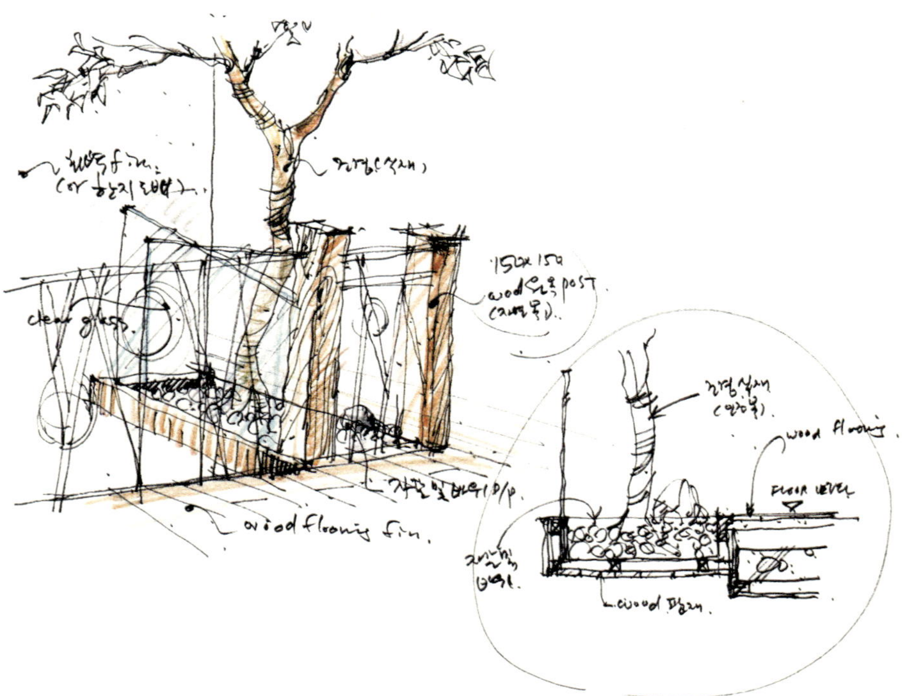

clear glass.
wood flooring fin.
FLOOR LEVEL

frost glass
wood flooring

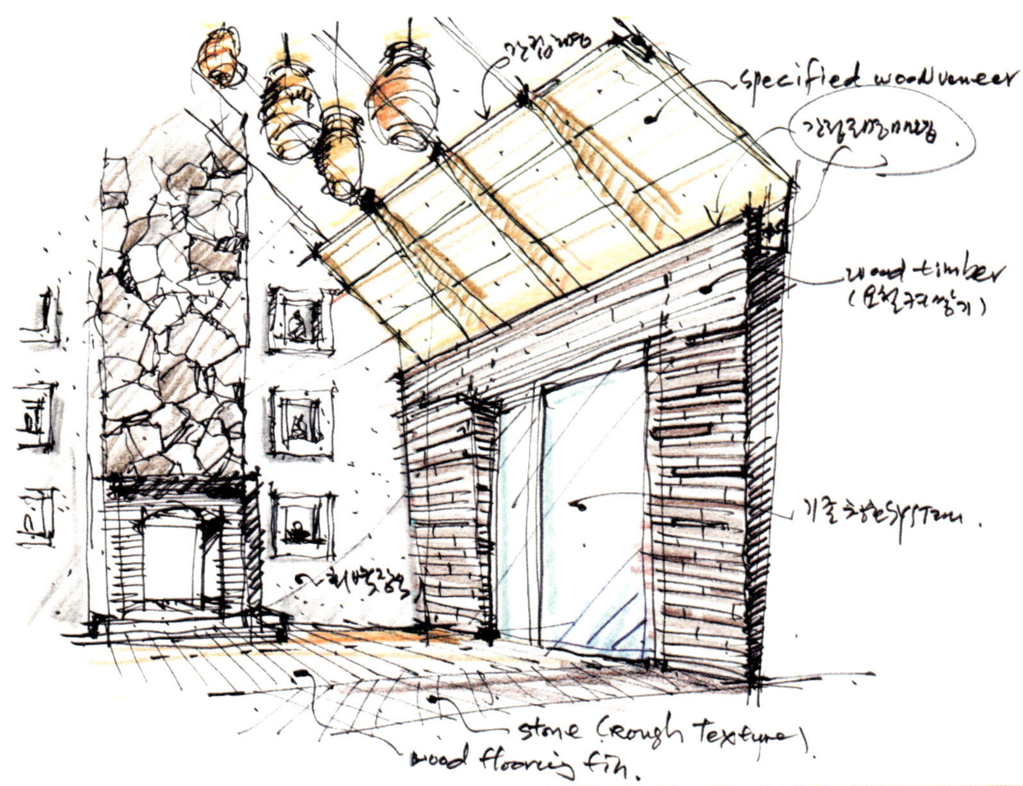
specified wood veneer.
wood timber
stone (rough texture)
wood flooring fin.

wood frame
wood frame
STONE TILE
image sketch
ENT. AREA

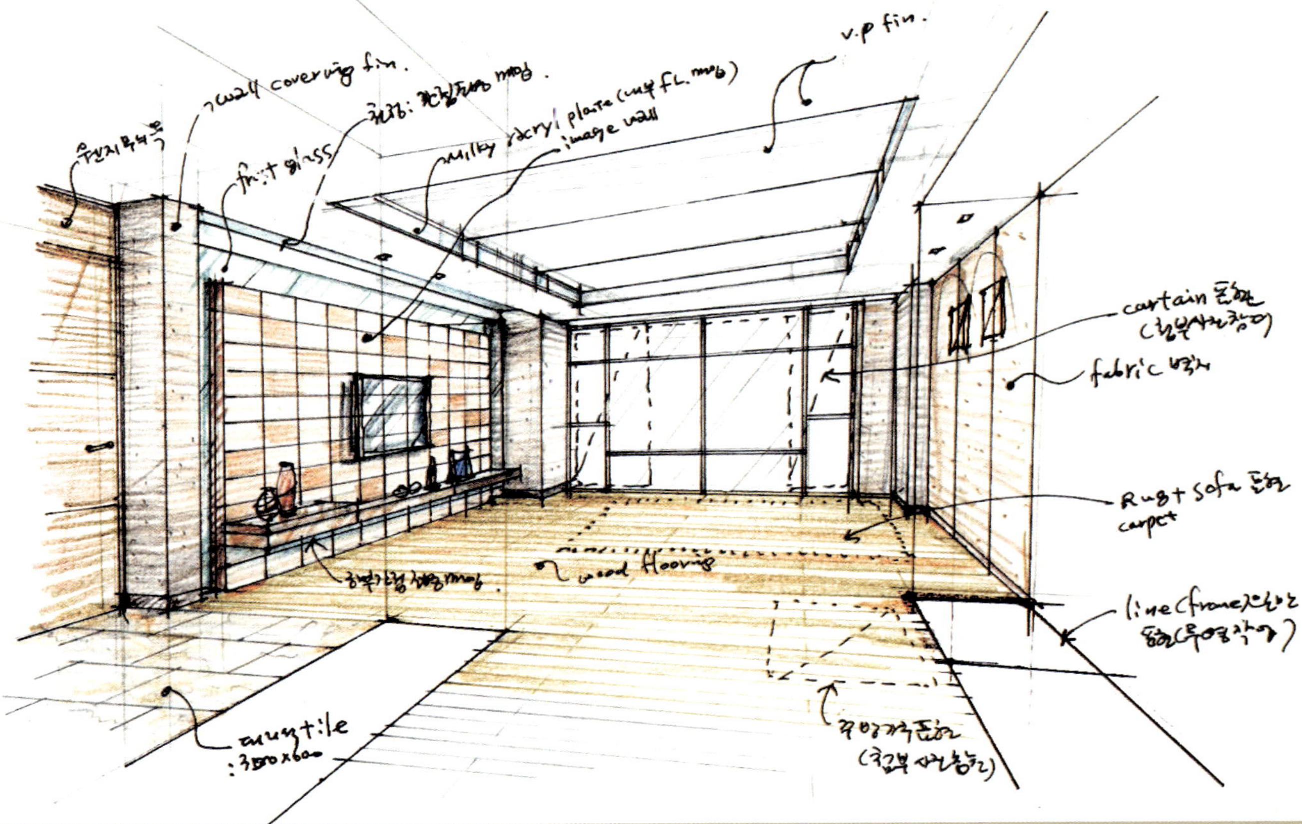
v.p fin.
wall covering fin.
frit glass
milky acryl plate
image wall
fabric
Rug+Sofa
carpet
wood flooring

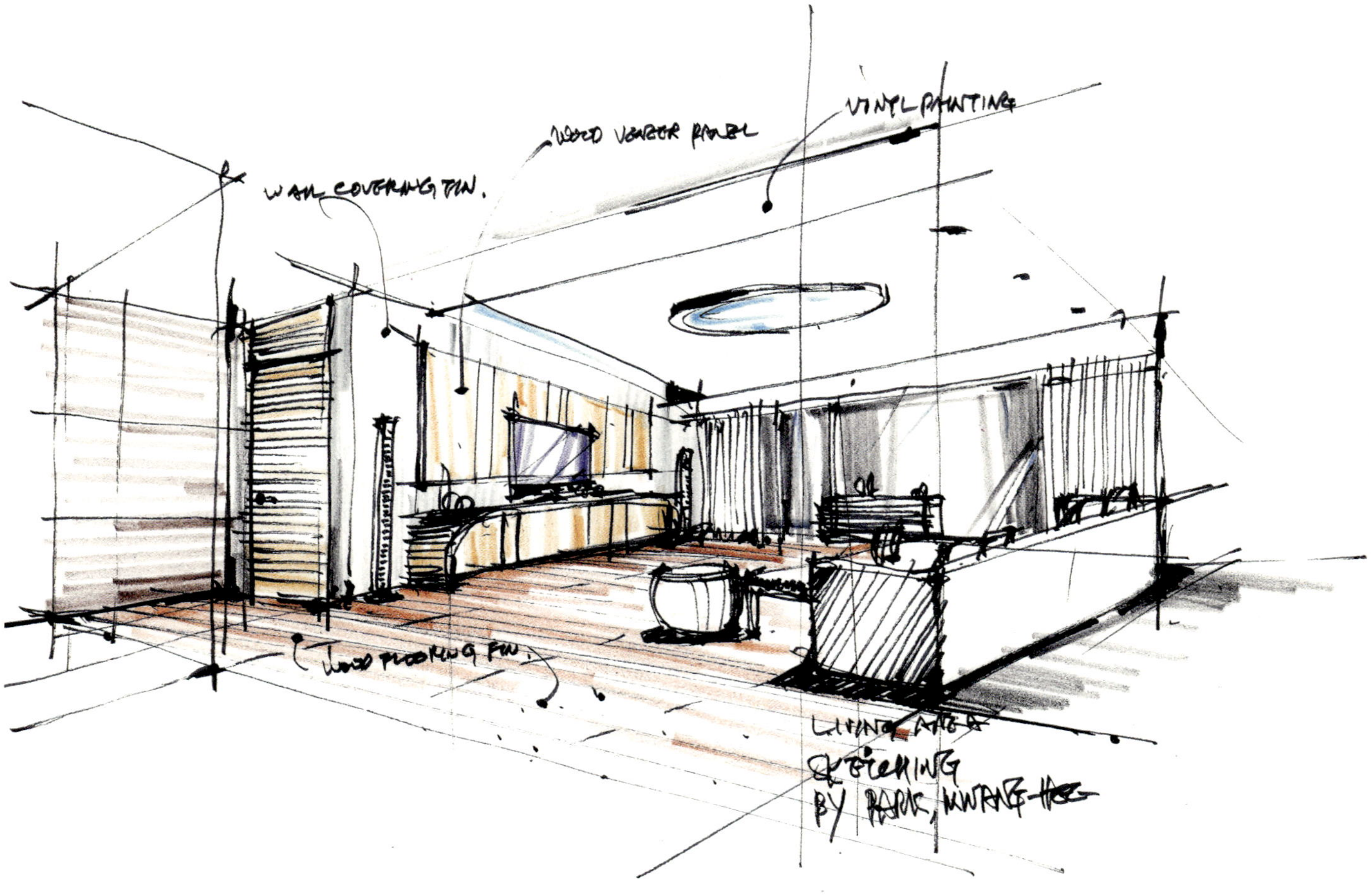

VINYL PAINTING
WOOD VENEER PANEL
WALL COVERING FIN.
WOOD FLOORING FIN.
LIVING AREA
SKETCHING

Tile fin
Vinyl painting fin.
(or wall-covering fin.)
specified wall covering fin.
Flash door
(by manufacturer)
Wood flooring fin.

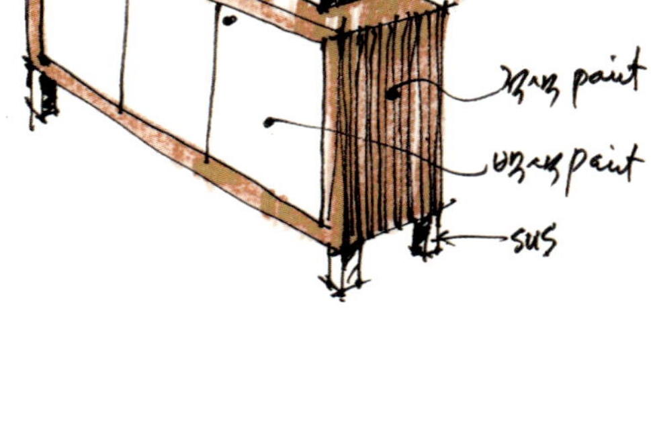

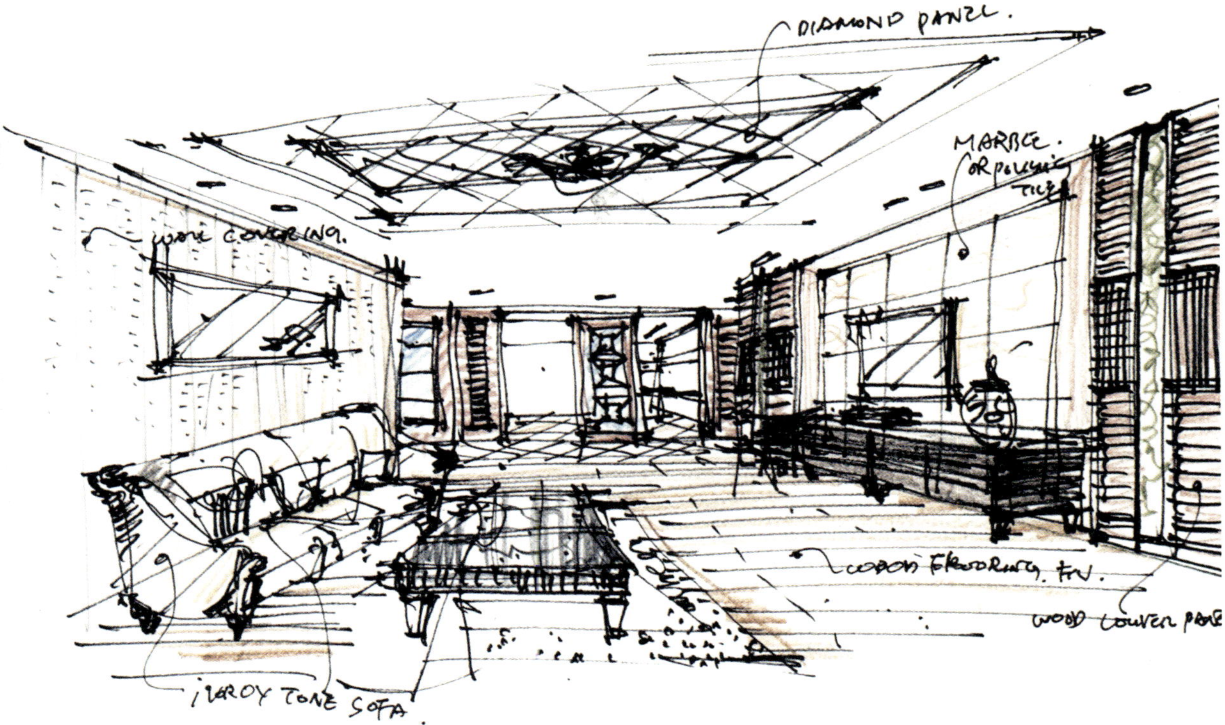
DIAMOND PANEL.
MARBLE. OR POLISHING TILE
WALL COVERING.
WOOD FLOORING FIN.
WOOD LOUVER PANEL
IVORY TONE SOFA.

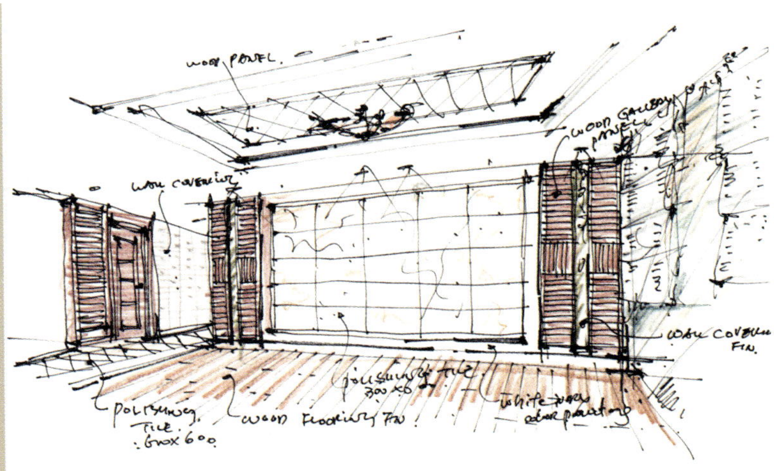
WOOD PANEL.
WALL COVERING
WOOD GALLERY PANEL
WALL COVERING FIN.
POLISHING TILE 600x600.
WOOD FLOORING FIN.
POLISHING TILE

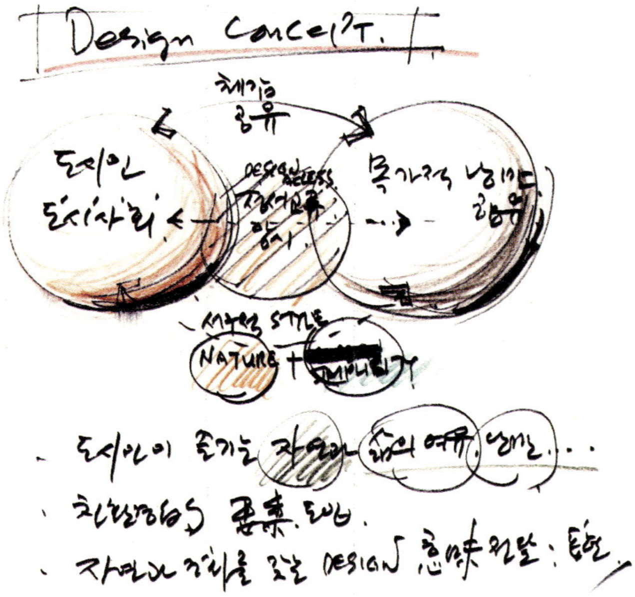
Design concept.
NATURE
SIMPLICITY

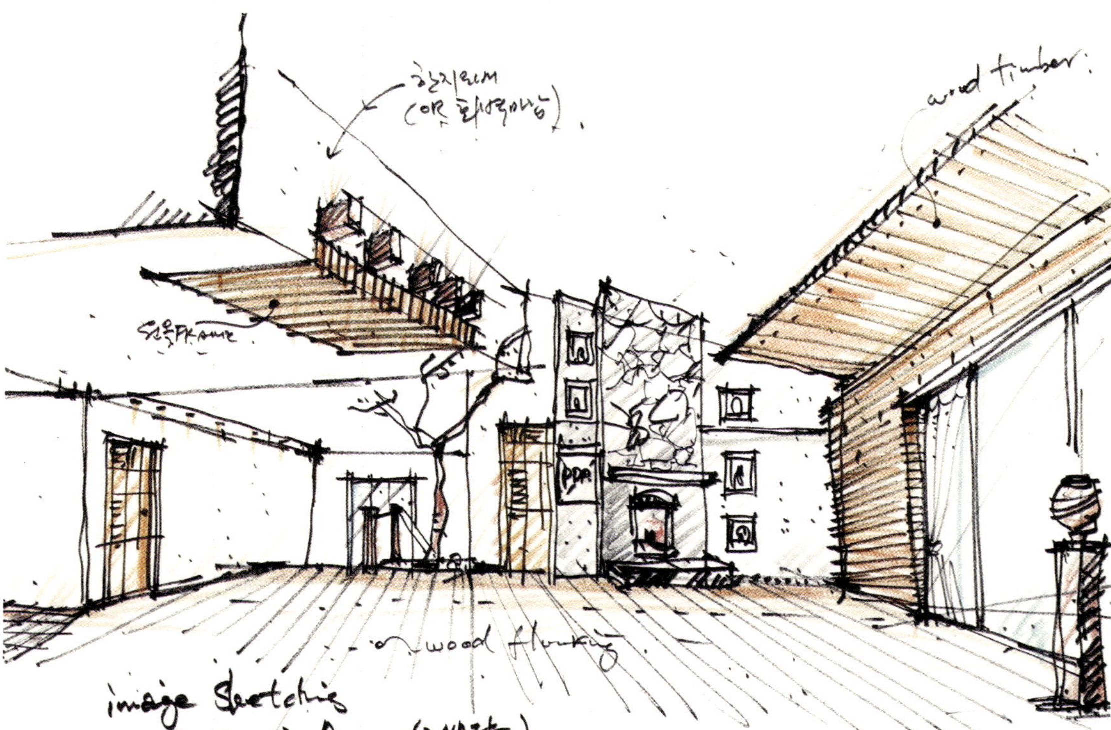
wood timber
wood flooring

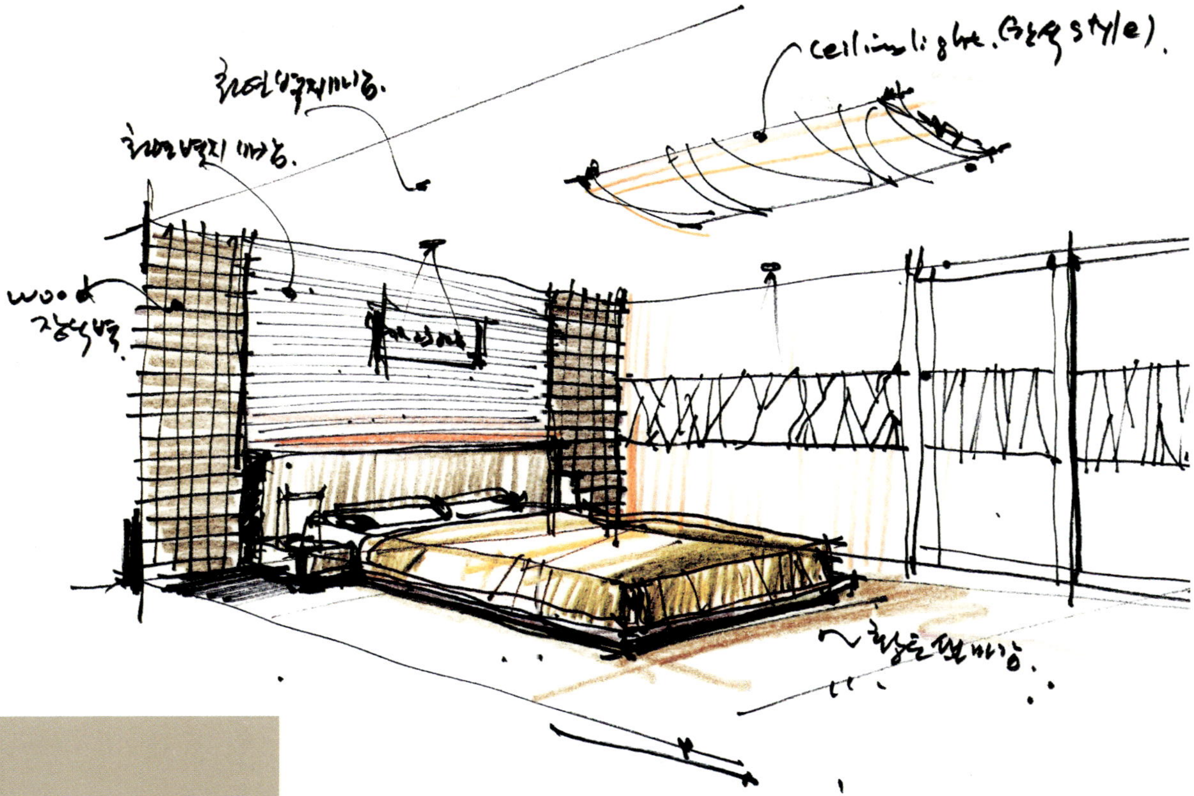

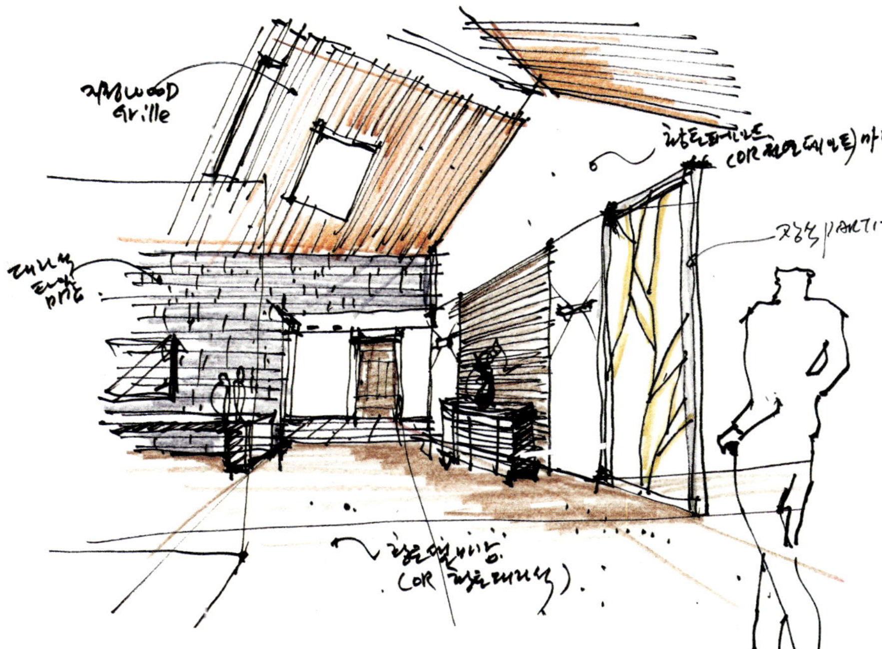

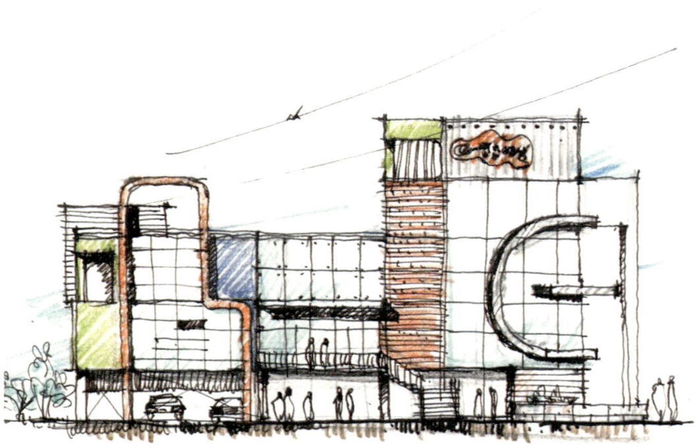

everyone
everything
easy

제도와 사고는 발전을 위해 개방되어져 있어야 한다. 나는 결코 결코 제도가 마무리되어졌는지를 느끼지 못한다. 이것은 항상 안전성에 관한 내 자신의 의문 때문에 그렇지 않나 생각한다.

일반적으로 대개는 연필을 가지고 스케치를 하지만 나는 felt-tip pen이나 ink pen을 주로 사용한다. 왜냐하면 선이 단순하게 표현되기 때문이다. 하지만 일단 그린 선은 다시 그리기 전에는 지울 수가 없기 때문에 그 대상에 대한 반복적인 연습과 대조해보는 과정은 스케치 기법 능력을 증진시켜 준다. 제도와 스케치를 하는데 있어서 이러한 것들은 쉽게 무시되어지는 경우가 있으나, 디자이너는 이의 발전을 위해서 꾸준한 반복적 연습이 필요하다.

_Paul Laseaw 저서, 디자인 원리와 개념중에서

"직선을 free hand sketch하는 것은 그래픽 사고와 실습의 모든 유형을
완전하게 하기 위한 중요한 기법이다."

"여러 다양한 스케치들은 같은 종이 위에 다른 유사성을 추구하기 위하여 아주 적게 그려진다.
이 때문에 디자이너는 편리한 작업을 자유스럽게 할 수가 있는 것이며,
나름대로 이러한 종류의 사고를 즐기게 된다.
사고의 독창적인 훈련은 자신의 의지를 바탕으로 반복적 연습을 통해서 이루어지고,
이런 것들은 잠재 의식 속에 점차적으로 기록되어진다."

Paul Laseaw 저서, 디자인 원리와 개념 중에서

The Sketch

culture facilities project

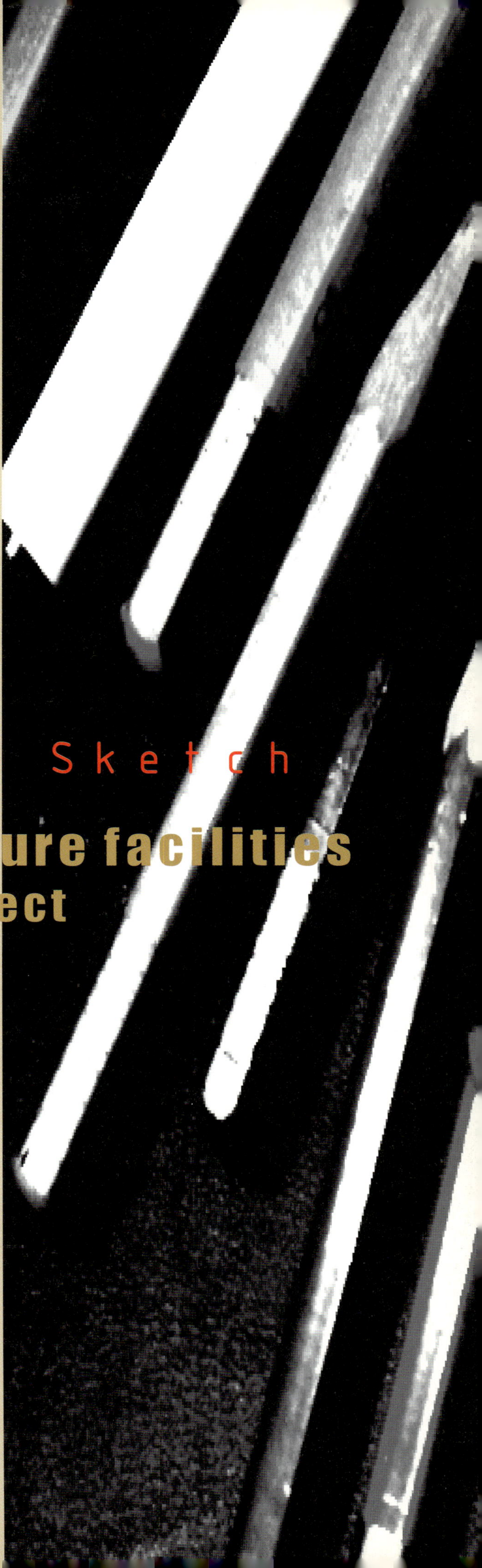

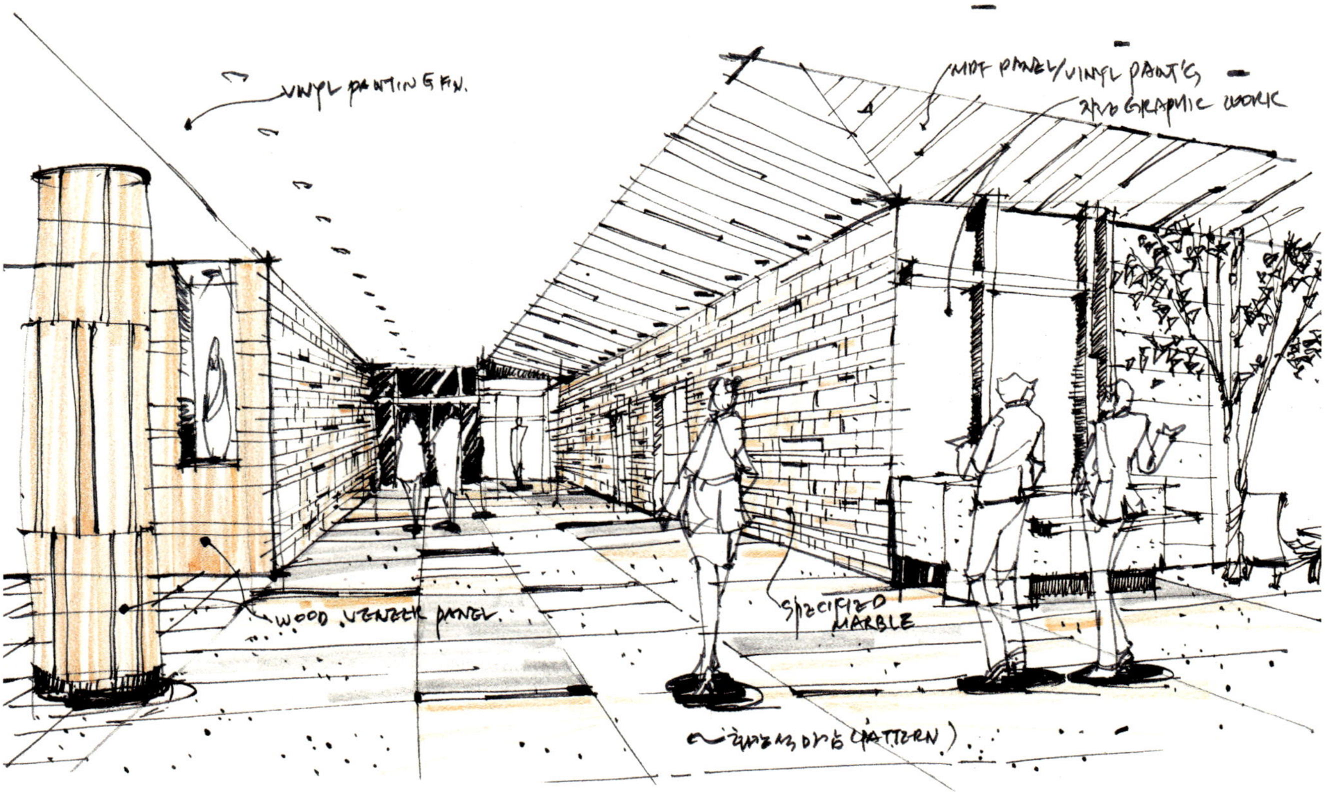

선(line)의 굵기는 입체감을 부각시킨다.
그래서 원근감이나 거리의 효과를 표현하기 위해서는
여러가지 굵기의 펜을 사용하면 유리하다.
이것은 선에 강약을 주어 상당한 생동감을 줄 수 있고
칼라를 입히는 경우에도 수월한 보조적 역할을 하게 된다.
또한 동적 표현을 통해 시각적으로도 보는 사람의 인식을
신선한 감각으로 공유하게 할 수 있다.

VINYL PAINTING
SPECIFIED PENDANT LIGHT
SPECIFIED GRAPHIC SHEET
EXPOSED CONC. COLUMN
MDF PANEL ATTACHED FILM FIN.
WOOD FLOORING FIN.
CERAMIC TILE FIN.

VINYL PAINTING
WOOD FRAME/ ATTACHED FILM
BEAM SCREEN
WOOD FLOORING FIN.

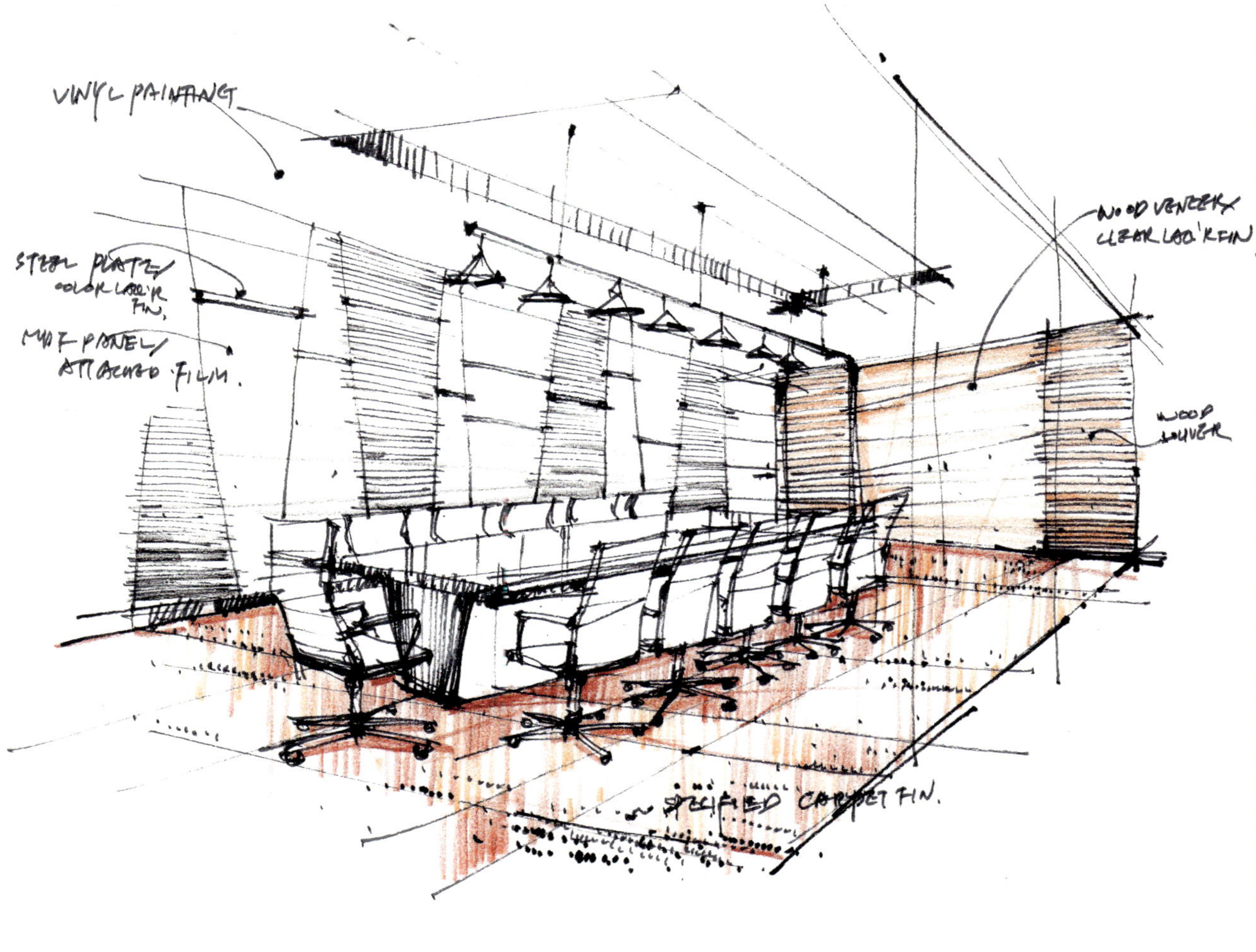
VINYL PAINTING
STEEL PLATE/
COLOR LAQ'R
FIN.
MDF PANEL/
ATTACHED FILM.
WOOD VENEER/
CLEAR LAQ'R FIN.
WOOD
LOUVER
SPECIFIED CARPET FIN.

VINYL PAINTING FIN.
SPECIFIED COLOR GLASS PANEL
GRAPHIC WALL
CERAMIC TILE FIN.

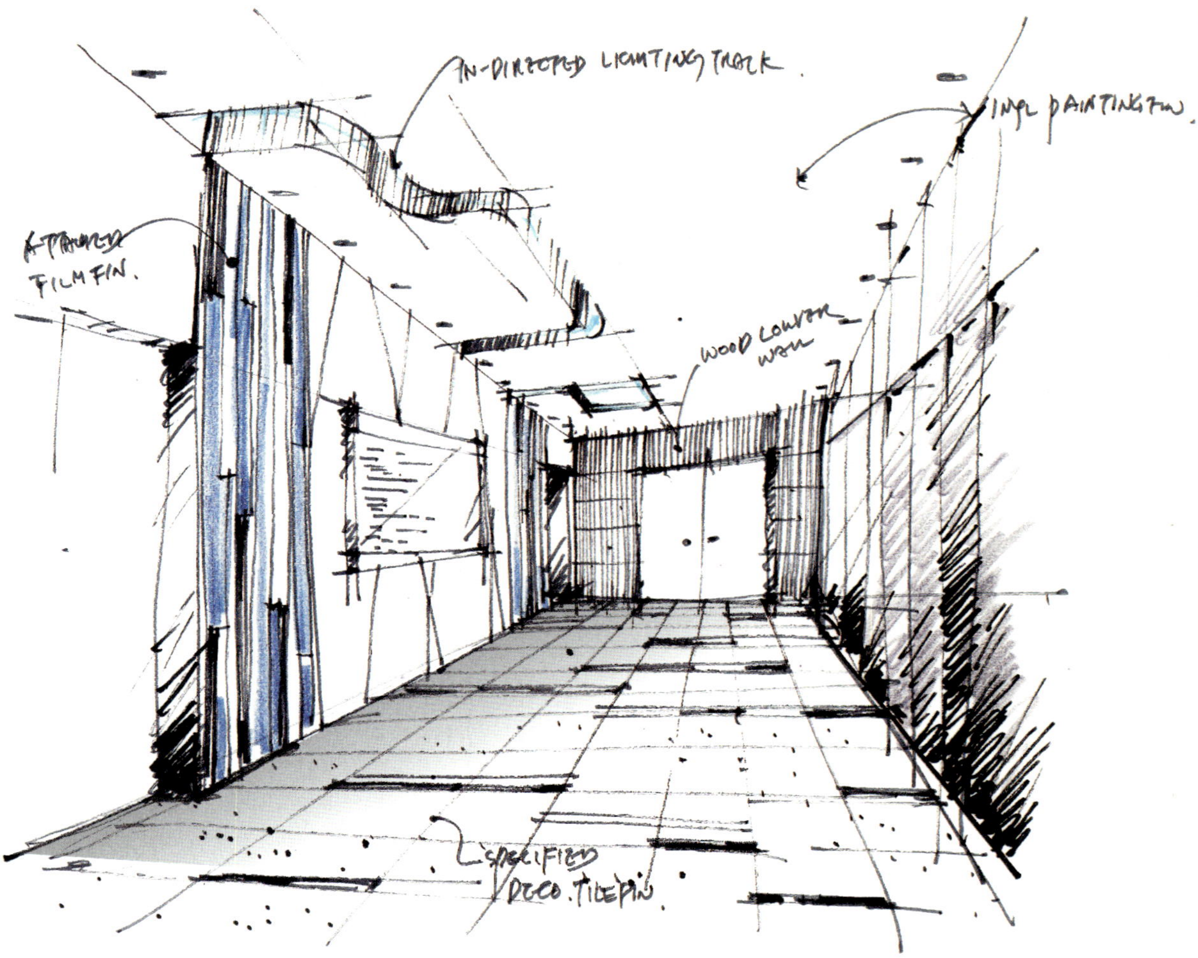
IN-DIRECTED LIGHTING TRACK
WOOD LOUVER WALL
SPECIFIED DECO. TILE FIN.

ATTACHED FILM
(CONC. TEXTURE)
VINYL PAINT'G FIN.
SPECIFIED WOOD FLOORING FIN.

VINYL PAINT
FLOOR : VINYL SHEET FIN.

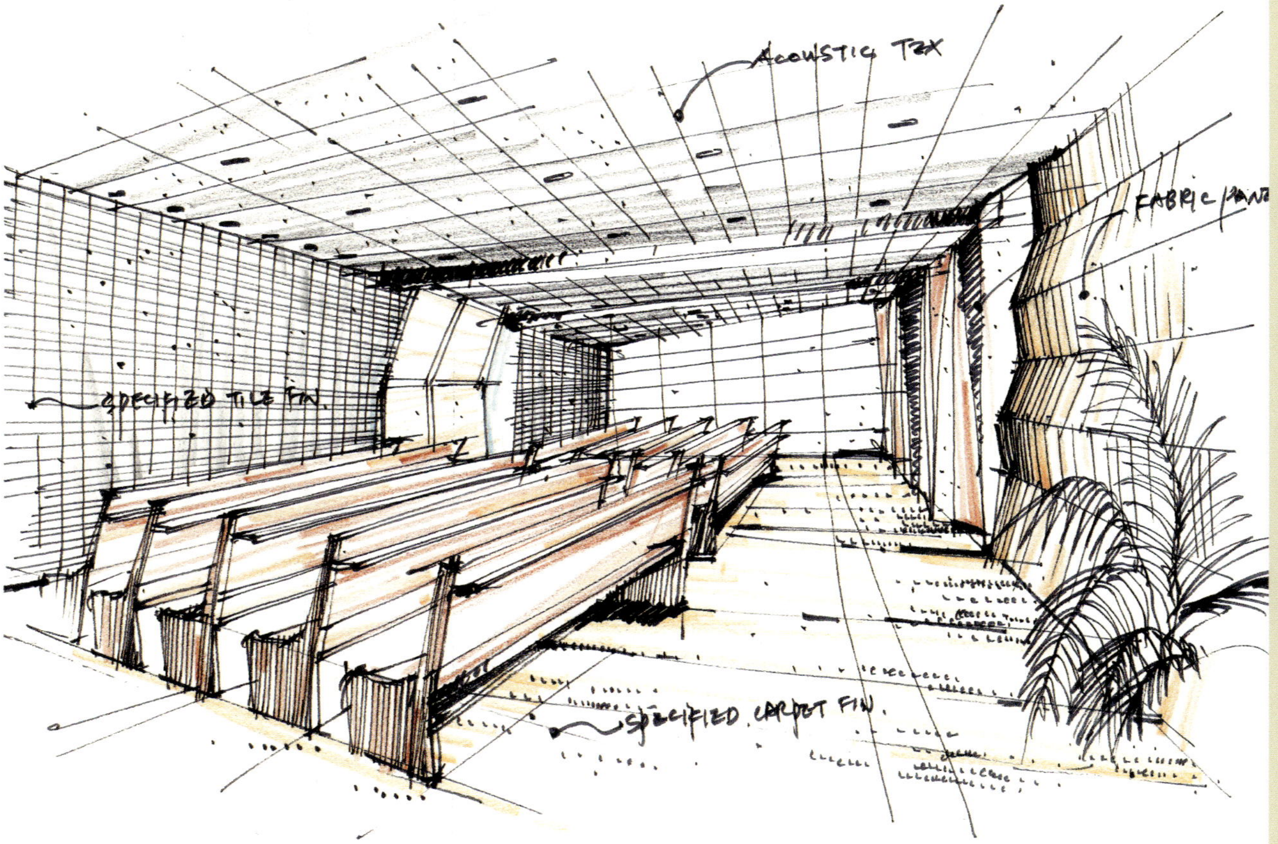
ACOUSTIC
FABRIC PAN
SPECIFIED TILE FIN.
SPECIFIED CARPET FIN.

IN-DIRECTED LIGHTING
WOOD VENE
DECORATIVE FRAME
WOOD VENEER w/ ACOUSTIC PA
PANEL

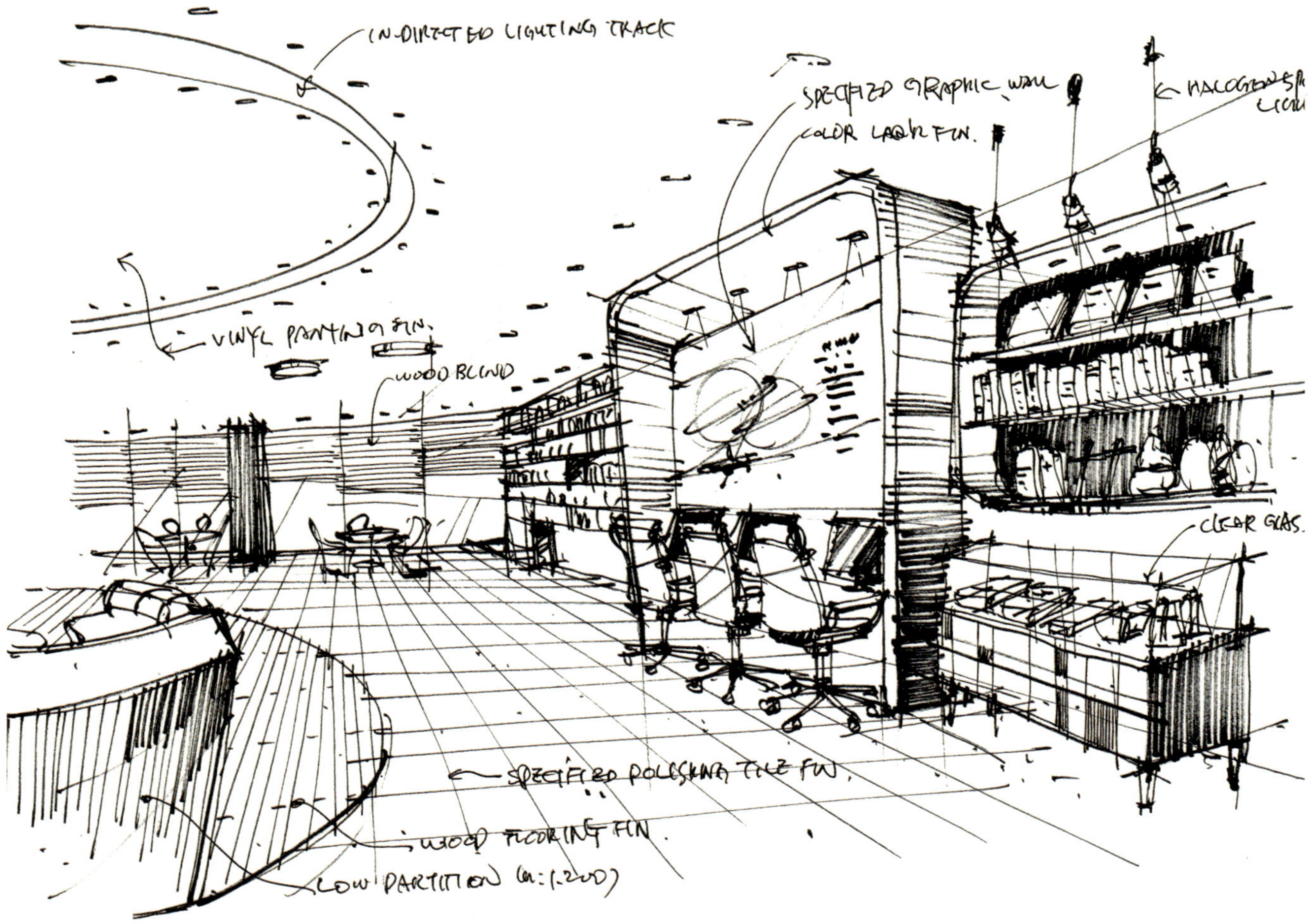
IN-DIRECTED LIGHTING TRACK
SPECIFIED GRAPHIC WALL
COLOR LACQ'R FIN.
VINYL PAINTING FIN.
WOOD BLIND
CLEAR GLAS.
SPECIFIED POLISHING TILE FIN.
WOOD FLOORING FIN.
LOW PARTITION (H:1,200)

12T TEMPERED GLASS (FROST) W/FL. INSERTING.
1.5T GALV. STEEL PL. /METALIC PAINT'G.
(B-TYPE)

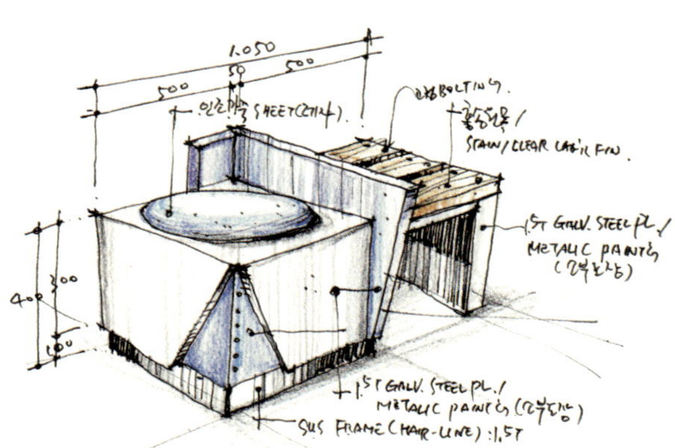
1,050
500
500
1.5T GALV. STEEL PL. / METALIC PAINT'G
SUS FRAME (HAIR-LINE) :1.5T

WIRE-MESH PANEL
PENDANT LIGHT
PC COUNTER
SHOW-CASE
SPECIFIED POLISHING TILE FIN.
ATTACHED FILM FIN.

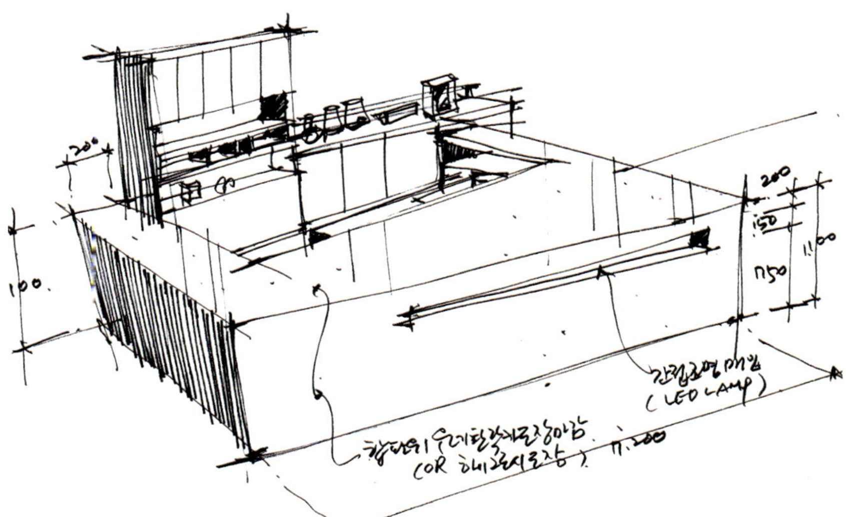
(LED LAMP)

VINYL PAINT'G FIN.
SPECIFIED PENDANT LIGHT
ATTACHED FILM FIN.
TEMPERED GLASS
FOG FILM FIN.
WOODEN FLASH DOOR
SPECIFIED WOOD FLOORING FIN.
ANTI-STUCCO
PAINT'G FIN.

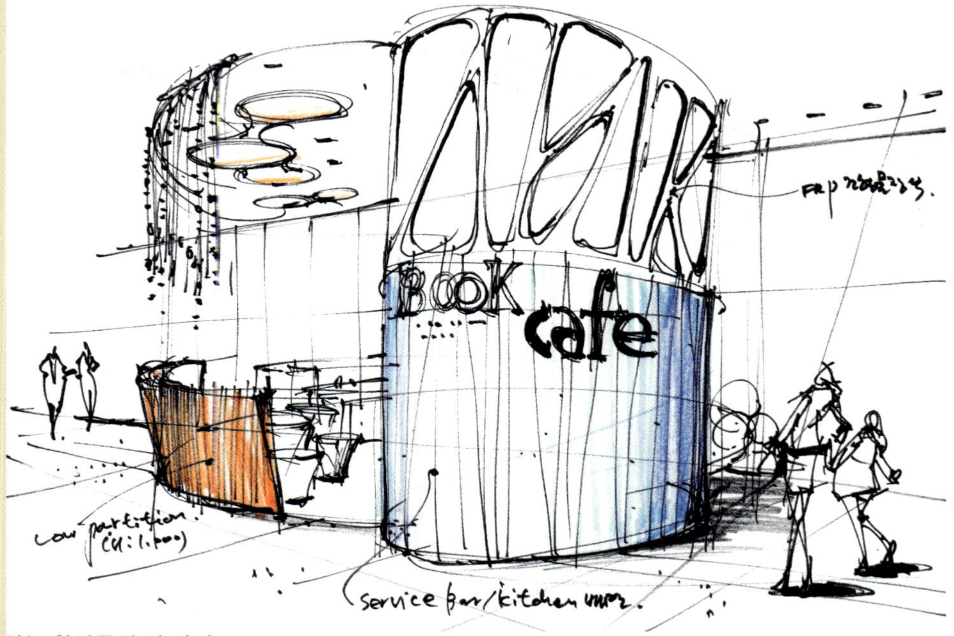

'DESIGN'은 어쩌면 자기 주관이 압도하는 창작물인 것 같다.
때때로 타협하기를 거부하는 축적된 지식과
경험의 산물을 보여주고자 의도하며,
그런 자신만의 작품을 타인에게 인정받고 설득하려 하는
본능을 억제하지 못한다.
그러기에 보는 관점에 따라 상반된 견해와
비판으로 부정적 평가가 돌아올 지라도
끝내 소신이라는 이름으로 자신의 것을
일관성있게 견지하기를
바라는 것이 <DESIGN>인 것 같다.
하지만
타협이나 조율은 항상 필요하다.
상호 보완이나 절충이란 것이
결국은 더 좋은 결과를
얻게 해 줄 수도 있기 때문이다.

WOODEN
LOUVER PANEL

DRAW A SKETCH.....

스케치를 해야 할 때 작업 영역의 틀을 벗어 던져야 할 때도 있다.
그려야 할 도구나 고정된 방식에 얽매이거나 구실을 삼으면
그 순간부터 자유스럽게 그려내는 것에
스스로 제재를 받기 마련이다.
창작은 주변의 환경과 자신의 감성이 구속되어 있지 않을 때
가장 극대화된 자극을 받는다.
감성이 충만해지면 가볍게 그려 보는 일도
그 이상의 것이 될 수 있는 예외가 된다.
아마도 그게 스케치 작업의 매력일 것이다.

DESIGN INSPIRATION

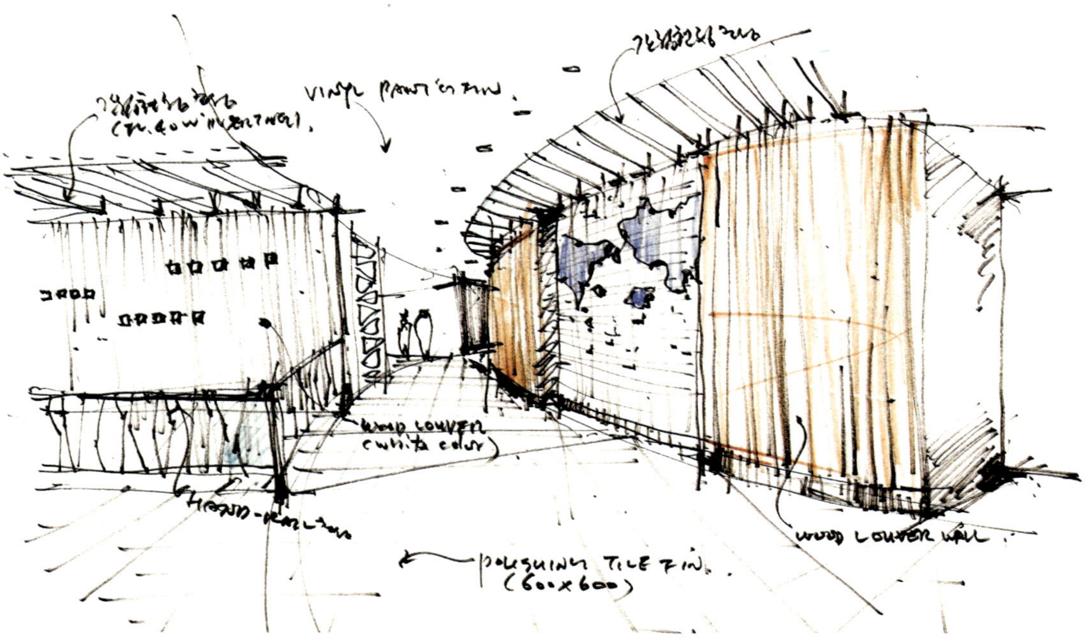
VINYL PAINT FIN.
WOOD LOUVER
(white color)
WOOD LOUVER WALL
POLISHING TILE FIN.
(600x600)

PANEL
WOOD VENEER
WOOD LOUVER
FABRIC PANEL

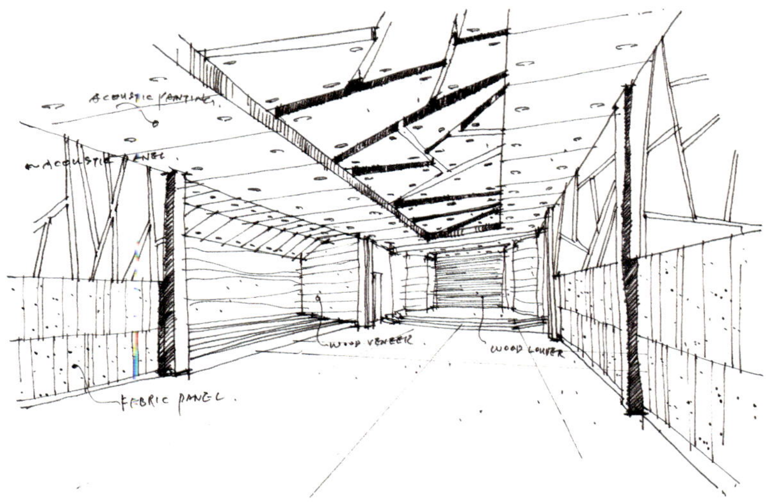
ACOUSTIC PAINTING
ACOUSTIC PANEL
WOOD VENEER
WOOD LOUVER
FABRIC PANEL

GALV. STEEL FRAME W/PAINTING
WOOD LOUVER PANEL

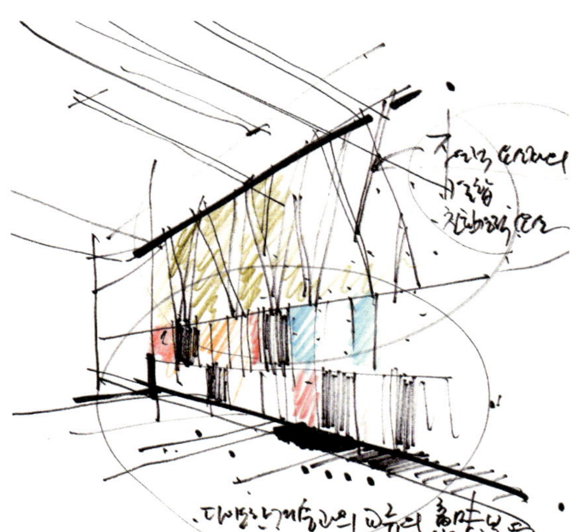

G3 spray paint'g fin.
SCREEN

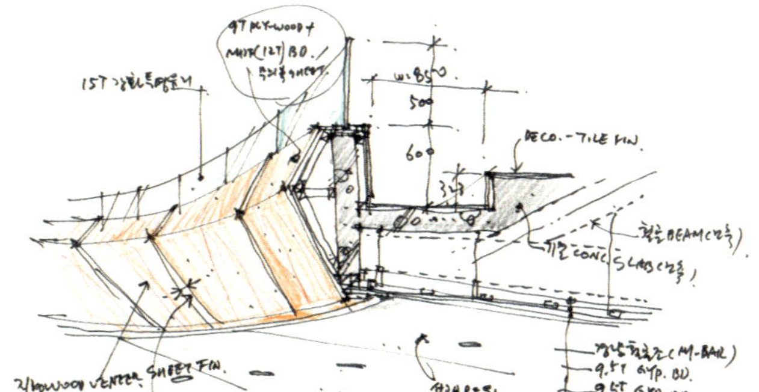
DECO.-TILE FIN.
9.5T GYP. BD.
9.5T GYP. BD.

VINYL PAINTING FIN.
ROMAN SHADE CURTAIN
WOOD FLOORING FIN
WOOD PANEL

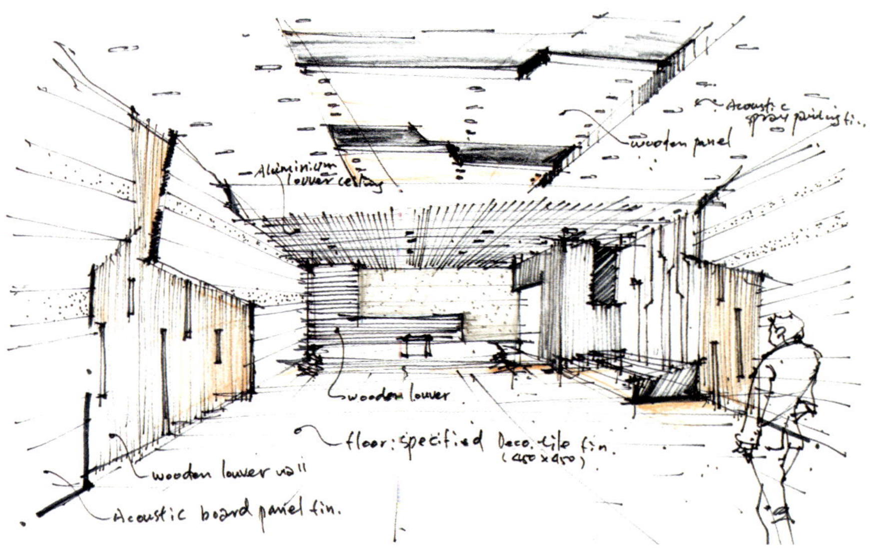
Acoustic spray painting fin.
wooden panel
Aluminium louver ceiling
wooden louver
floor: specified Deco. tile fin.
wooden louver wall
Acoustic board panel fin.

STEEL LOUVER
DECORATIVE STEEL & GLASS WALL
WOOD FLOORING

in-directed lighting track
Acoustic
painting fin
Decoration
pattern
wooden louver
wall

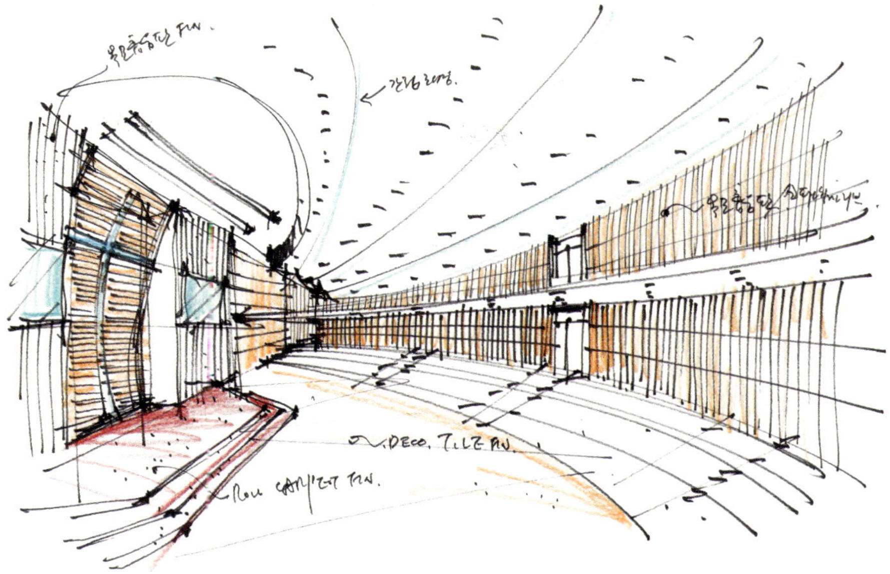

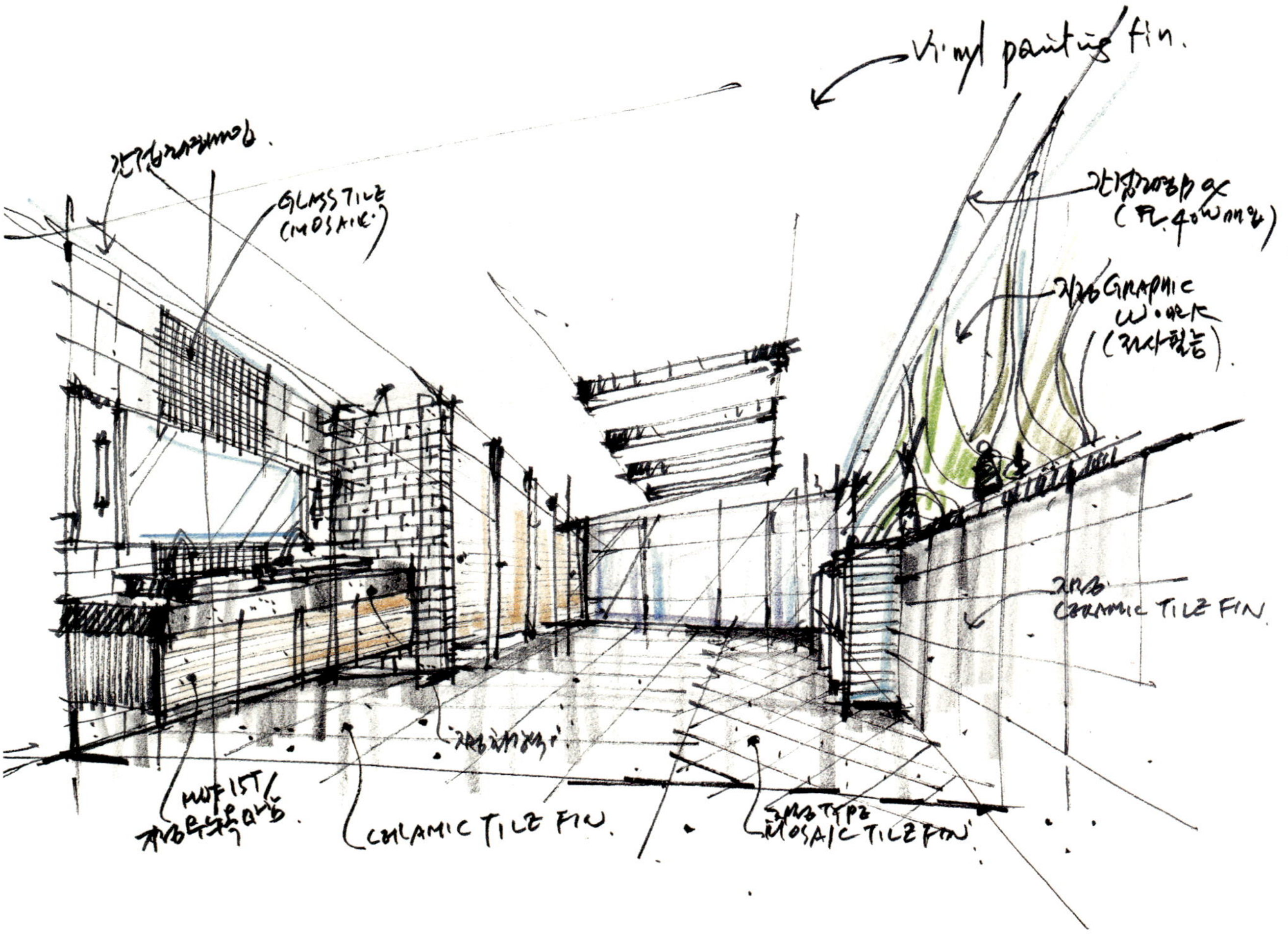
Vinyl painting fin.
GLASS TILE (MOSAIC)
CERAMIC TILE FIN.
MOSAIC TILE FIN

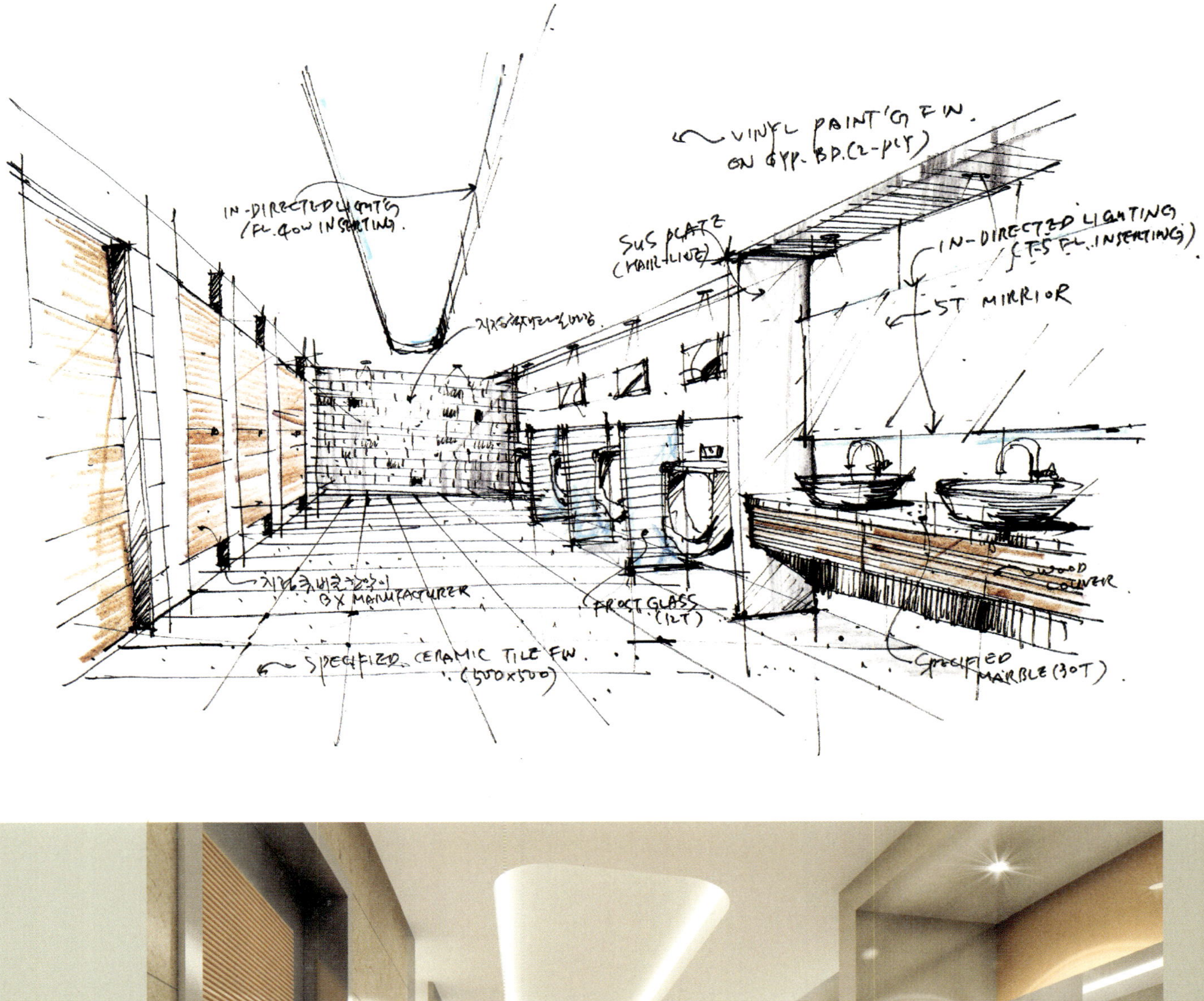
VINYL PAINT'G F/N.
ON GYP. BD.(2-PLY)
IN-DIRECTED LIGHT'G
(FL 40W INSERTING.
SUS PLATE
(HAIR-LINE)
IN-DIRECTED LIGHTING
(T-5 FL. INSERTING)
5T MIRROR
B X MANUFACTURER
FROST GLASS
(12T)
WOOD
LOUVER
SPECIFIED CERAMIC TILE F/N.
(500x500)
SPECIFIED
MARBLE (30T)

" 체계 논리의 분석은 추상적인 스케치 기능들을 이해하는 데 많은 도움을 주며,
일련의 디자인 문제들은 체계 분석이나 빈약한 기능성에 기인한다고 할 수 있다."

_Paul Laseaw 저서, 디자인 원리와개념중에서

The Sketch

education facilities project

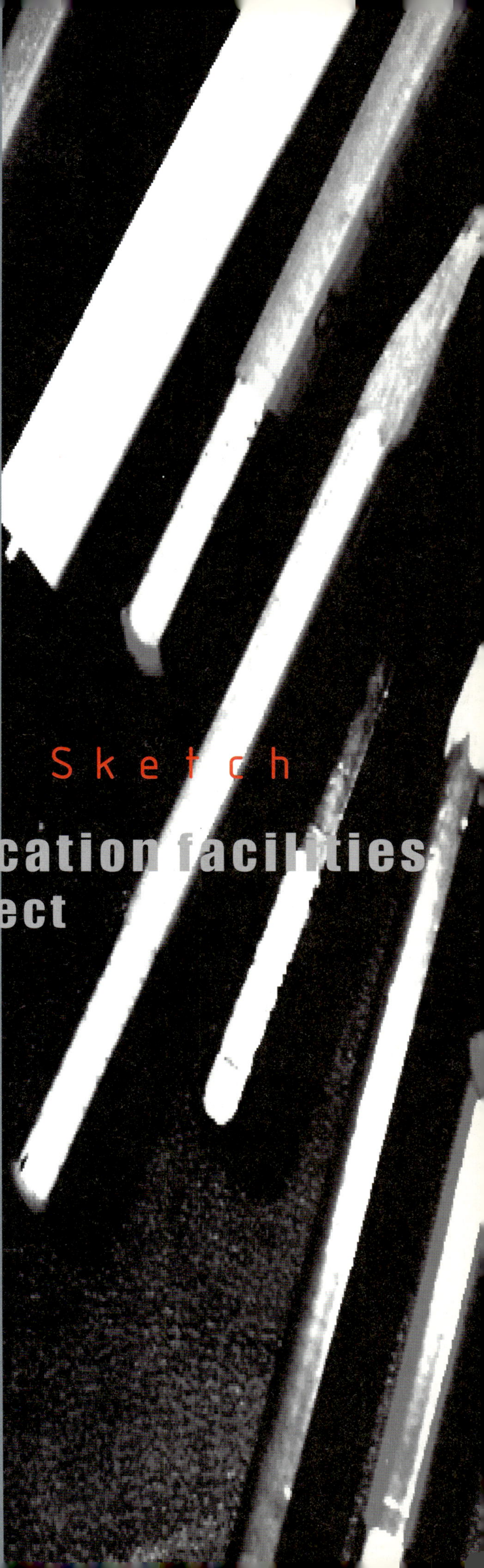

CANOPY
STYLE
다빈치 퐁당이
PHOTO SHEET
SHOW WINDOW
DISPLAY
IMAGE SKETCHING
(EXTERIOR AREA)
MAIN ENT. DOOR
STYLE

다빈치 퐁당이
With Kid's family......

Kid's family
다빈치 퐁당이
With Kid's family......

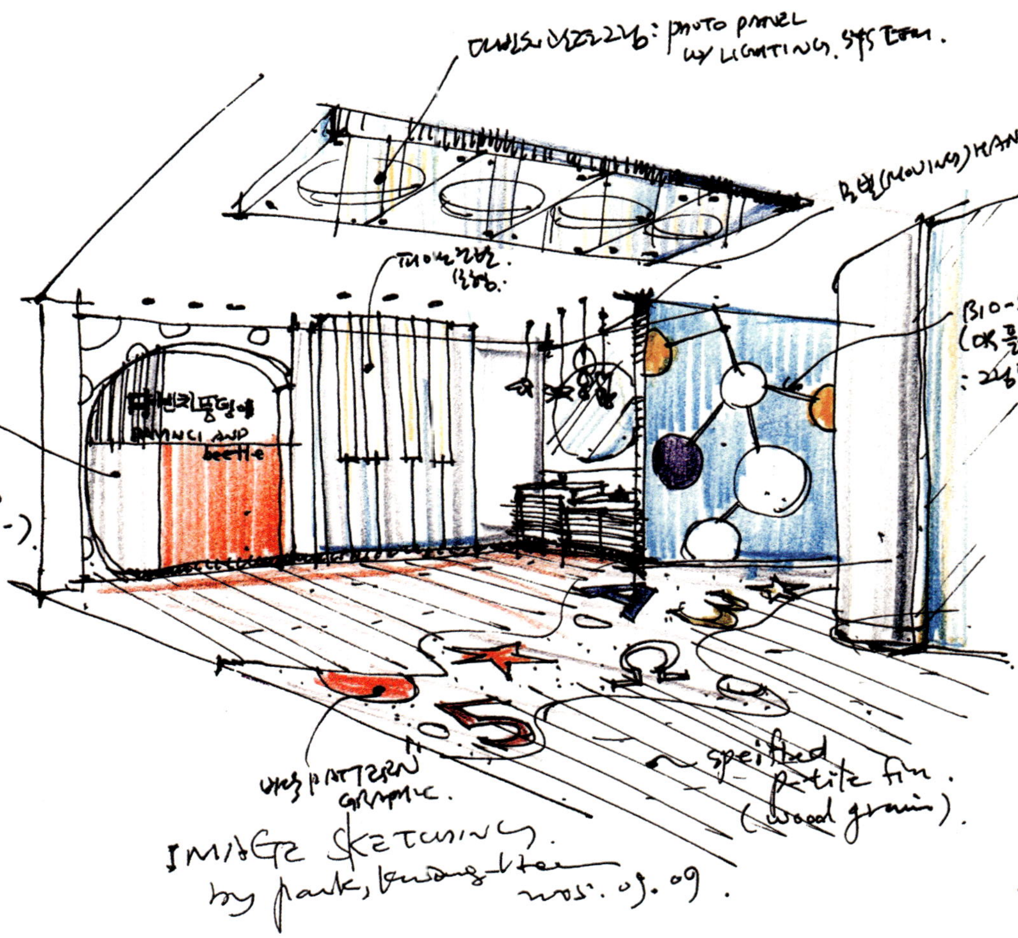
PHOTO PANEL
W/ LIGHTING SYSTEM.
HANGING.
BIO-SYMBOL
DISPLAY.
IMAGE WALL.
PATTERN GRAPHIC.
(wood grain).
IMAGE SKETCHING.

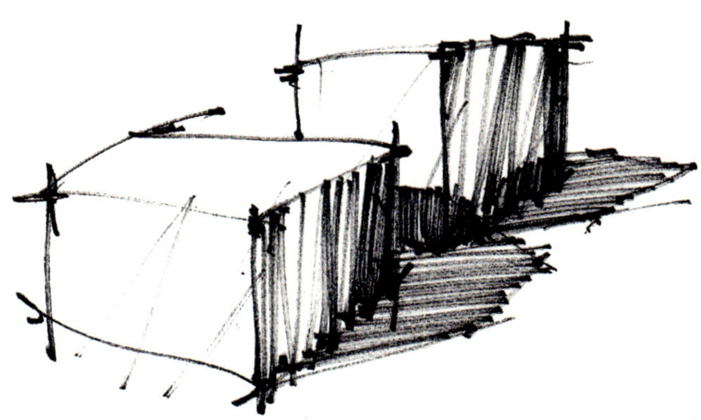

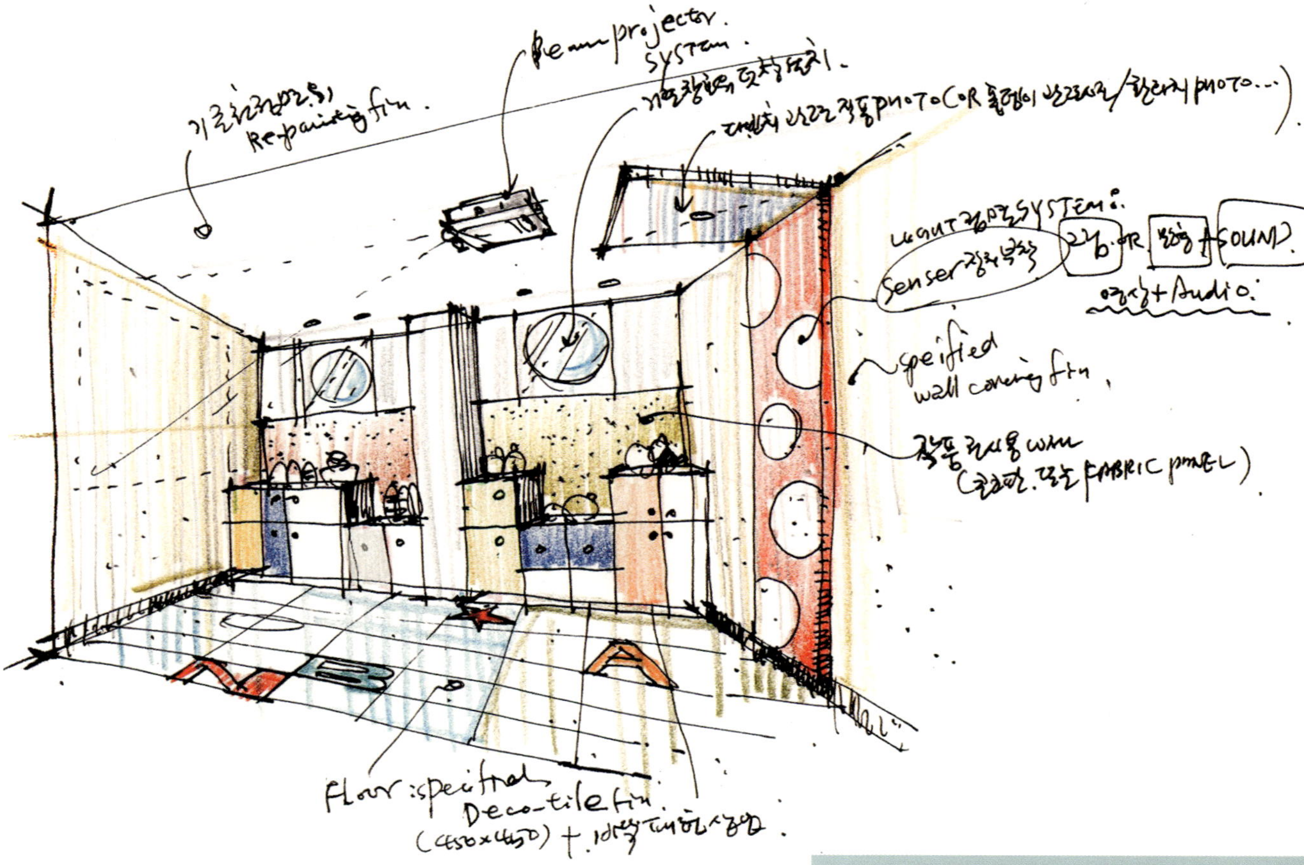
Beam projector SYSTEM.
LIGHT 조명 SYSTEM
SOUND
영상+Audio.
speified wall covering fin.
FABRIC panel
Floor: specified Deco-tile fin

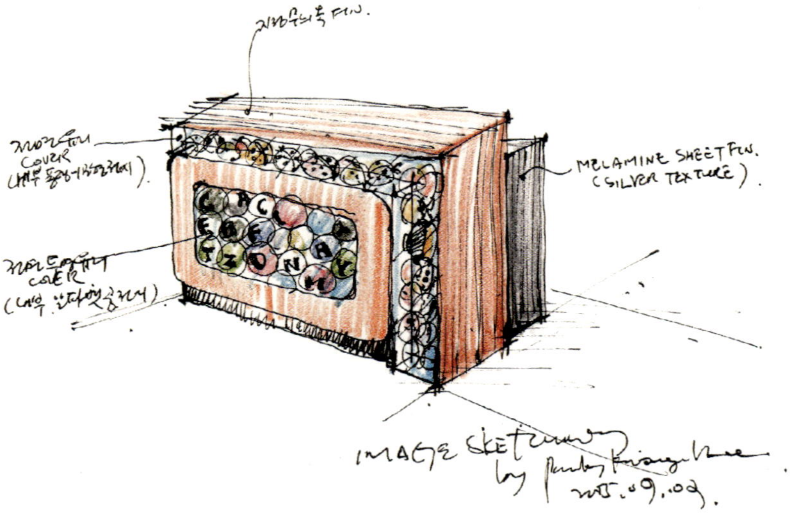
MELAMINE SHEET FIN. (SILVER TEXTURE)
COVER
IMAGE SKETCH

decorative ceiling
TEX
FLOOR: D-TILE
(WOOD GRAIN)
GLASS BOX

LANGUAGE
edu tank
edu tank
education academy
USA
FOREIGN LANGUAGE
ENGLISH

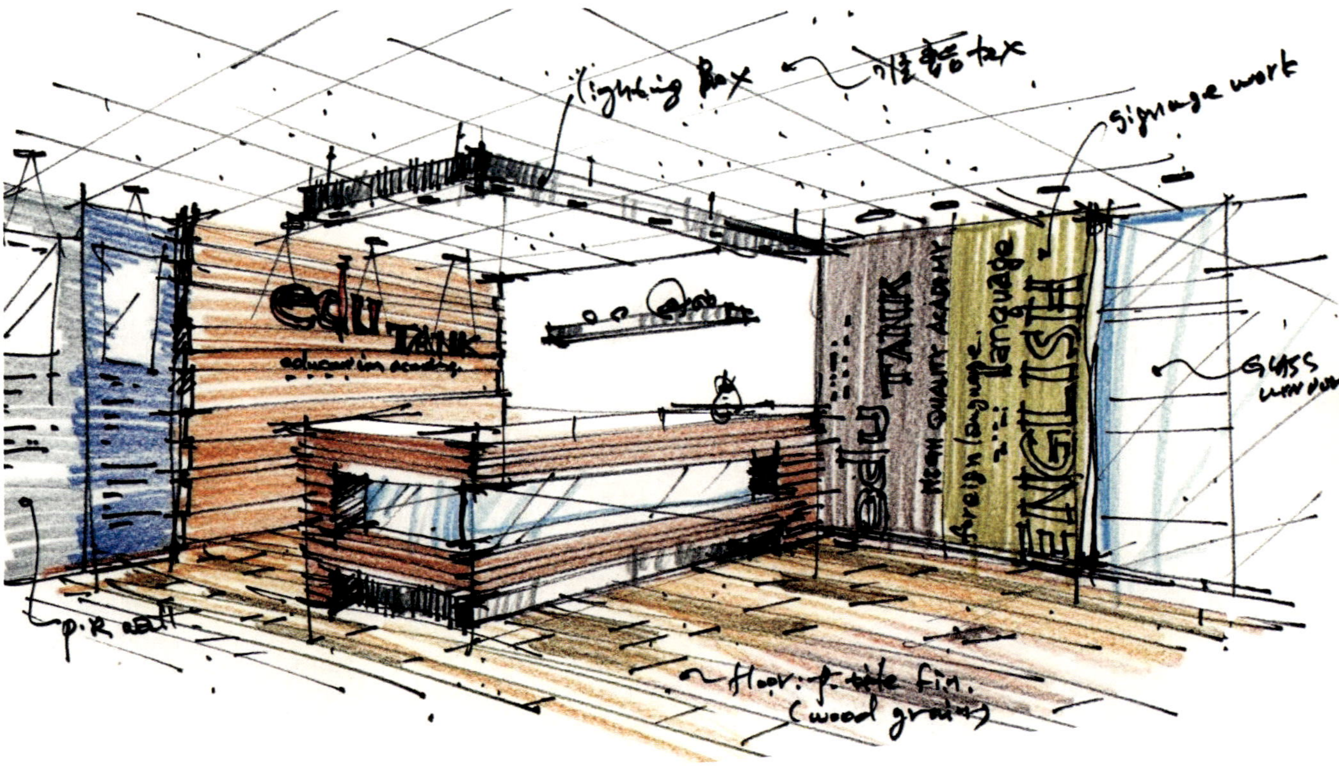

supply perspective to a sketch
give cubic effect to a sketch

RECESSED DECORATING TRACK / VINYL PAINTING
ACOUSTIC SPRAY COATING FIN. (G3-SPRAY)
OPENING CEILING WITH STEEL FRAME STRUCTURE
GRG PANEL FIN.
ACOUSTIC PUNCHING PANEL
SPECIFIED WOOD FLOORING
SPECIFIED ROLL CARPET FIN.

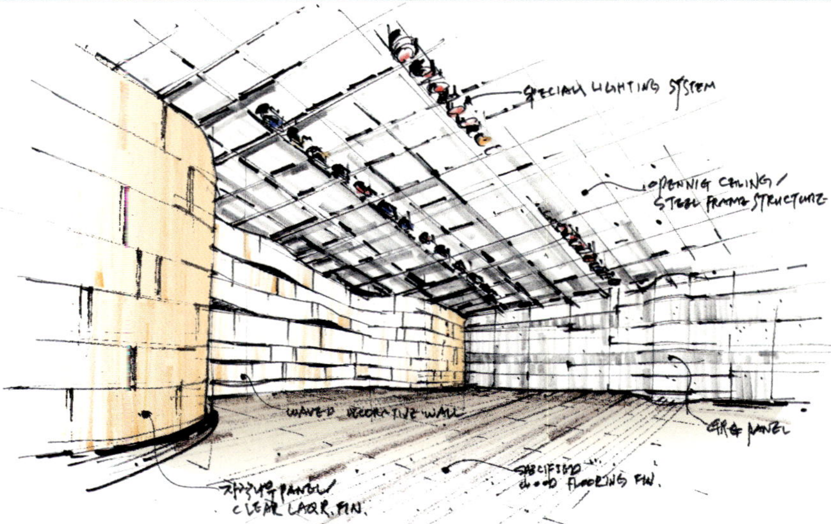
SPECIAL LIGHTING SYSTEM
OPENNIG CEILING / STEEL FRAME STRUCTURE
WAVED DECORATIVE WALL
GRG PANEL
SPECIFIED WOOD FLOORING FIN.
CLEAR LAQR. FIN.

RECESSED DECORATIVE TRACK
ACOUSTIC SPRAY COATING
IN-DIRECTED LIGHTING TRACK
PAIR GLASS
ACOUSTIC WOODEN PUNCHING PANEL
ACOUSTIC WOODEN PUNCHING PANEL
SPECIFIED ROLL CARPET FIN.

"여러 건축가들은 개념의 발전을 위한 매개물로서 기본적으로 평면에 의존한다.
또한 다른 사람들의 작업을 입면에 배타적으로 나타내며,
개념의 도출을 위하여 그 대부분은 투시도 스케치를 활용한다."

_Paul Laseaw 저서, 디자인 원리와 개념중에서

The Sketch

leisure facilities project

스케치에 있어서 기본적으로 구도는 매우 중요한데 어느 부분을 강조해서 보여 줄 것인지를 사전에 판단하고 작업하여야 한다. 여기에서는 통로가 길고 양쪽에 나누어져 있고 동일한 여건이라면, 어느 한 곳을 강조해서 구도를 잡아야 동적인 스케치를 만들어 낼 수 있다. 그리고 중앙부의 아트월을 특별히 강조하는 스케치가 이루어진다면 전체적으로 밀도있는 공간감을 제시해 주는 효과를 얻어 낼 수 있다.

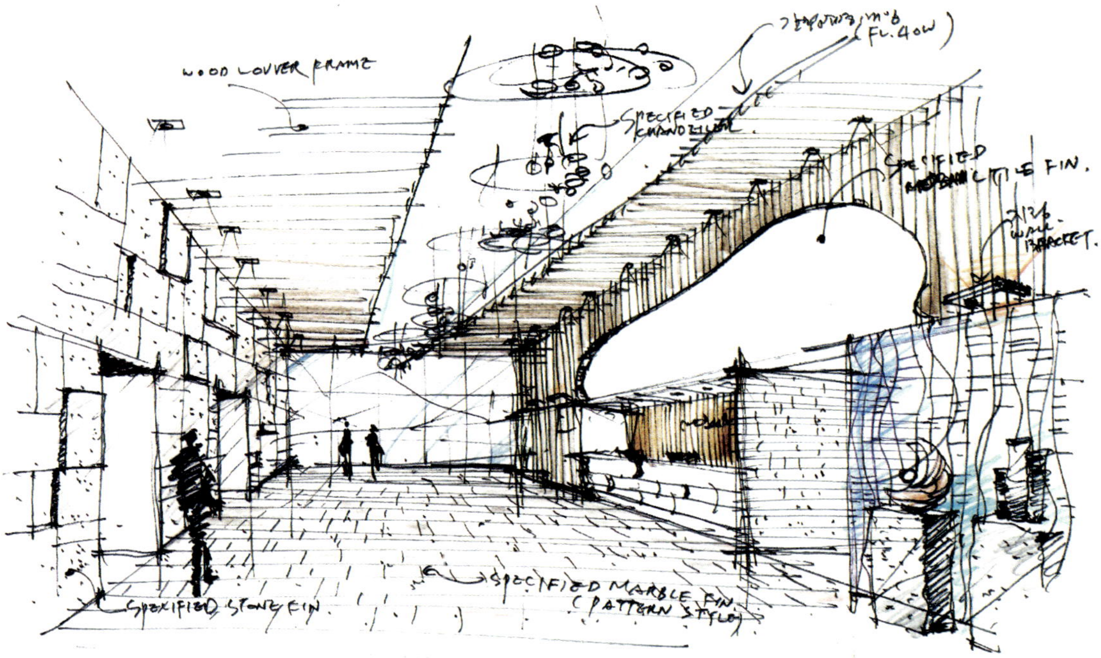

FREE HAND SKETCH AND COMPUTER GRAPHICS

project/lobby of club house
with alternative design

디자인 행위가 공공적이거나 사고 커뮤니케이션을 모두 필요로 하더라도 그 양식의 선택은 아주 개인적인 것이며, 모든 디자이너는 사고에 도움을 주는 자신의 스케치 양식을 개발하여야 한다. 어느 정도의 명료성은 선택에 의하여 전달될 수 있으나,다른 사람들은 자신의 사적인 그래픽 언어의 표현을 개발하여야 한다는 의미다. 그렇게만 할 수 있다면 어떤 방법에 의해서도 당신은 만족하게 될 것이다. 또한 스케치를 즐길 수 있게 된다면 사색은 더 좋은 방향으로 우리를 이끌어 줄 것이다.

Paul Laseaw,저서 ,디자인 원리와 개념>중에서

DESIGN_THINKING,LANGUAGE
THE SKETCH

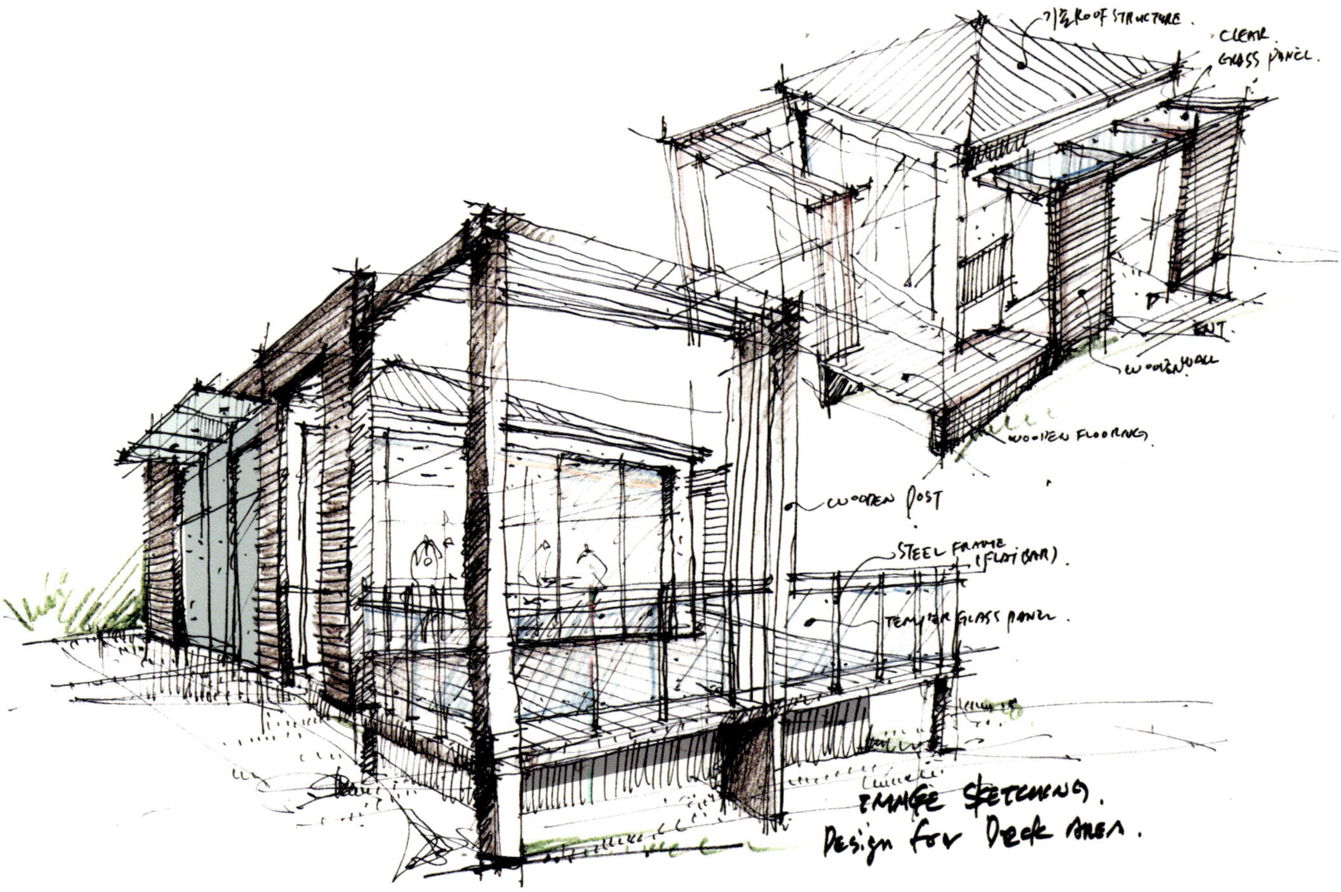
기울 ROOF STRUCTURE.
CLEAR GLASS PANEL.
WOODEN WALL
WOODEN FLOORING.
WOODEN POST
STEEL FRAME (FLAT BAR).
TEMPER GLASS PANEL.
IMAGE SKETCHING.
Design for Deck Area.

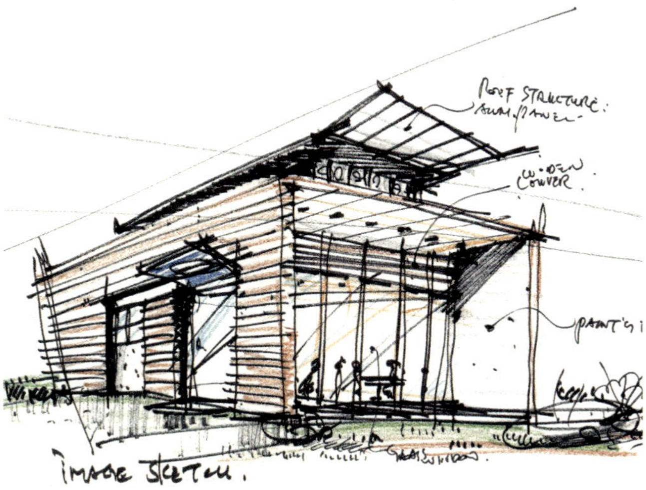
ROOF STRUCTURE
WOODEN COVER
IMAGE SKETCH.

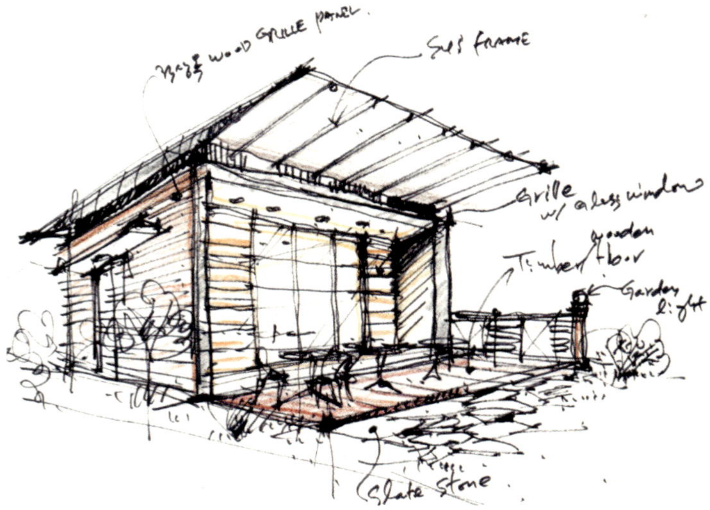
Sub frame
Grille w/ glass window
Timber floor
Garden light
Slate stone

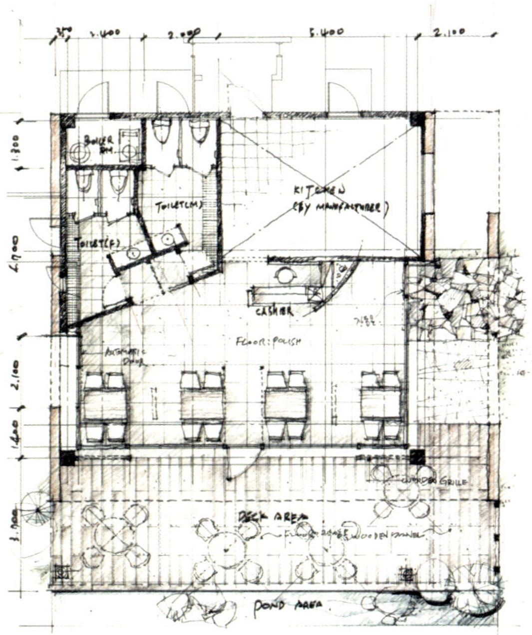
KITCHEN (BY MANUFACTURER)
TOILET(M)
TOILET(F)
CASHIER
FLOOR: POLISH
DECK AREA
POND AREA

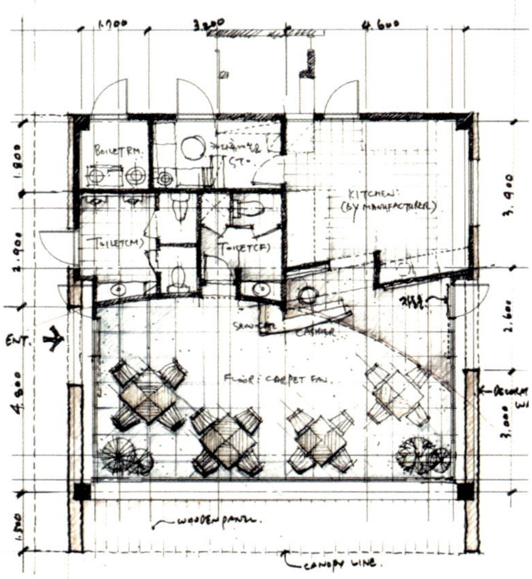
KITCHEN (BY MANUFACTURER)
TOILET(M)
TOILET(F)
CASHIER
ENT.
FLOOR: CARPET FAN.
WOODEN PANEL
CANOPY LINE.

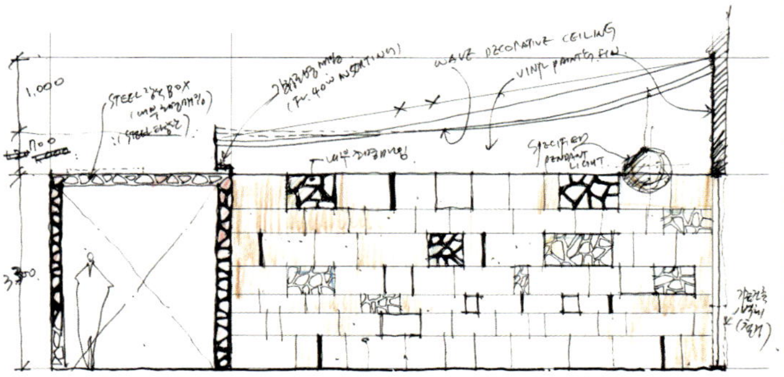

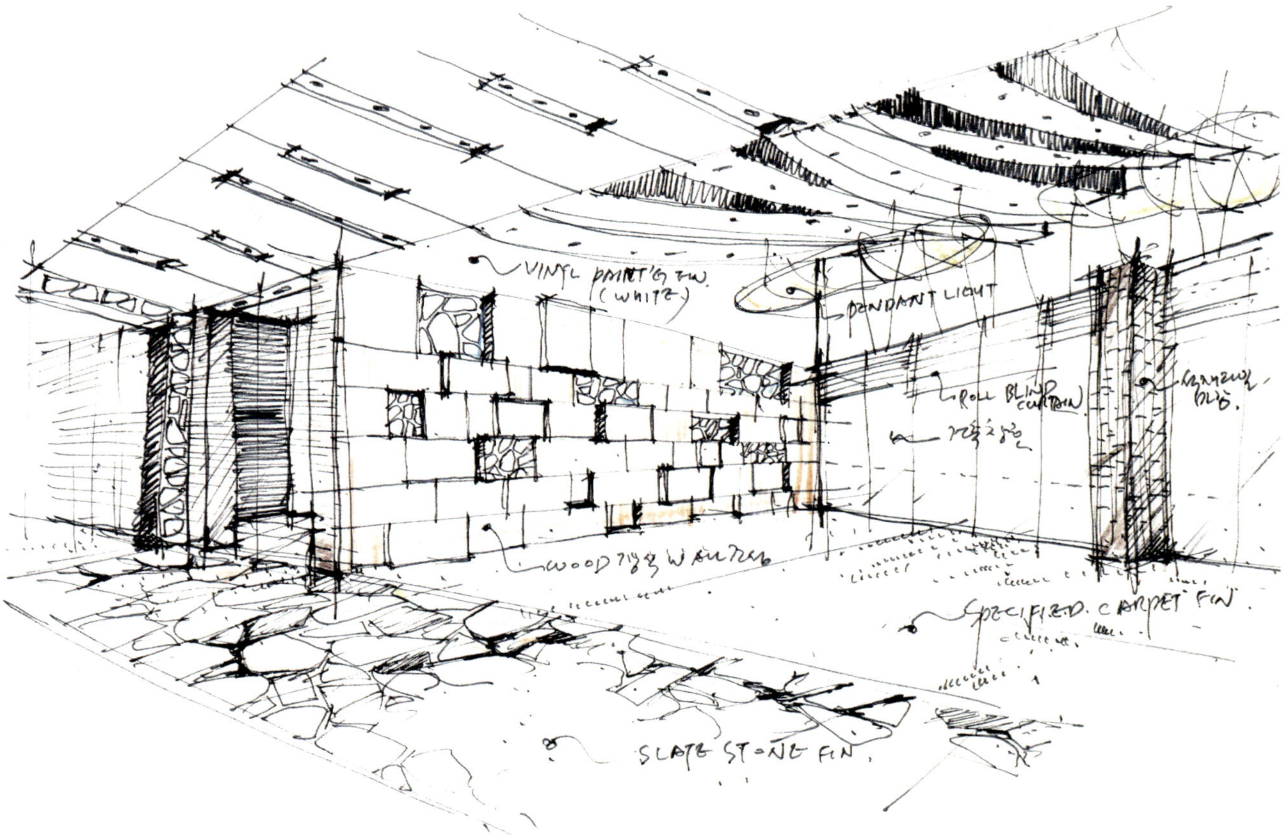

main restaurants space
for
club house project

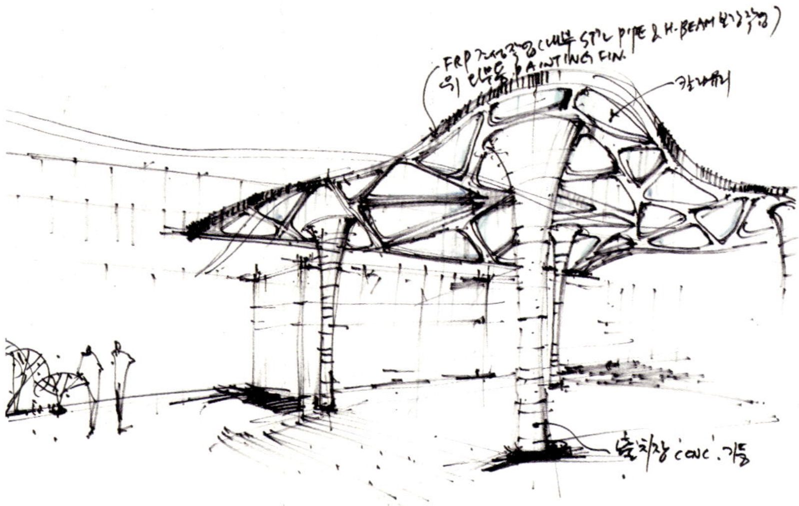

design proposal_ conceptual design sketch

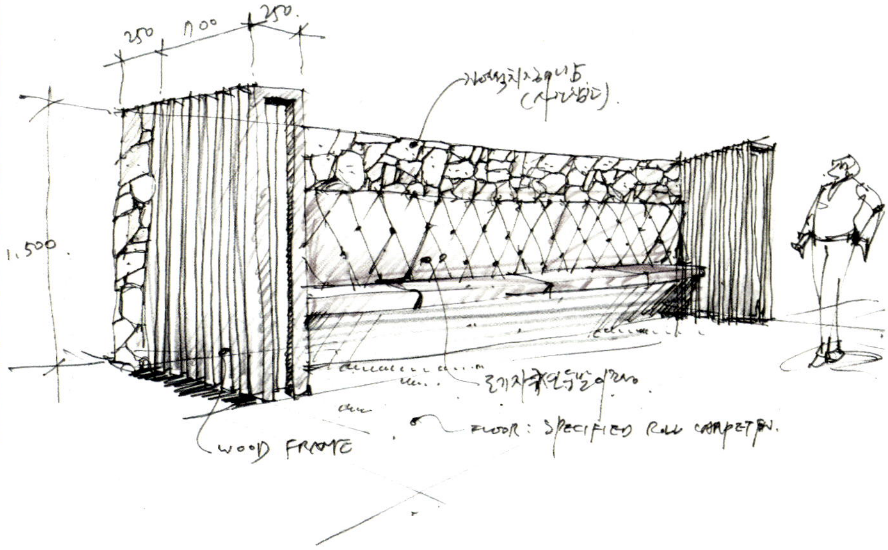

"sketch는 공간을 위장하려는 것이 아니라 공간의 이해에 그 목적이 있다."

"사람들은 space의 scale을 기초로 삼아서 이들 sketch된 특성들을 가진 동일성에 대하여 관찰자를 포함시키는 것을 아주 중요하게 생각한다.
동적인 감각, 현실적인 비례, 그리고 간순성은 선천적인 인간의 특성에 기초를 둔다."

Paul Laseaw,저서 <디자인 원리와 개념>중에서

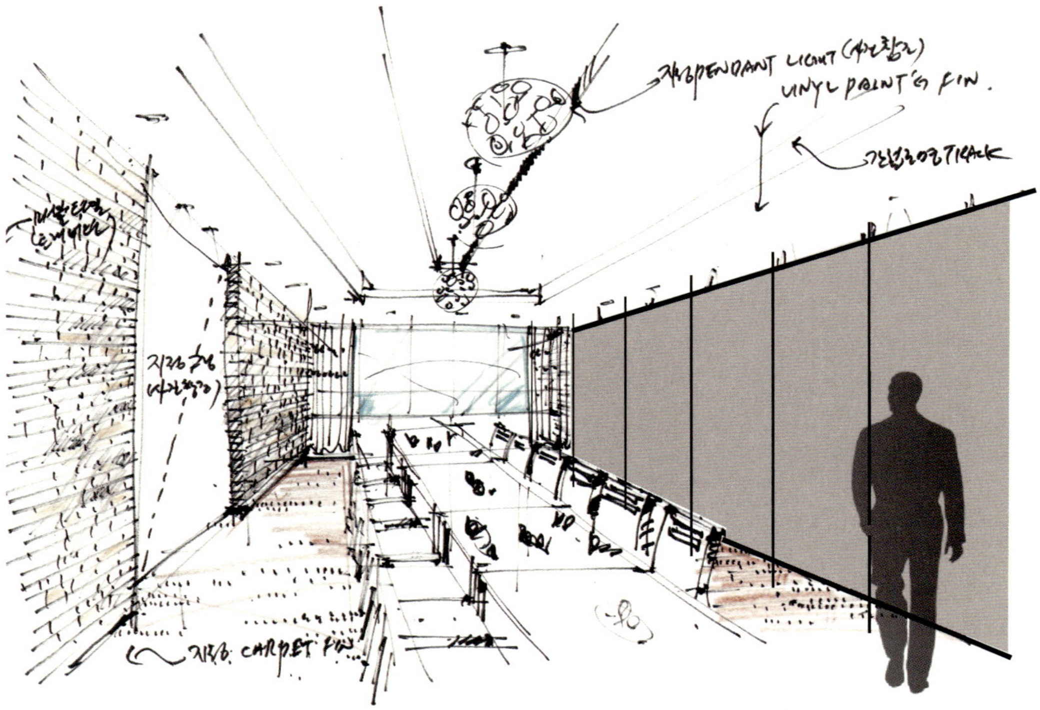

FREE HAND SKETCH
conceptual design and process
banquet room & powder room space
for
club house project

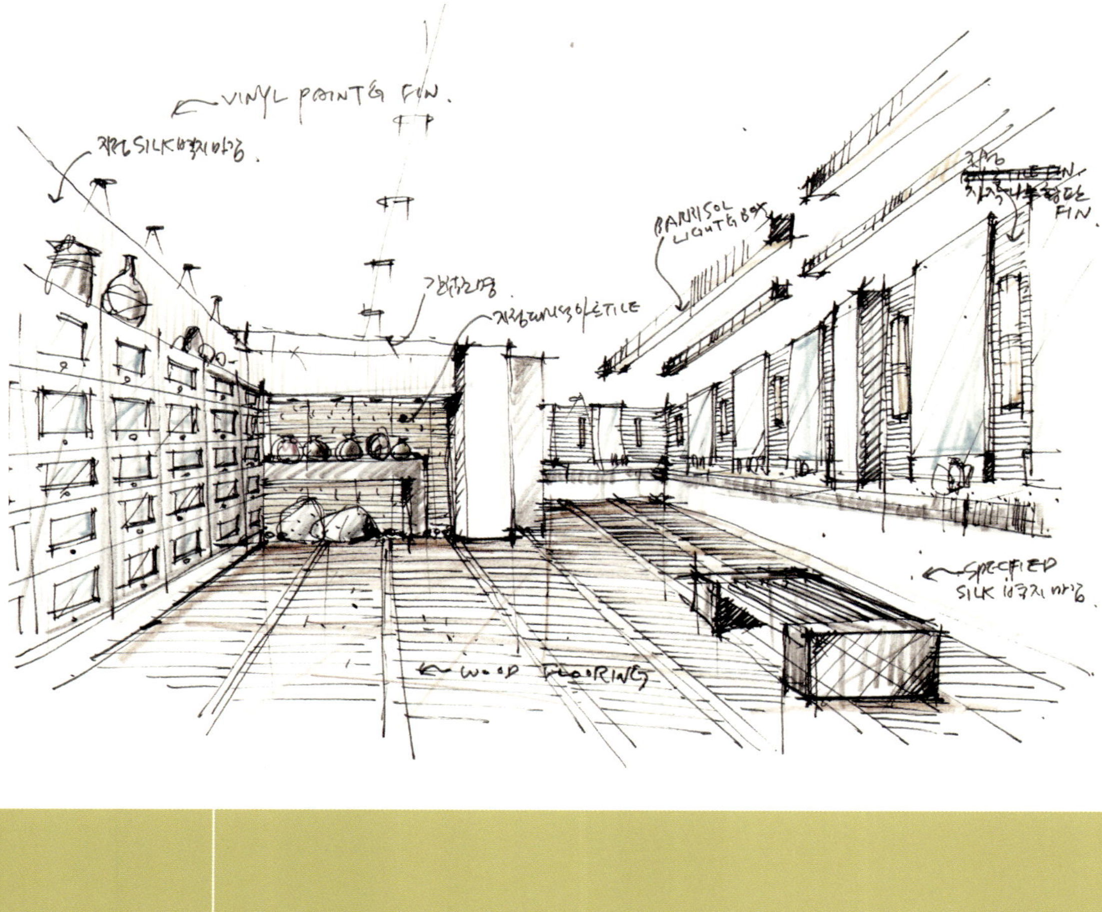

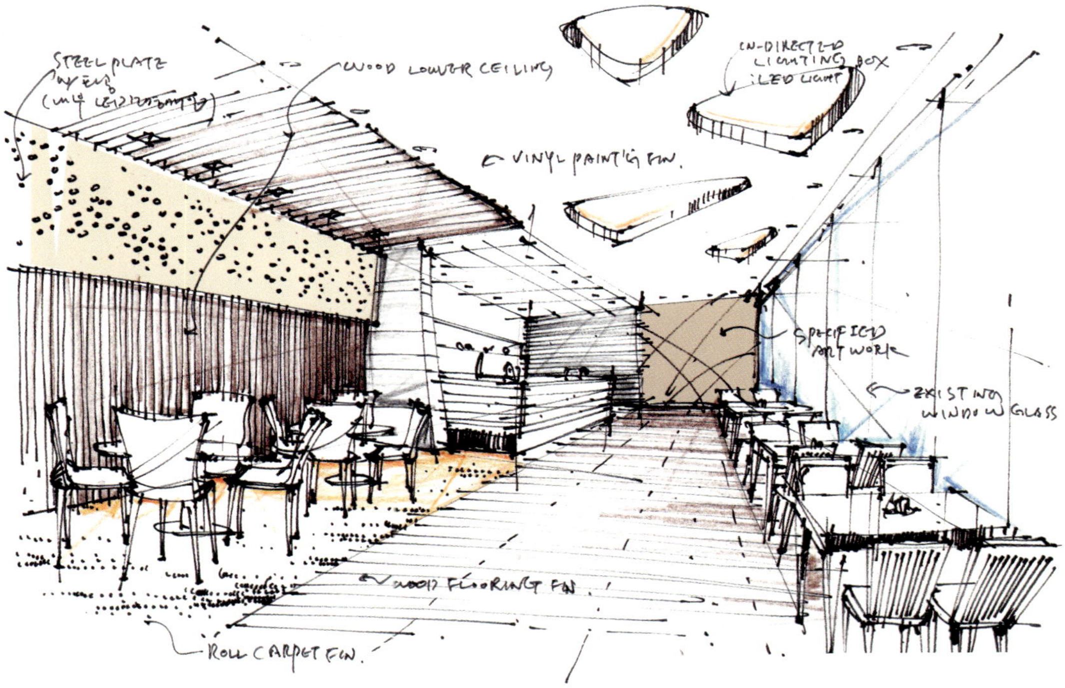
STEEL PLATE
WOOD LOUVER CEILING
IN-DIRECTED LIGHTING BOX :LED LIGHT
VINYL PAINT'G FIN.
SPECIFIED ART WORK
EXISTING WINDOW GLASS
WOOD FLOORING FIN.
ROLL CARPET FIN.

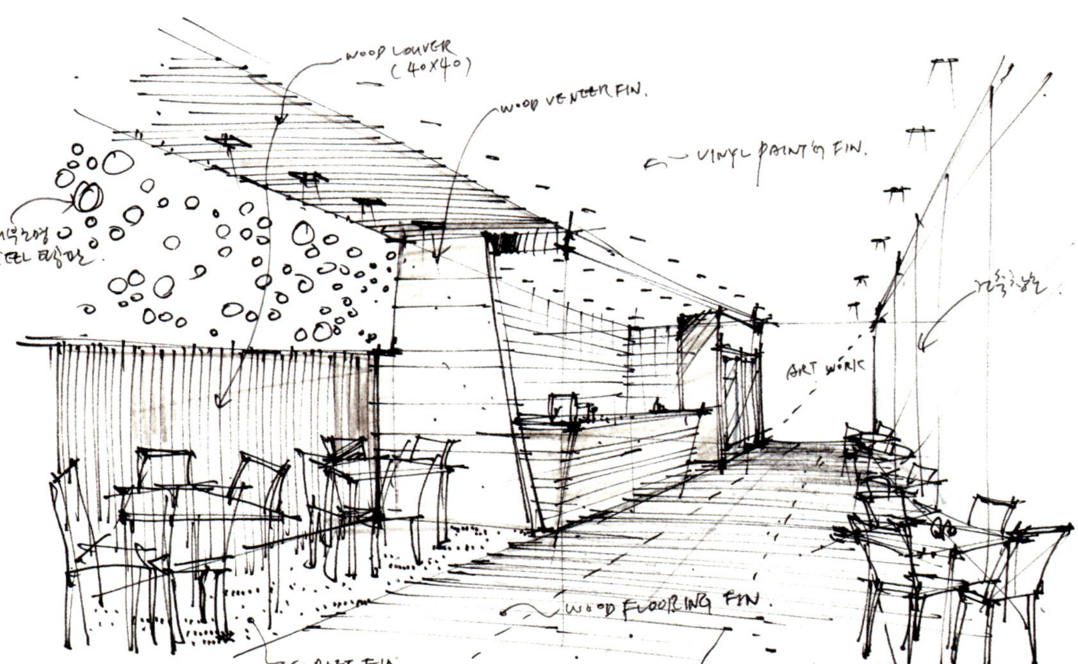
WOOD LOUVER (40X40)
WOOD VENEER FIN.
VINYL PAINT'G FIN.
STEEL
ART WORK
WOOD FLOORING FIN.
CARPET FIN.

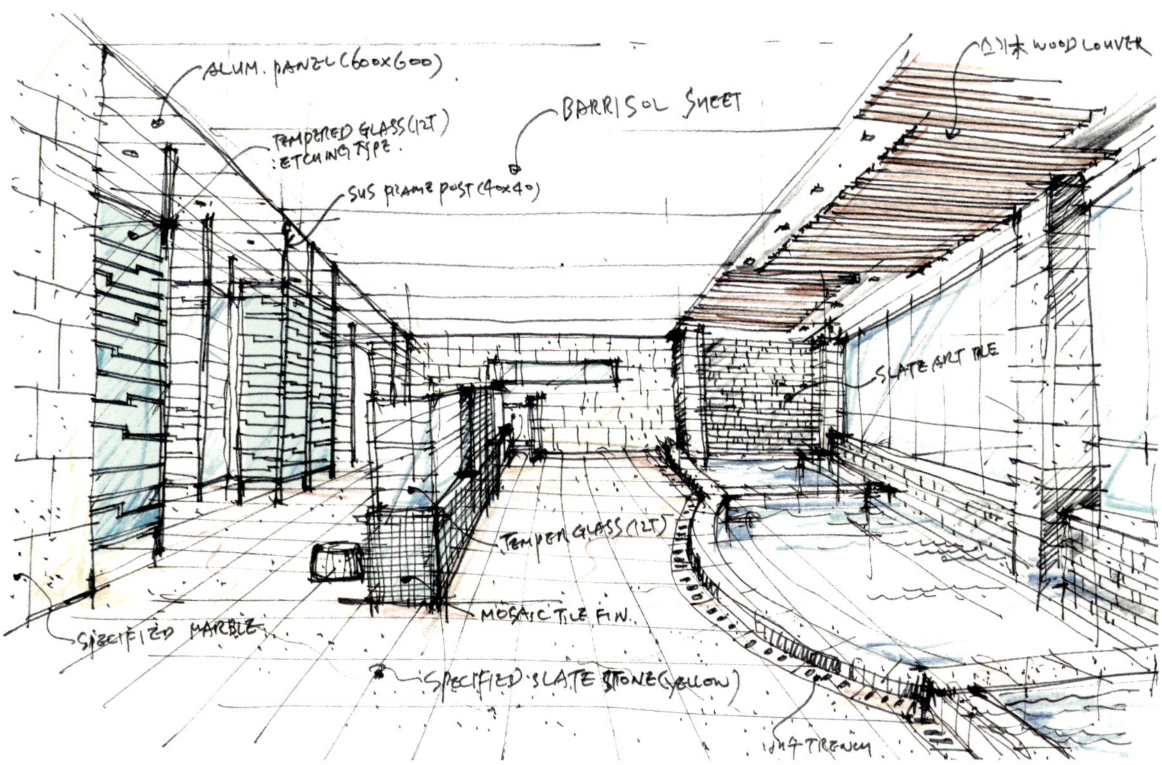

bath room space
for
club house project
C . G GRAPHICS
with
image sketch design

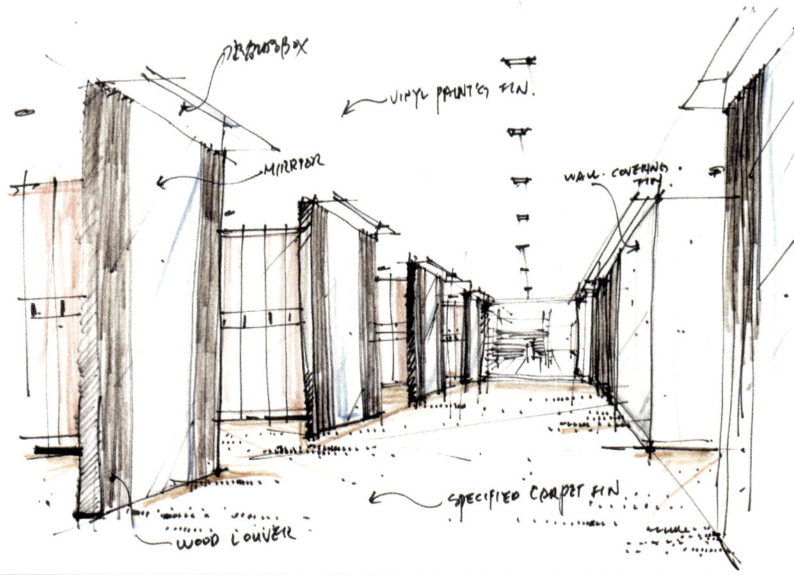

locker room & rest room space
for
club house project

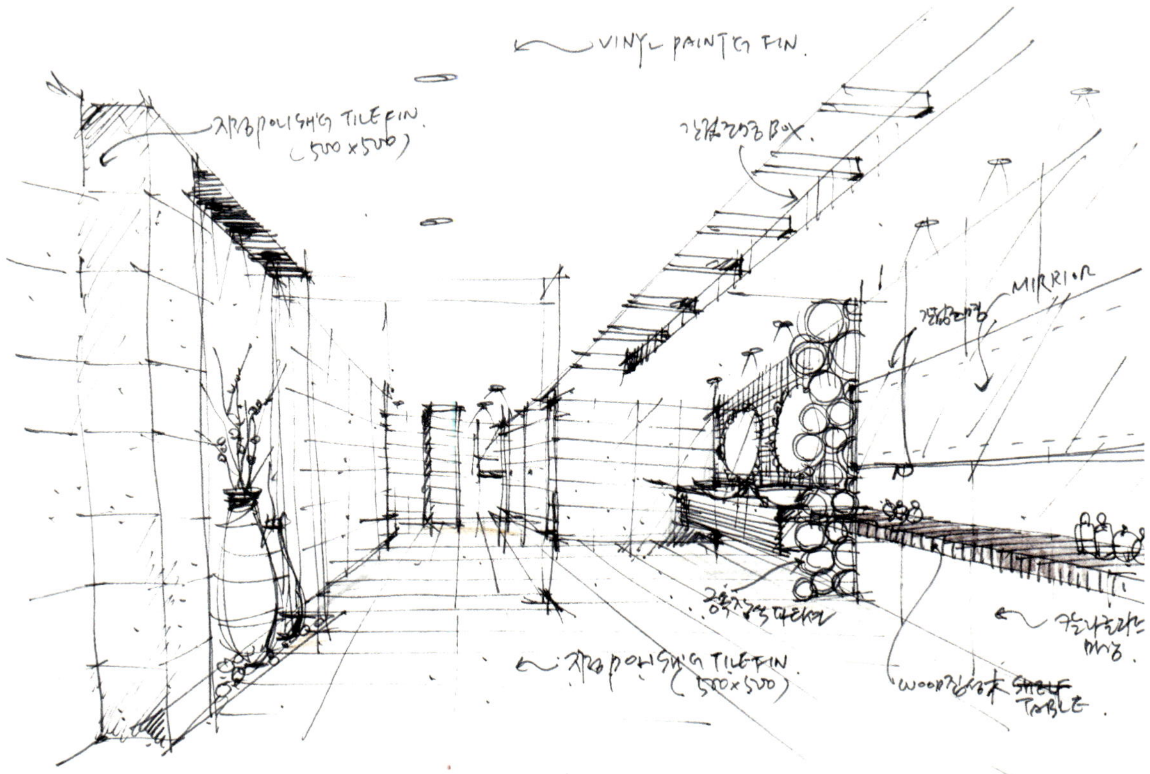

SUPPLY PERSPECTIVE TO A FREE HAND SKETCH

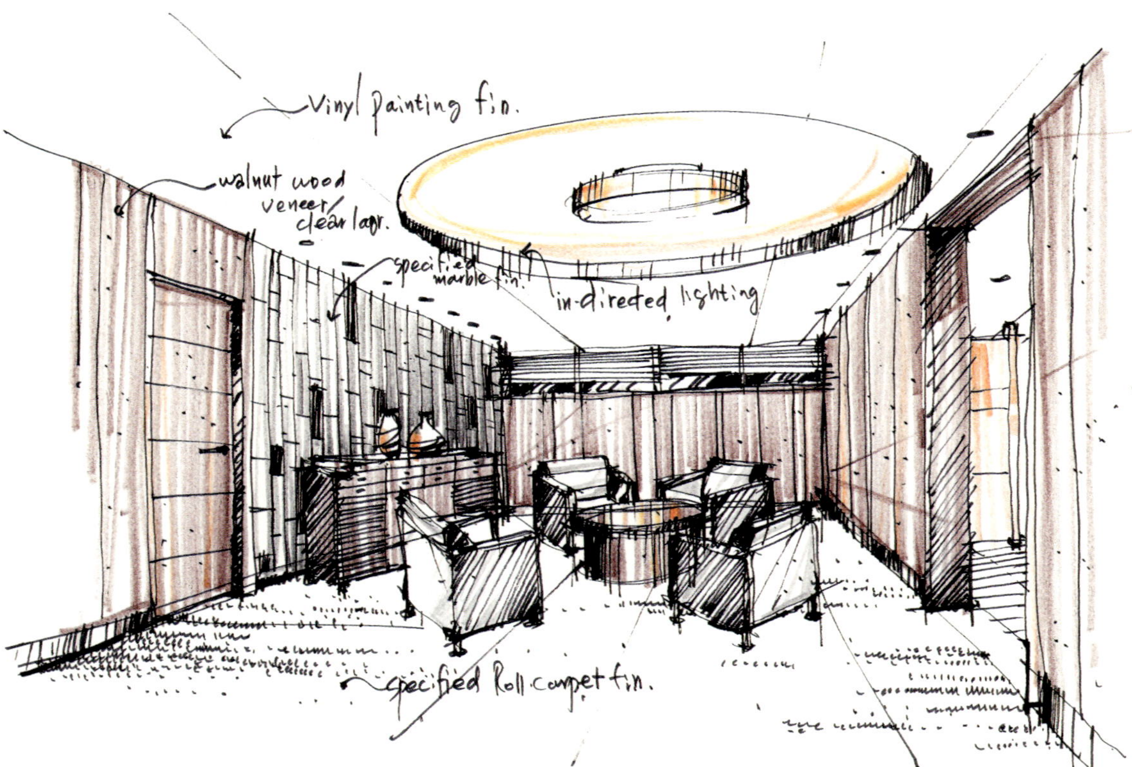

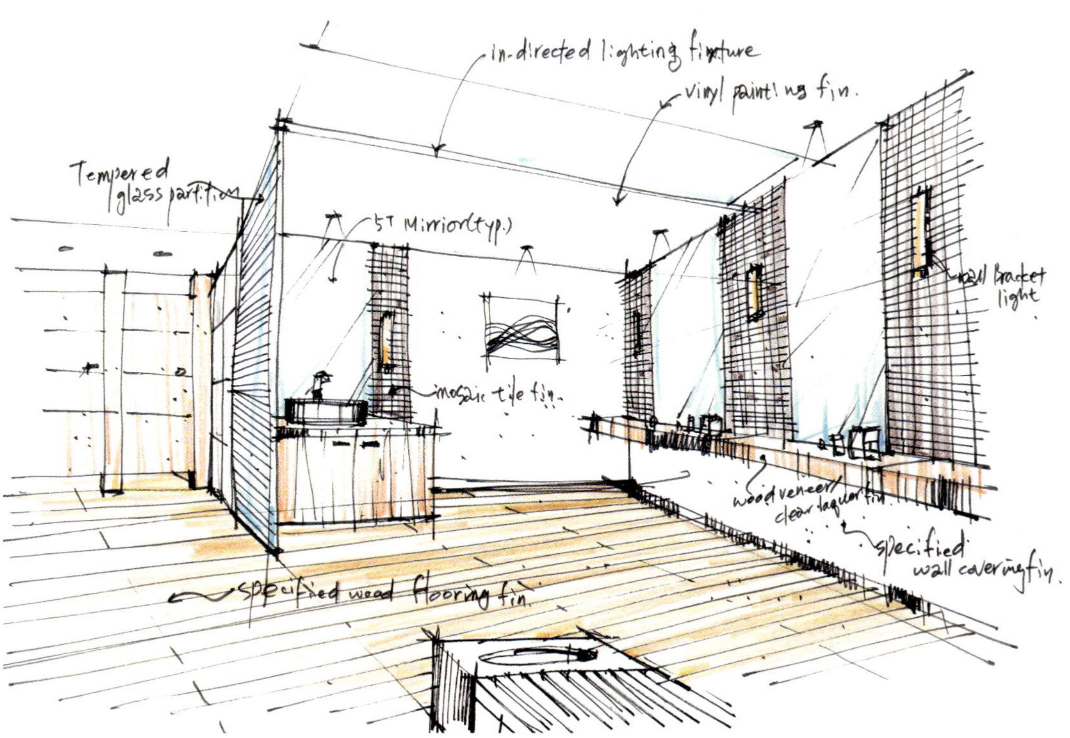

SUPPLY PERSPECTIVE TO A FREE HAND SKETCH

conceptual sketch, change into computer graphics
banquet room space
for
club house project

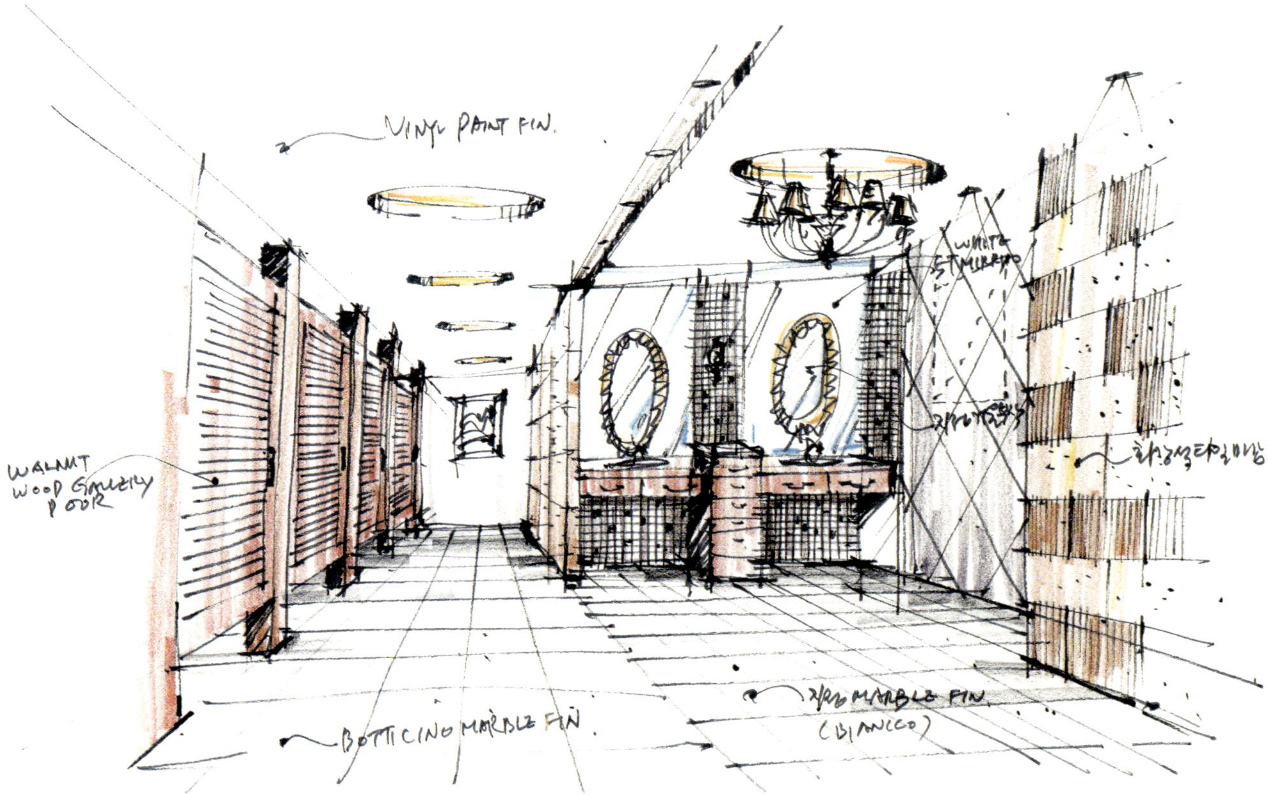
VINYL PAINT FIN.
WALNUT WOOD GALLERY DOOR
BOTTICINO MARBLE FIN.
(BIANCO)

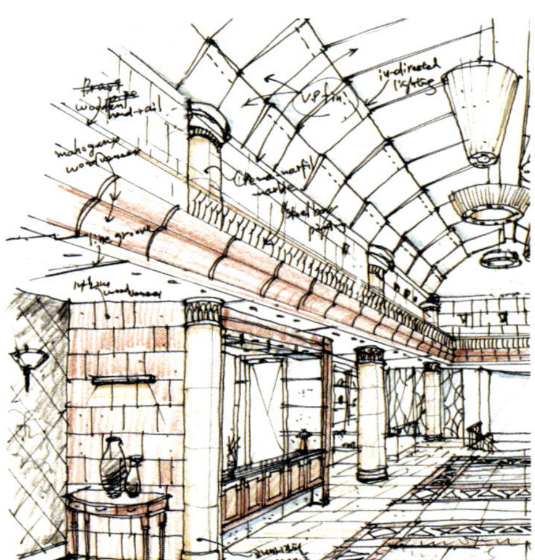

"제도와 사고가 건축에 있어서 중요한 요소가 된다는 사실은 그리 새삼스러운 일이 아니다.
선천적으로 타고 난 제도 기능만으로는 충분하지가 않다.
제도와 사고에서 보람을 느끼는 것을 내 자신속에서 발견하는 것이 필요하고
일생동안 도식적 사고를 배우고 완벽하게 하는 노력이 필요하다."

Paul Laseaw 저서, 디자인 원리와 개념 중에서

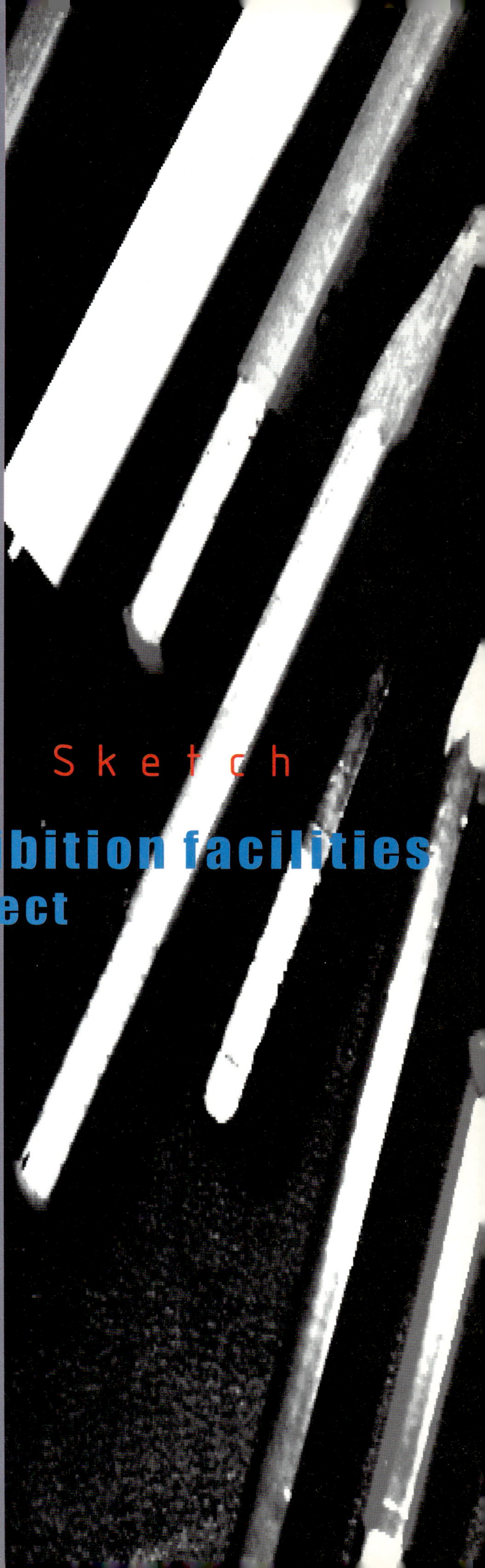

The Sketch

exhibition facilities project

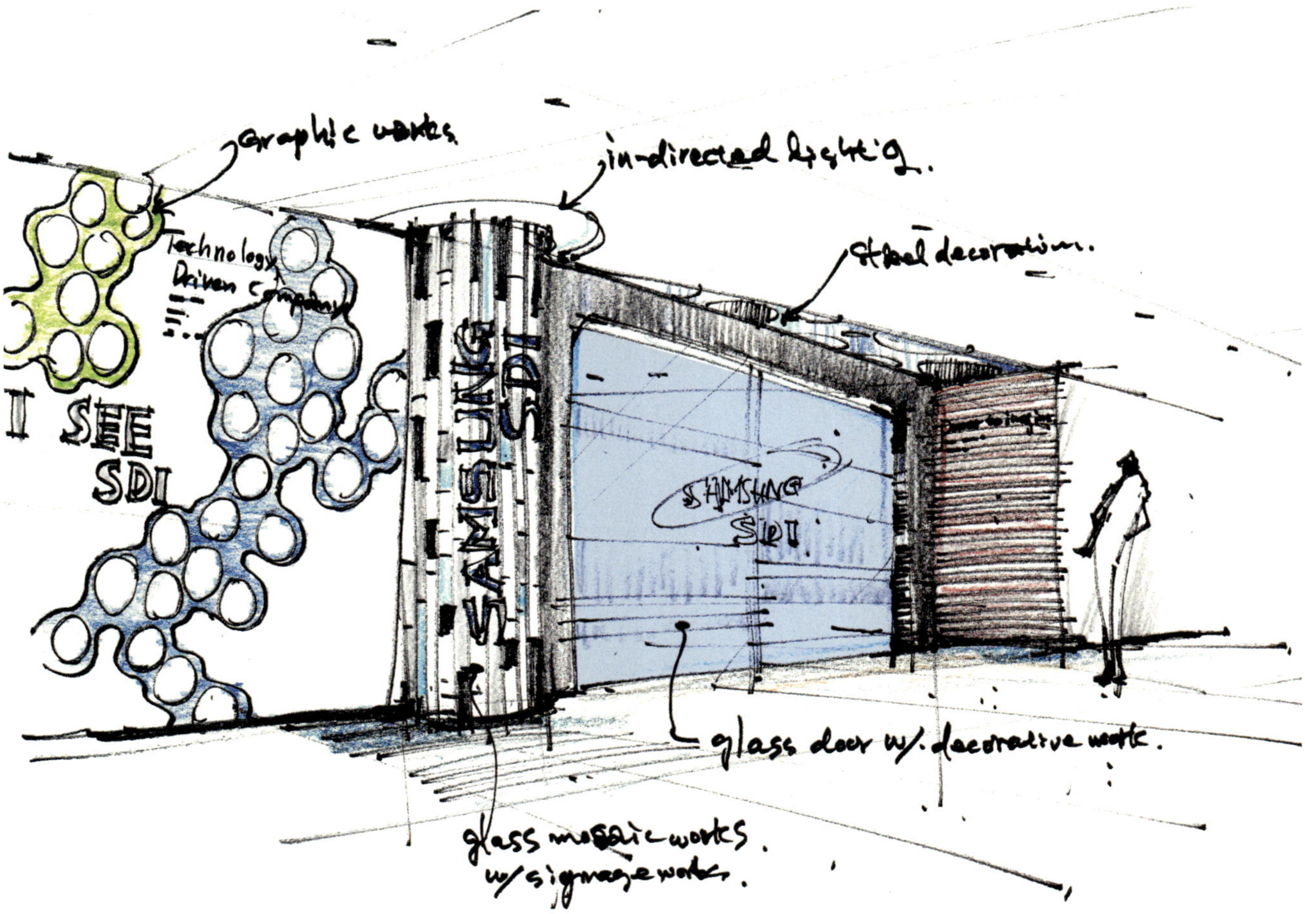

FREEHAND SKETCH
FOR
CORPORATE
INTERIOR PROJECT

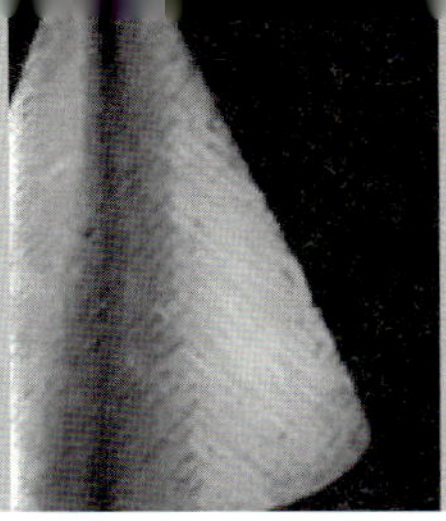

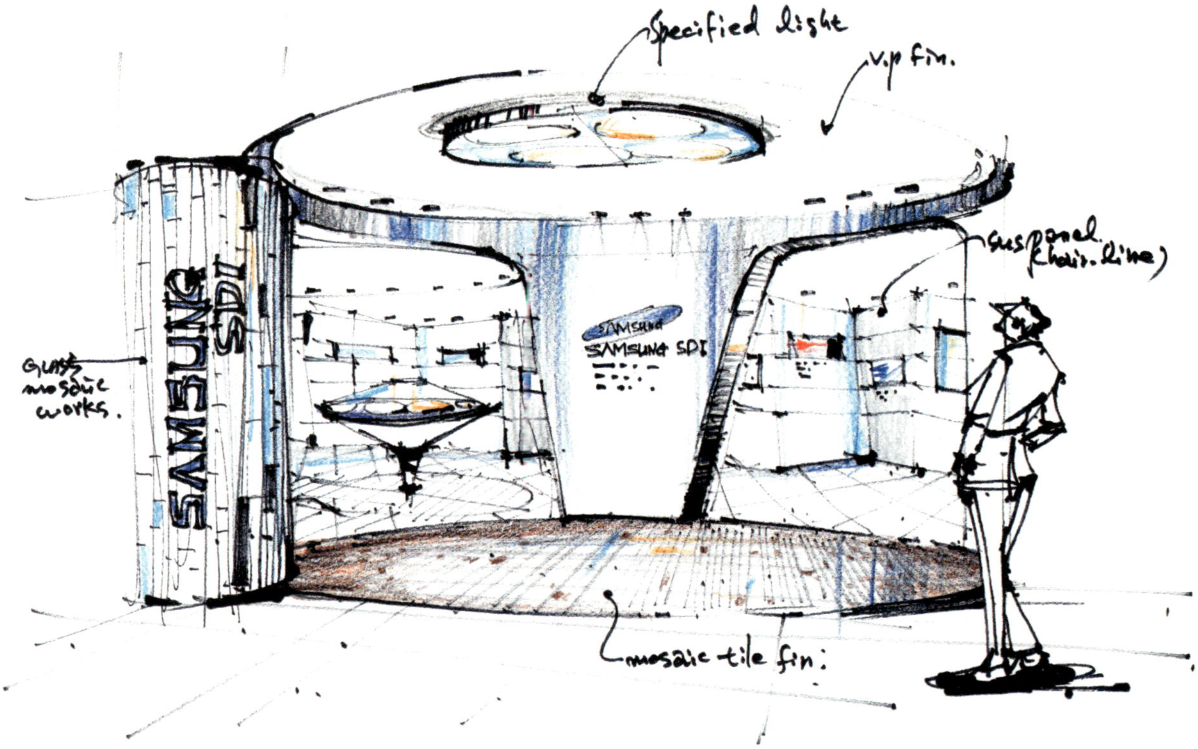
Specified light
v.p fin.
sus panel (hair. line)
SAMSUNG SDI
SAMSUNG
SAMSUNG SDI
glass mosaic works.
mosaic tile fin.

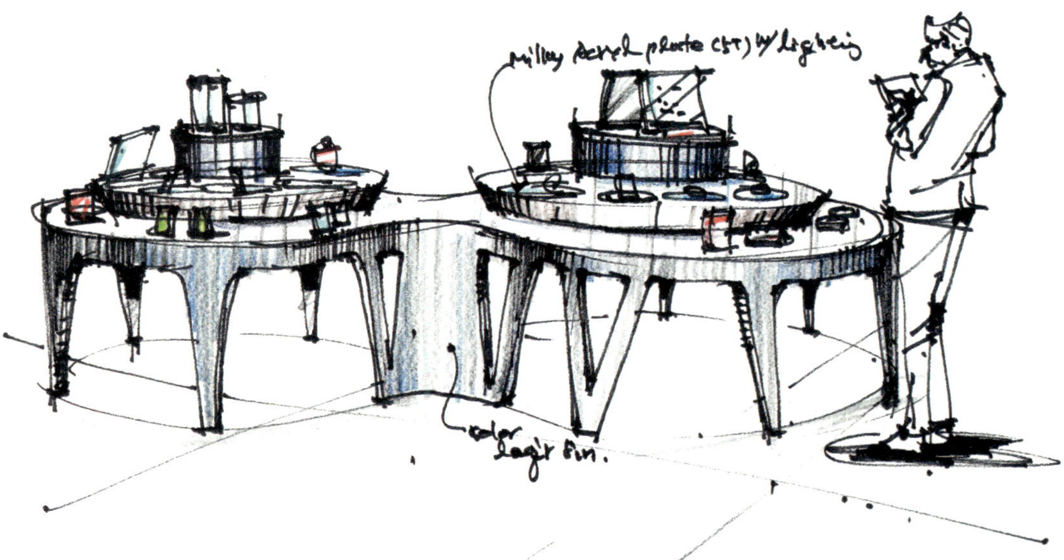

punching metal plate
Vinyl painting film.
color lacquer
color glass
Mosaic pattern

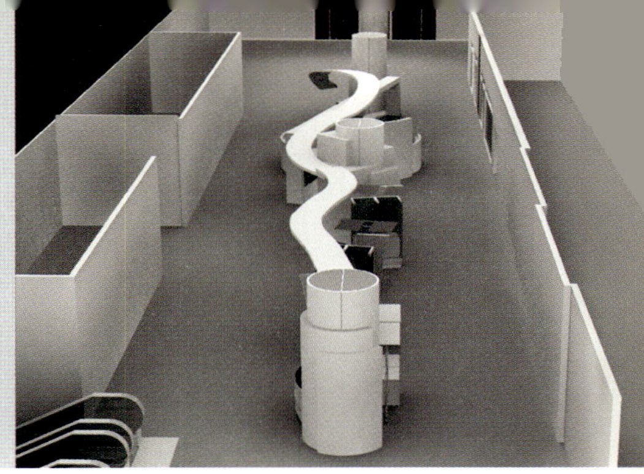

KOREA

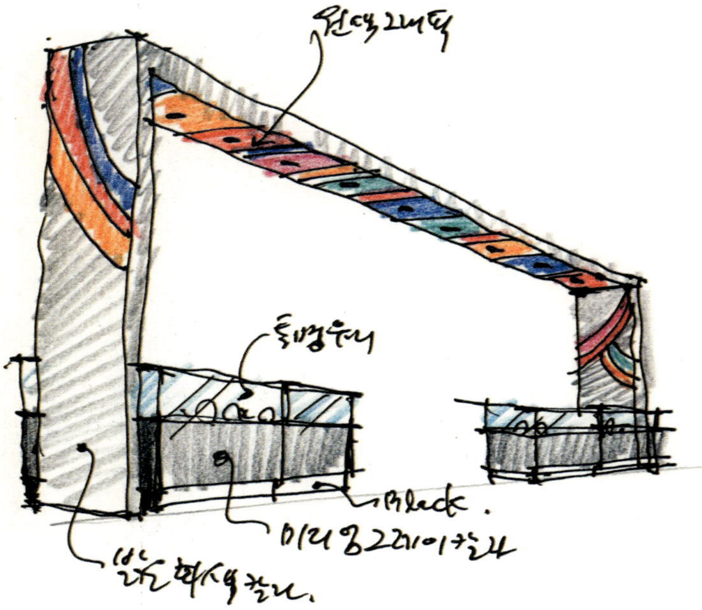

sketch
for
design process

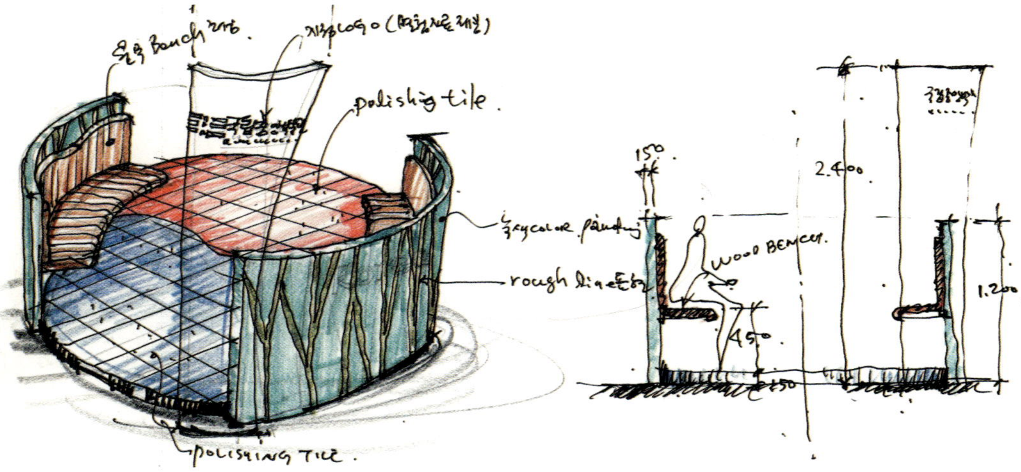

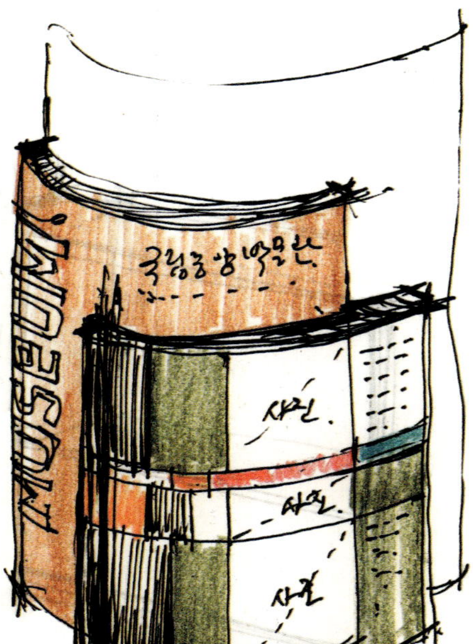

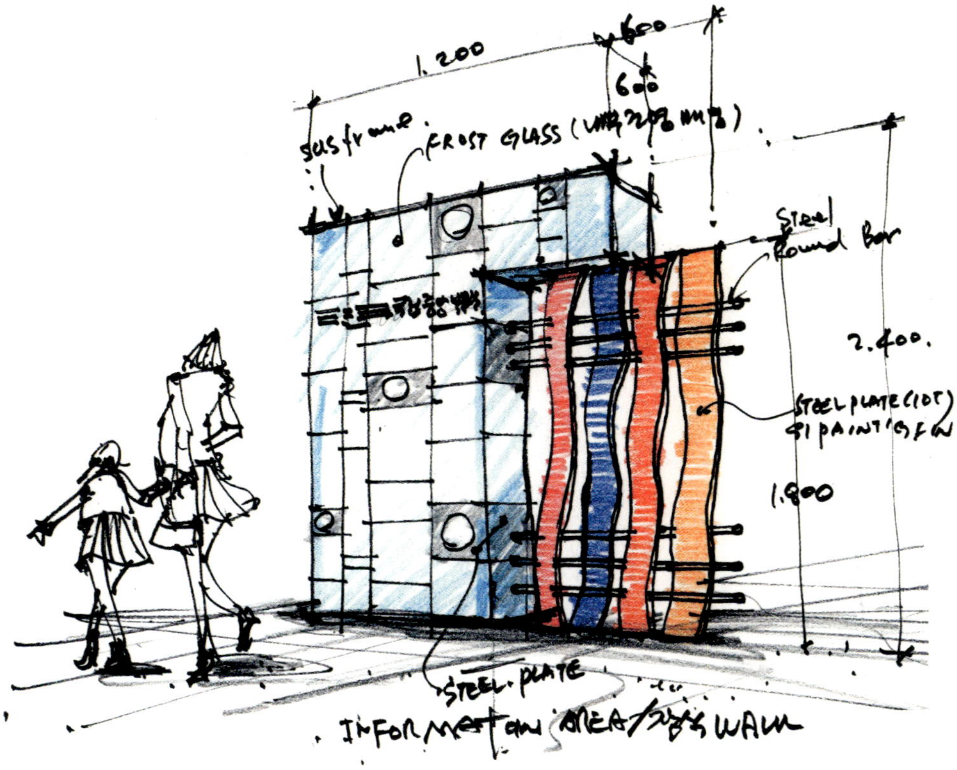
1,200
600
SUS frame
FROST GLASS
Steel Round Bar
2,400
1,800
STEEL PLATE

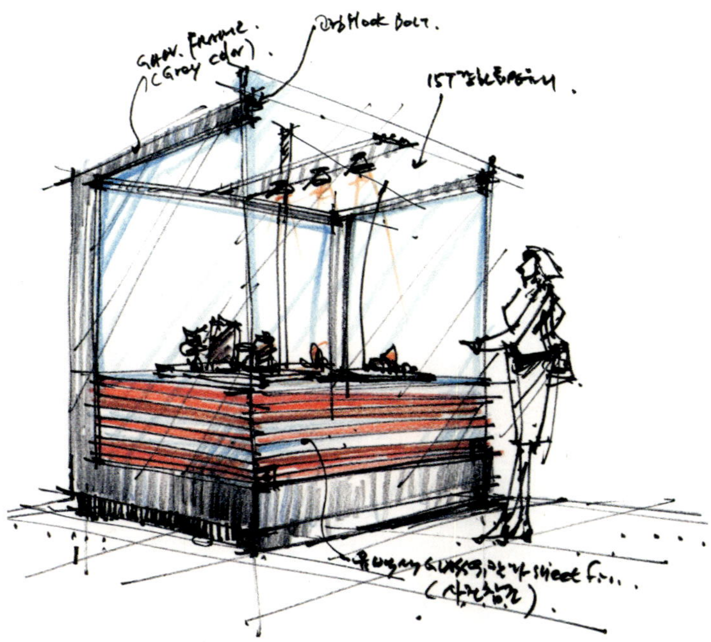
GALV. FRAME (Gray color)
Hook Bolt

IT IS WELL COMPOSED

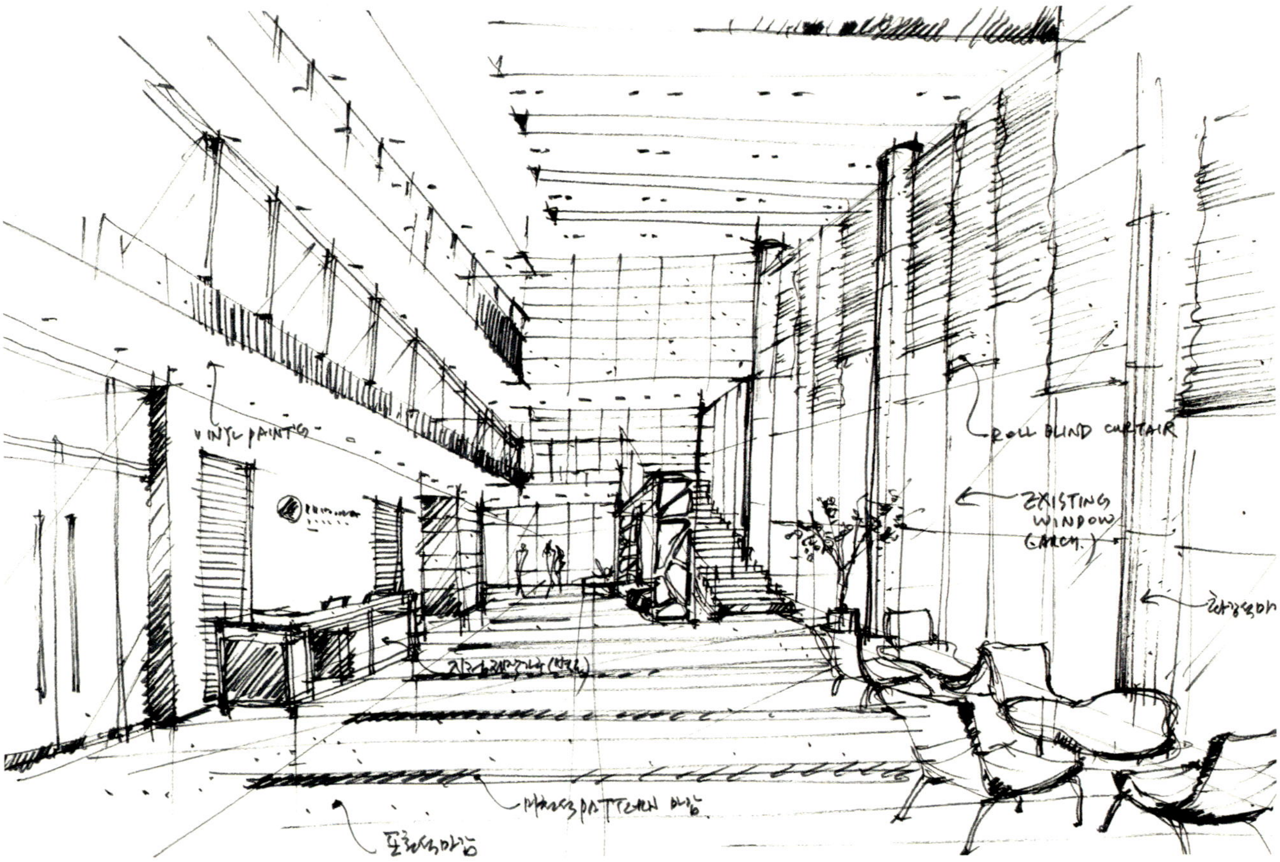
VINYL PAINT
ROLL BLIND CURTAIN
EXISTING WINDOW (ARCH.)
PATTERN

wide-color
GLASS panel
canopy
DISPLAY
WOOD
image sketching

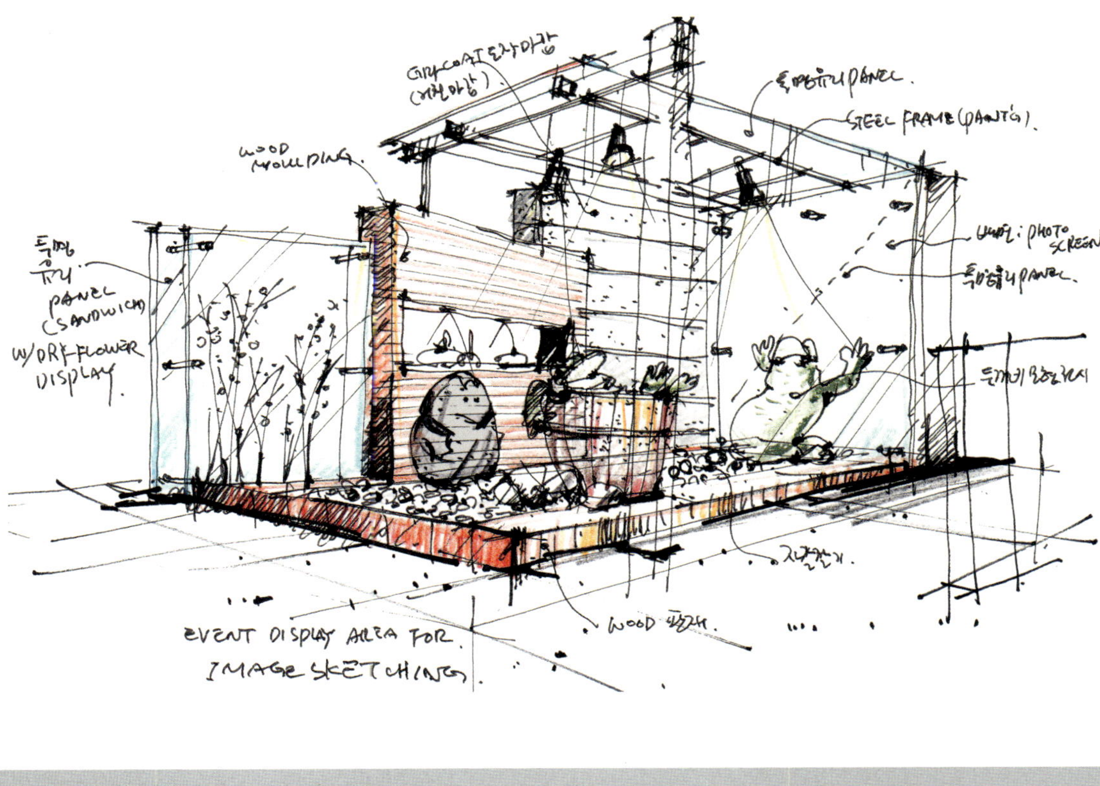
WOOD MOULDING
STEEL FRAME (PAINT'G).
PANEL (SANDWICH)
W/DRY FLOWER DISPLAY
PHOTO SCREEN
EVENT DISPLAY AREA FOR IMAGE SKETCHING.

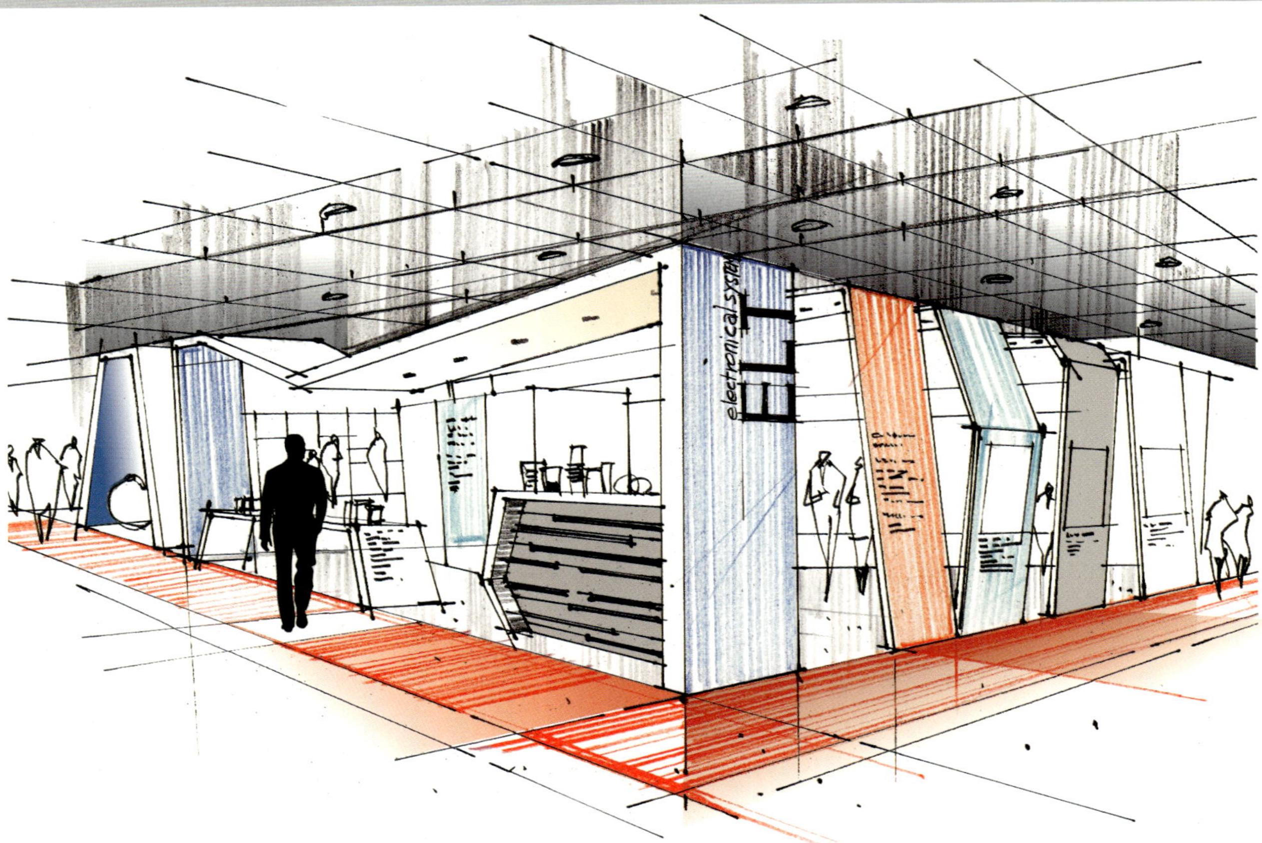
ELT
electronical system

HYOSUNG
HOUSING GALLERY

HYOSUNG

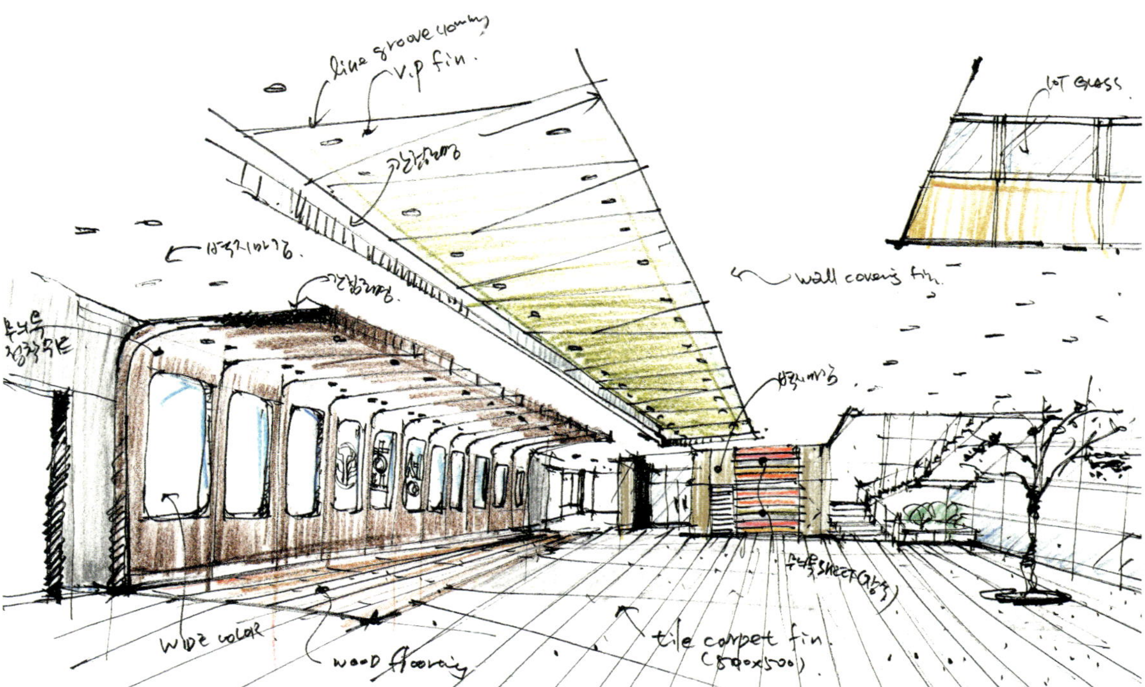
V.P fin.
LOT GLASS
wall covering fin.
wood flooring
tile carpet fin.
(500x500)

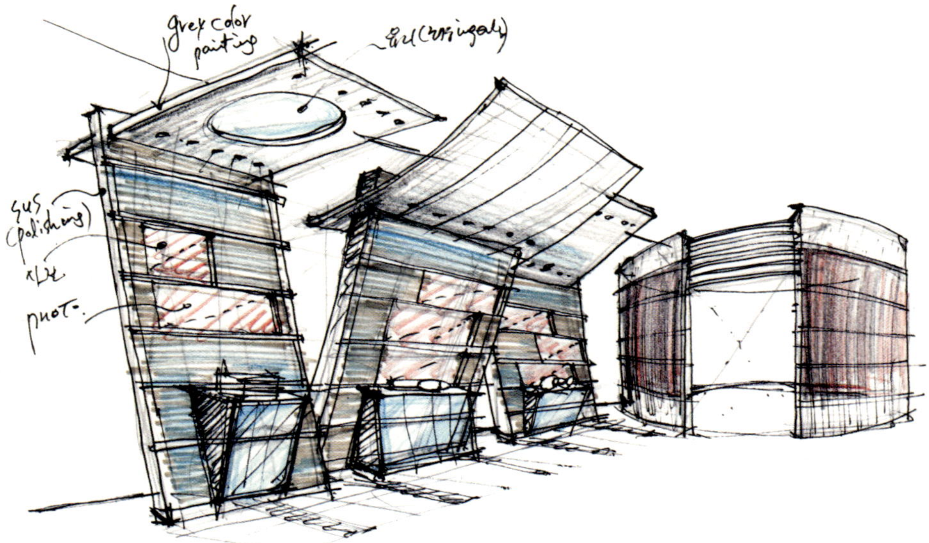
grey color painting
SUS (polishing)
photo

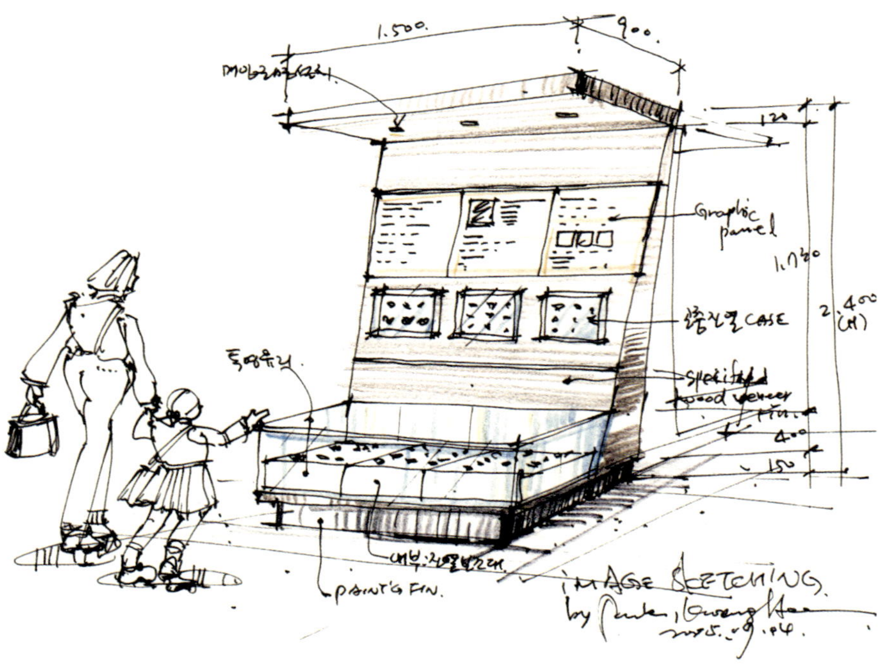
1.500
900
Graphic panel
1,750
2,400 (H)
PAINT'G FIN.
IMAGE SKETCHING

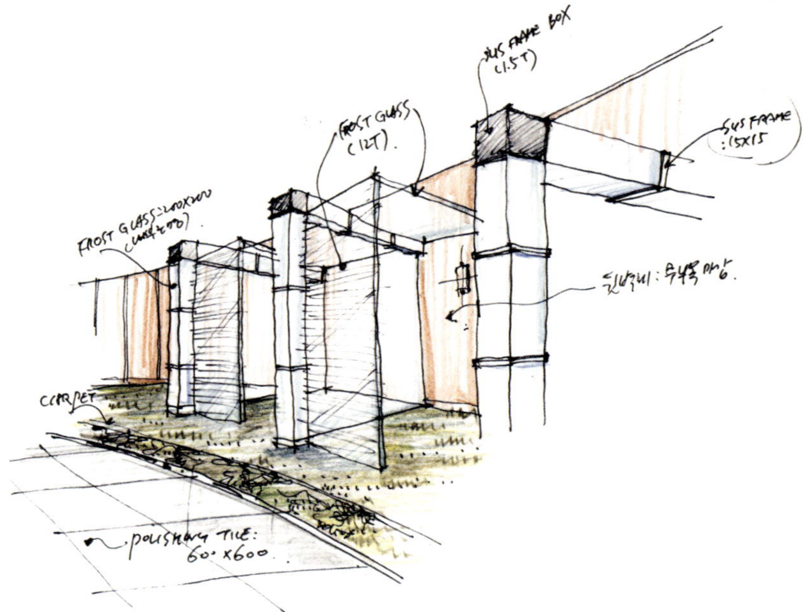
SUS FRAME BOX
(1.5T)
FROST GLASS
(12T)
SUS FRAME
:15X15
CARPET
POLISHING TILE:
600X600

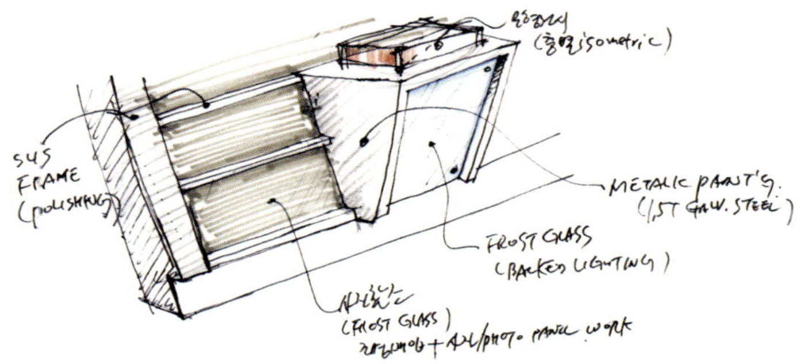
SUS
FRAME
(POLISHING)
METALIC PAINT'G
(1.5T GALV. STEEL)
FROST GLASS
(BACKED LIGHTING)
(FROST GLASS)

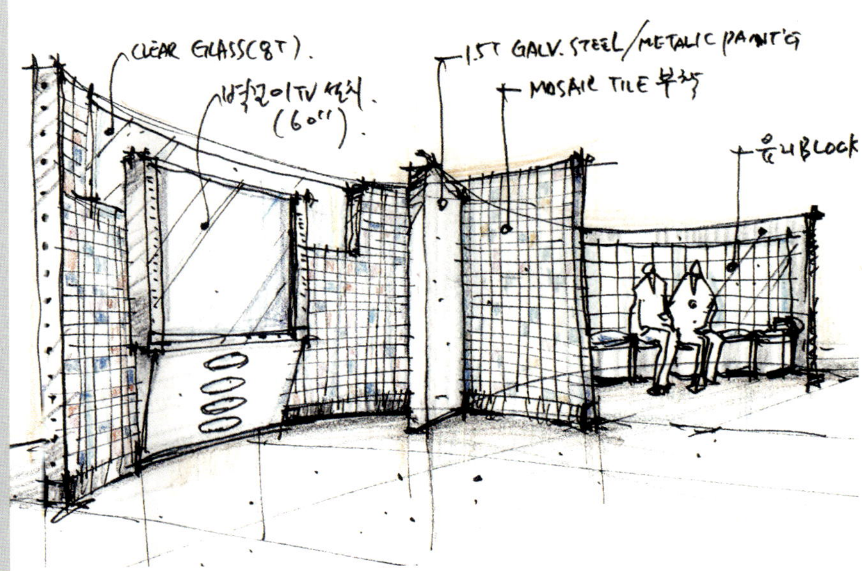
CLEAR GLASS(8T).
1.5T GALV. STEEL/METALIC PAINT'G
MOSAIC TILE 부착
유리BLOCK

SKETCH ILLUSTRATE
AND
2D GRAPHICS

sketch는 설계적 문제를 해결하기 위한 그 무엇인가를 추구하고
찾아내는 데에 그 역할을 충분히 다할 수 있다고 한다.
이러한 탐구적 자세와 idea의 도출로 새로운 발견과
공유를 통하여 더 나은 목적하는 바를 이루게 하는데에도
sketch의 의미는 매우 크다고 할 수 있겠다.

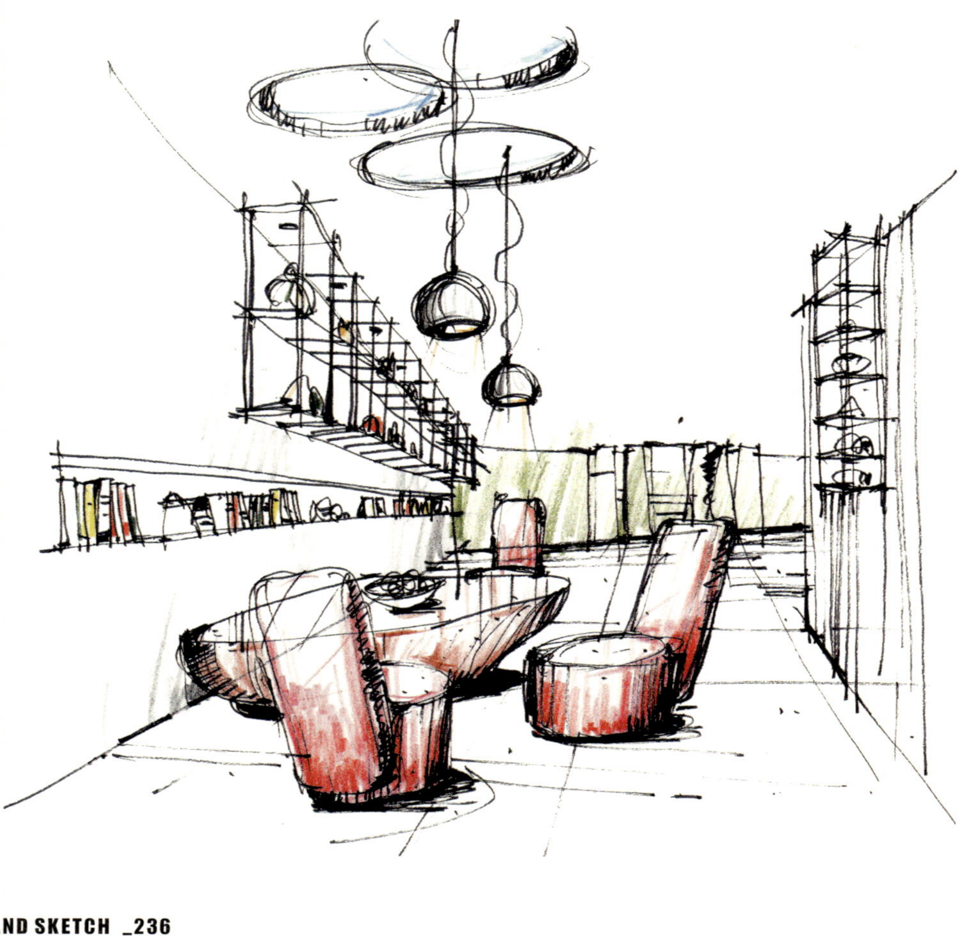

SKETCH ILLUSTRATION
AND
IDEA PROPOSAL

"모방은 배움에 있어서 기술의 습득과 발전에 좋은 영향을 끼친다.
그 누구라도 타고난 자질이나 감각이 뛰어나도 외부의 영향없이 처음부터 자신의 것만을 스스로 터득하고 달관하기는 불가능하기 때문이다.
그래서 우수한 사례와 자료를 통해 따라해 보고 연구하는 자세가 매우 중요하다.
그런 과정의 노력과 시간은 자신의 능력 향상을 결코 외면하지 않는다."

The Sketch

conceptual design project

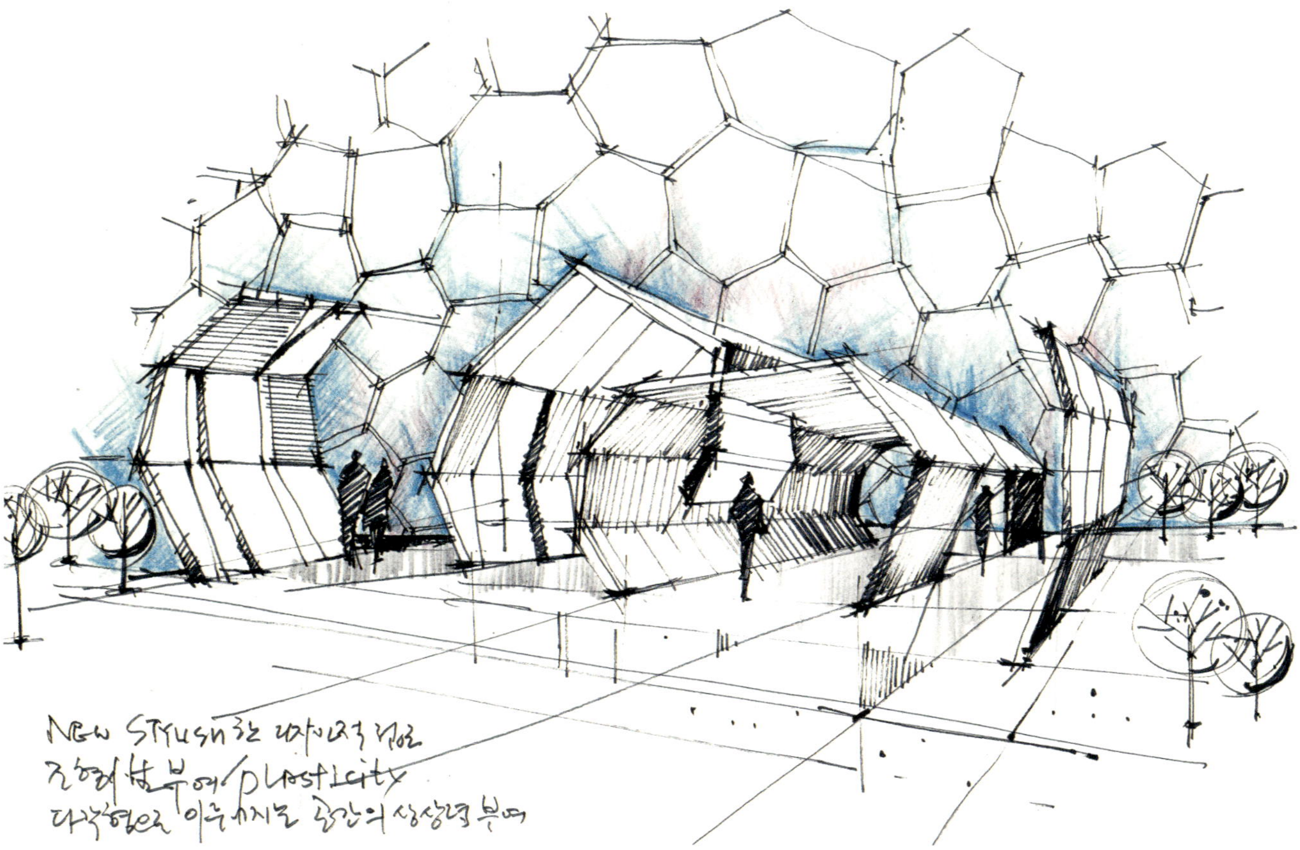

디자인 주제에 대한 표현을 강조함에 있어서 이와같이 그에 반하는 부분을 칼라처리하면 상대적으로 핵심적인 요소를 부각시킬 수가 있다. 배경의 뒷면을 주 요소와 대비되게 처리하면서 중앙부의 디자인 부분을 과감하게 라인처리로 강조하고 음영을 신경쓴다면 한층 원근감도 살릴 수 있다.

New
Trend
NATURE
SHOW ROOM
eco. Techonolog
human scale

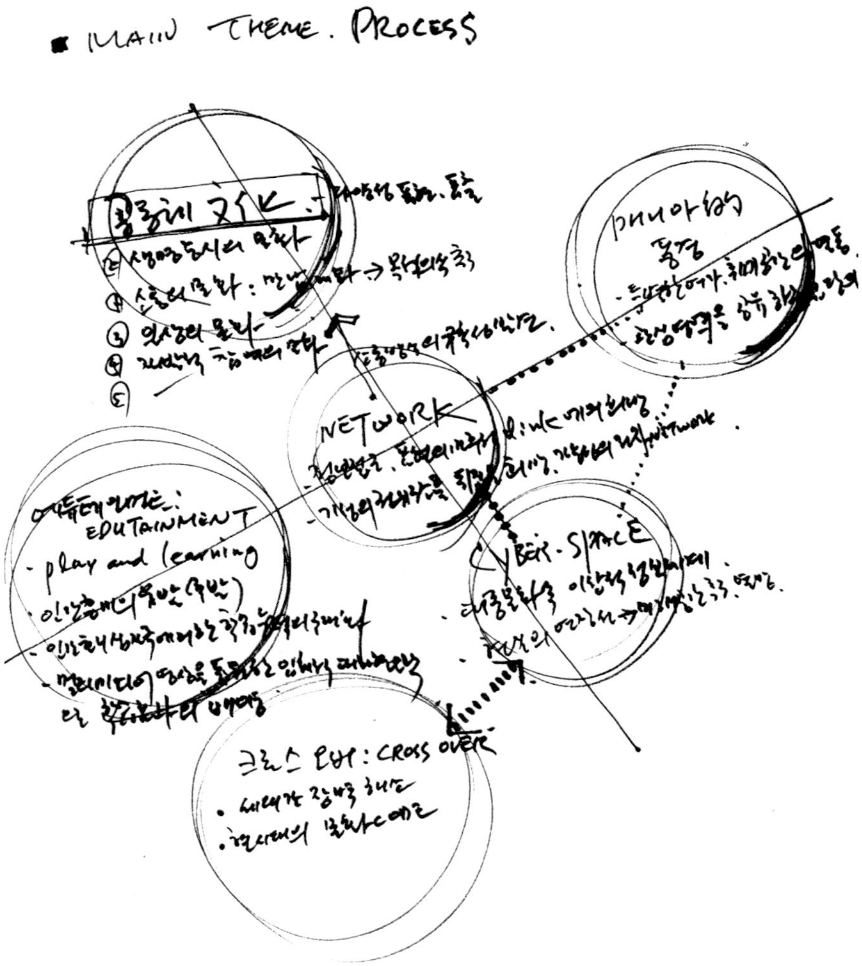
MAIN THEME. PROCESS
NETWORK
EDUTAINMENT
play and learning
CROSS OVER

get an idea
design.factor,stimulation

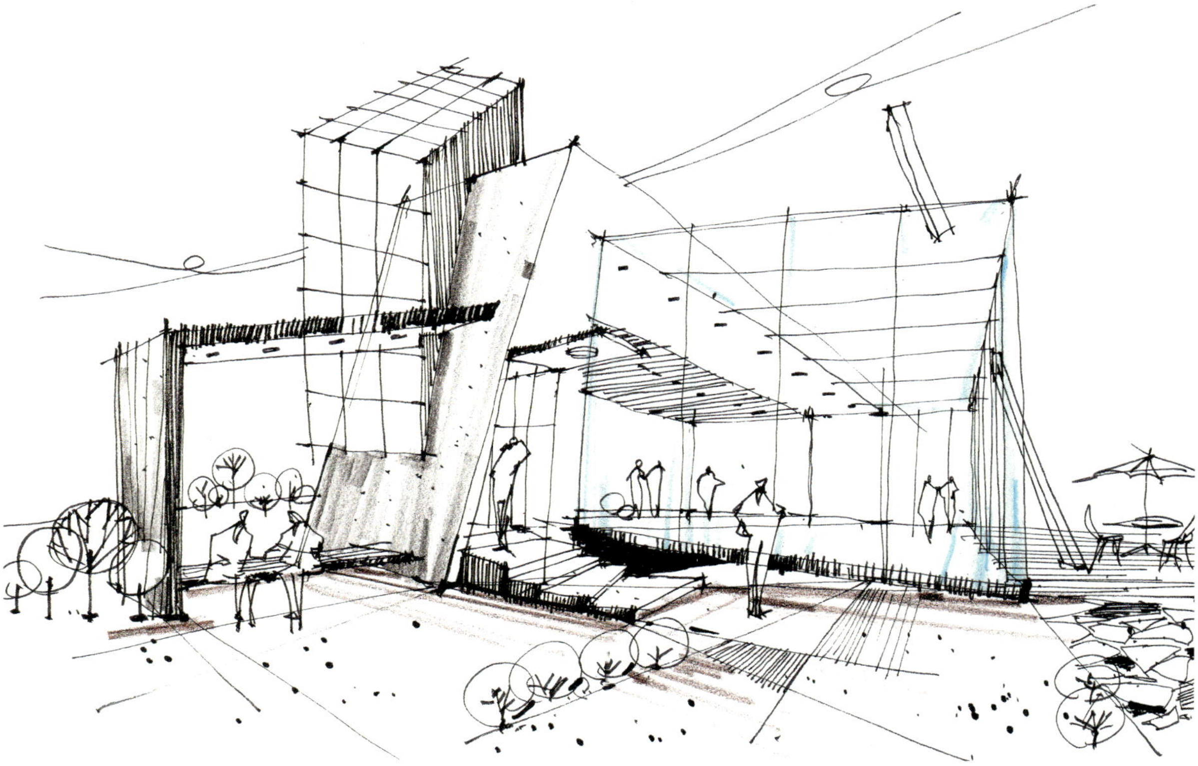

DESIGN
MATERIAL
STUDY
ZONNING
DESIGN
FURNITURE &
FITTINGS
LAY-OUT
COLOUR
SIGN
ESTIMATE
SPECIFICATIONS

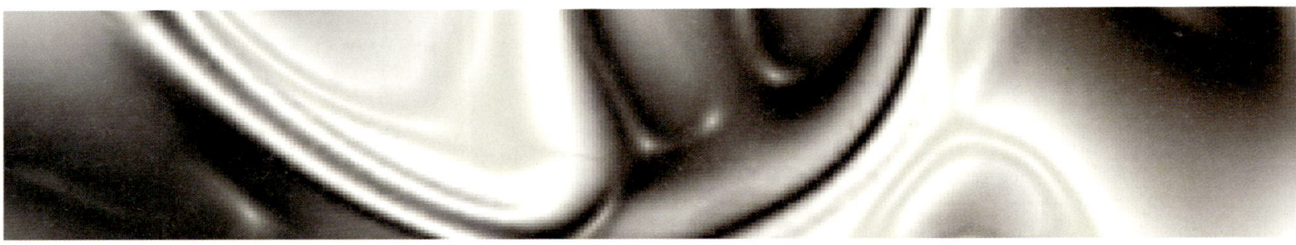

PROCESS
ELEMENT

SKETCH
IDEA
EXPRESSION
DRAWING
VISUAL
COMMUNICATION
SKETCH
IDEA
EXPRESSION
DRAWING

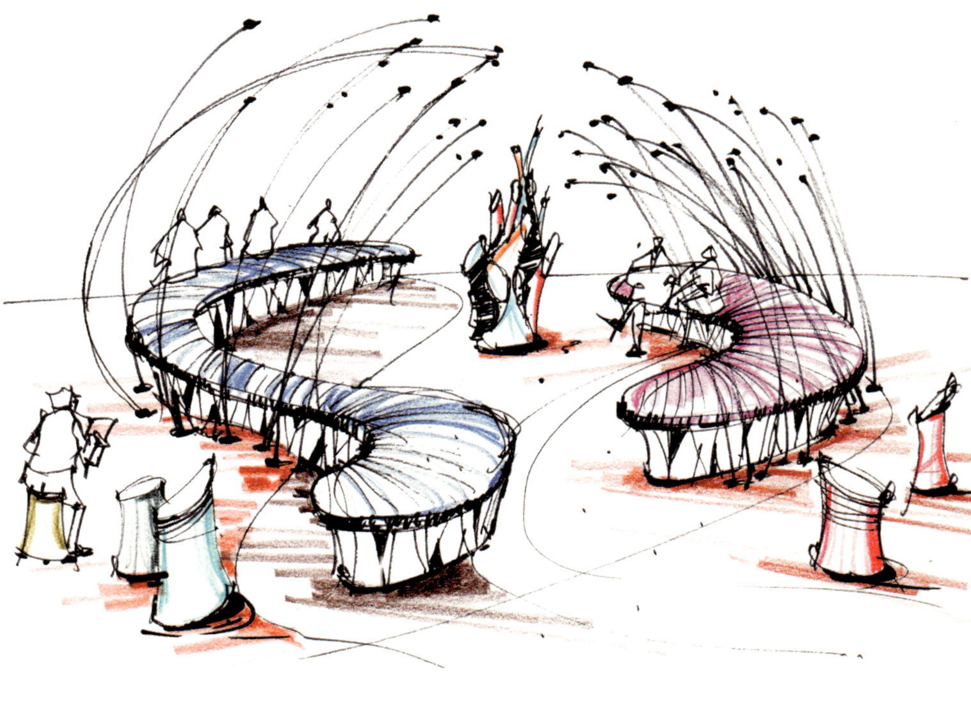

get an idea
design.factor,stimulation

Lining Dynamics
線_ 强弱을 주다

프리스케치의 묘미를 느끼려면
선의 강약을 주는 테크닉과 자신있게 힘을 배분하여 절제된 선을 긋는
연습이 평소에 필요하다.
미술에서 뎃생을 하는 방식으로는 이런 느낌의 스케치를 하기가 어렵다.
한번에 자신있게 선을 그어보는 가운데 점차 그 요령을 터득할 수 있다.
전체 구도를 잡은 후에는
마지막으로 어느 곳에 더 강하게 효과를 줘야 할지도
유심히 살펴 볼 필요가 있다.
선의 강약은 능숙한 표현에 매우 극적 효과를 주기 때문이다.
기본적으로 선의 테크닉으로 잘 처리된 프리 스케치 위에는
칼라링 터치로 마무리하기도 매우 수월해 진다.

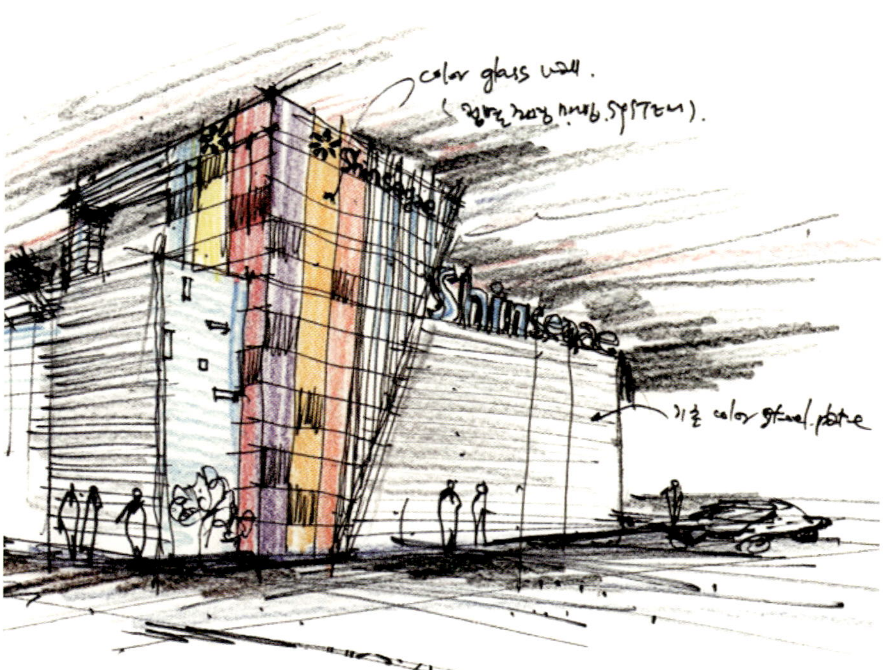
color glass wall.
Shinsegae
Shinsegae

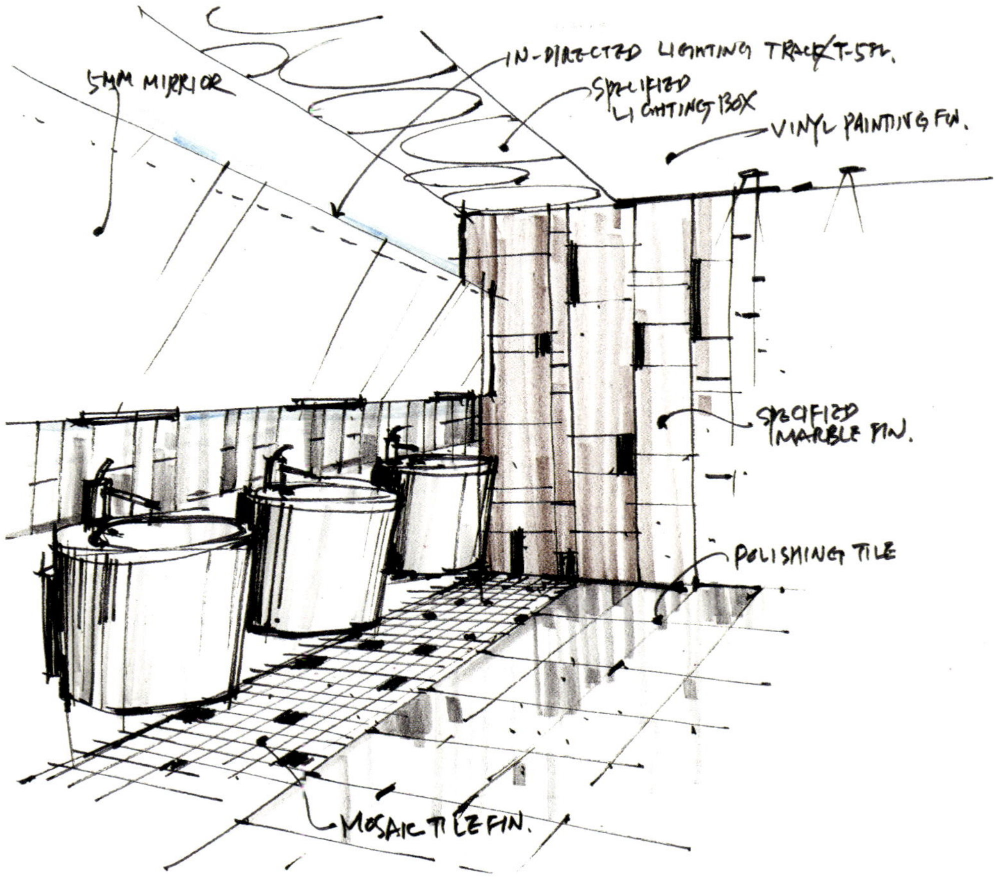
5MM MIRRIOR
IN-DIRECTED LIGHTING TRACK T-5FL.
SPECIFIED LIGHTING BOX
VINYL PAINTING FIN.
SPECIFIED MARBLE FIN.
POLISHING TILE
MOSAIC TILE FIN.

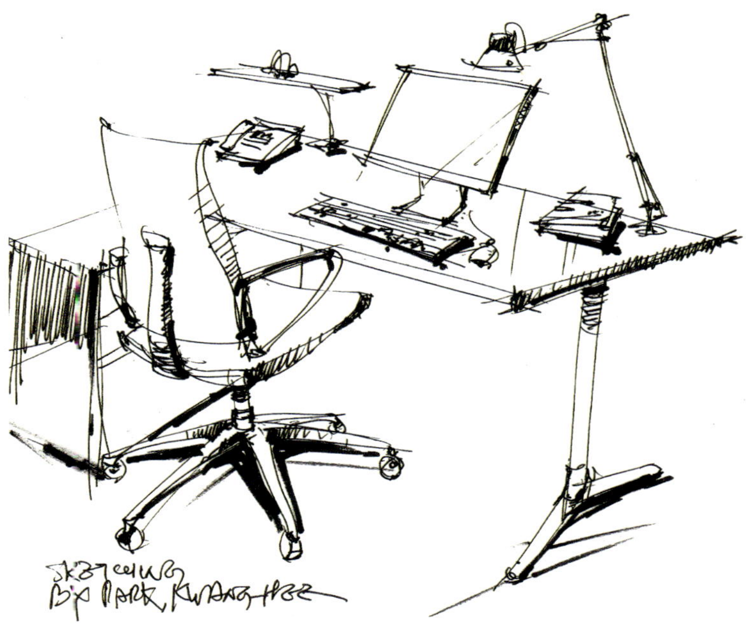

informal graphics

environmental design

프리핸드 스케치를 하는 데 있어서 또 하나 중요한 게 있다. 처음에 선 긋는 작업을 시작하면서 걱정부터 앞서는 경우가 적지 않다. 그 이유는 혹시라도 긋는 선을 망칠까 부담을 느끼기 때문이다. 프리 스케치할 때는 망치는 작업에 익숙해져야 발전한다. 그러기 위해서는 과감하고 자신감있는 선긋기가 매우 중요하다. 과감한 선긋기는 스케치의 살아있는 역동성을 느끼게 되며, 자기 자신 스스로도 자신감을 증진시키는 계기가 된다는 걸 깨닫게 된다.

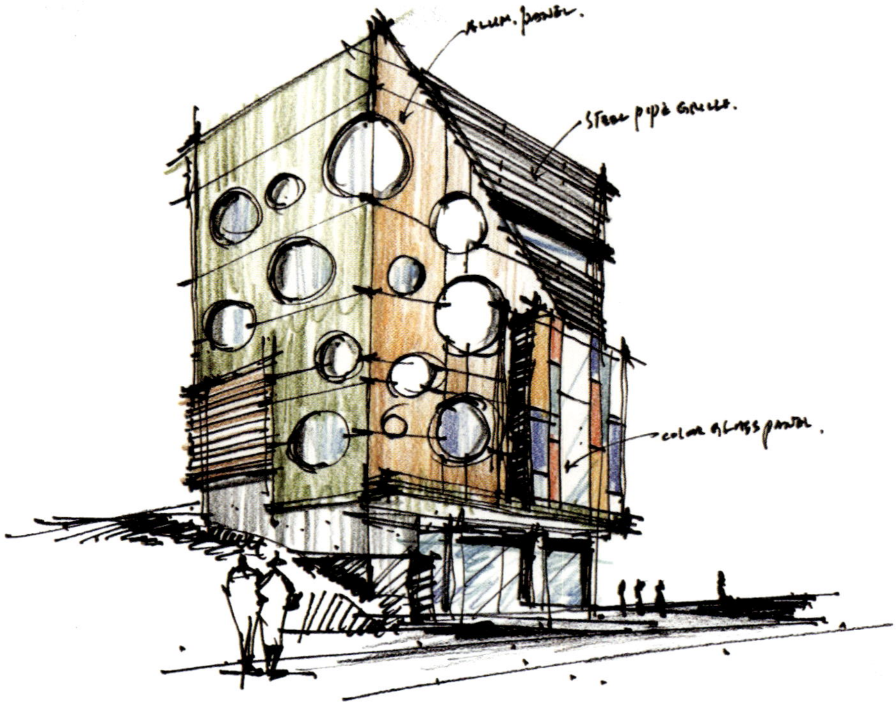

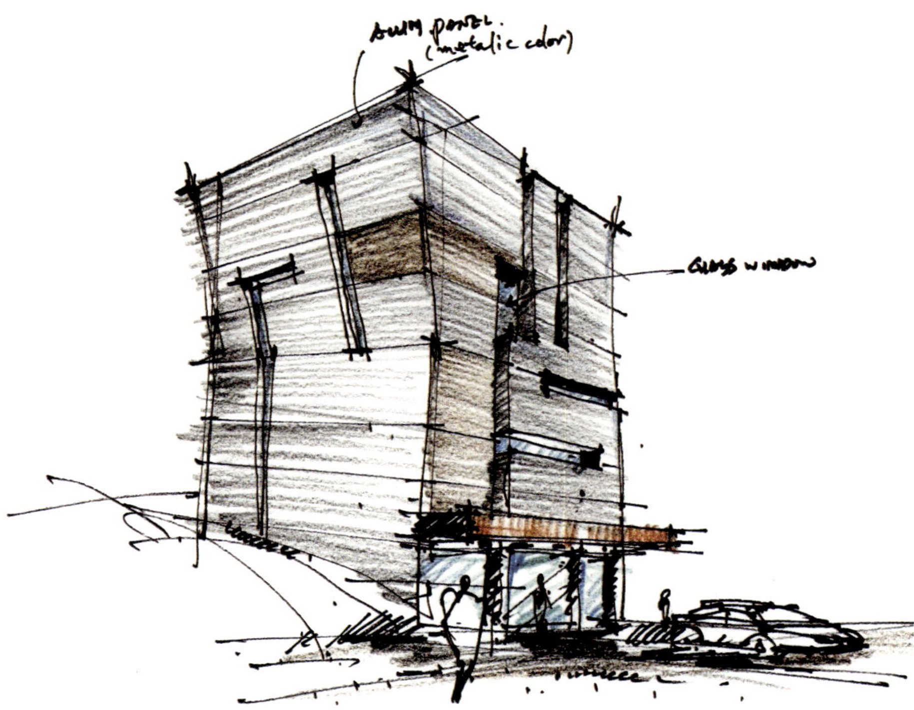

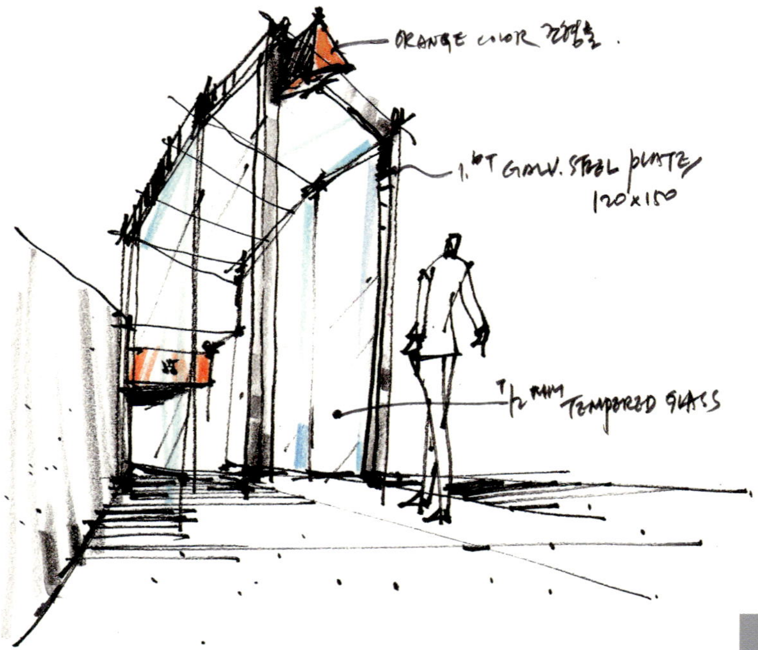
ORANGE COLOR
GALV. STEEL PLATE
120x150
TEMPERED GLASS

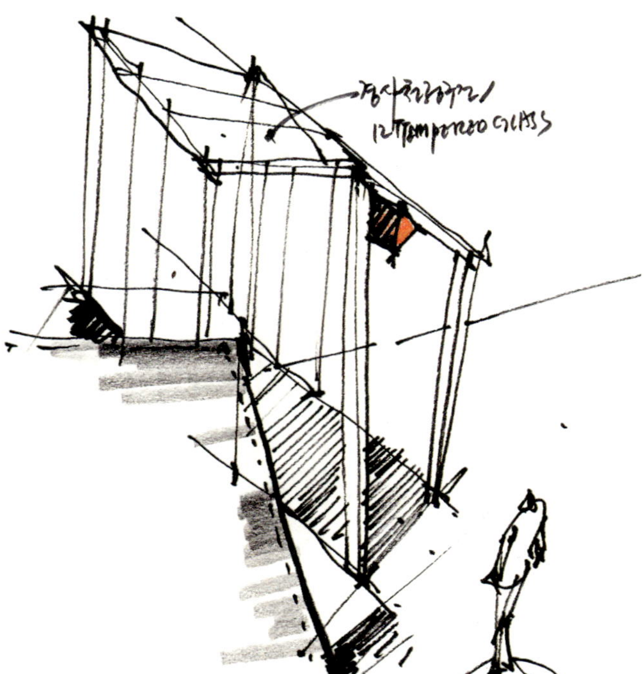
TEMPERED GLASS

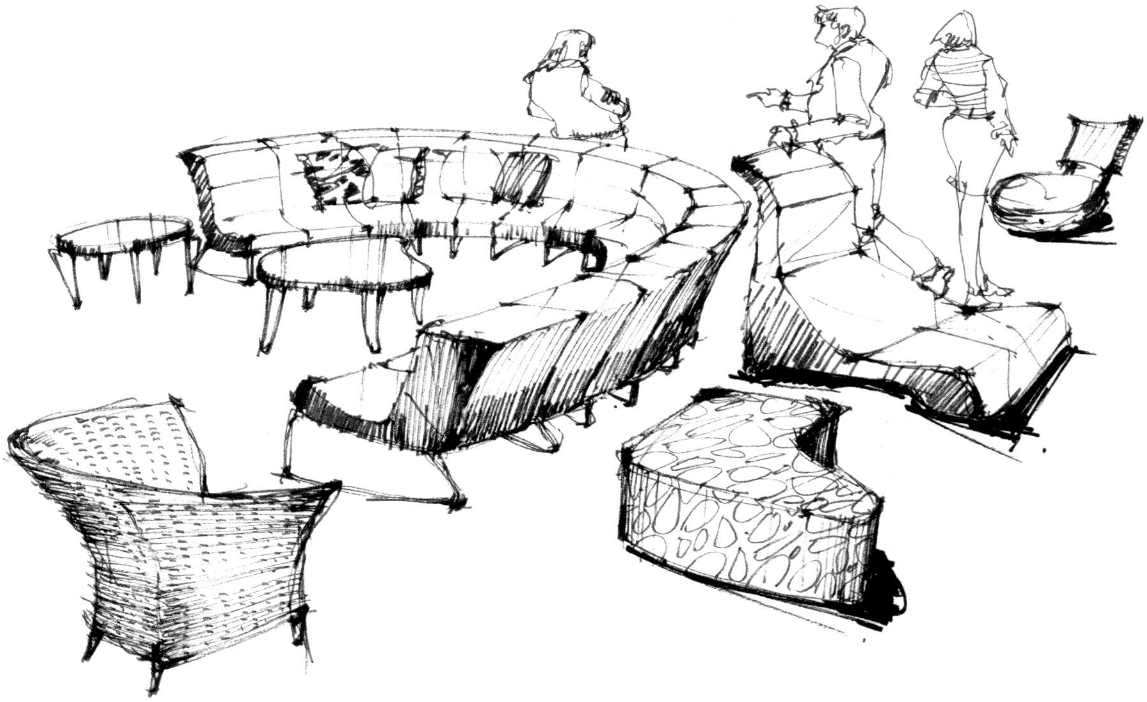

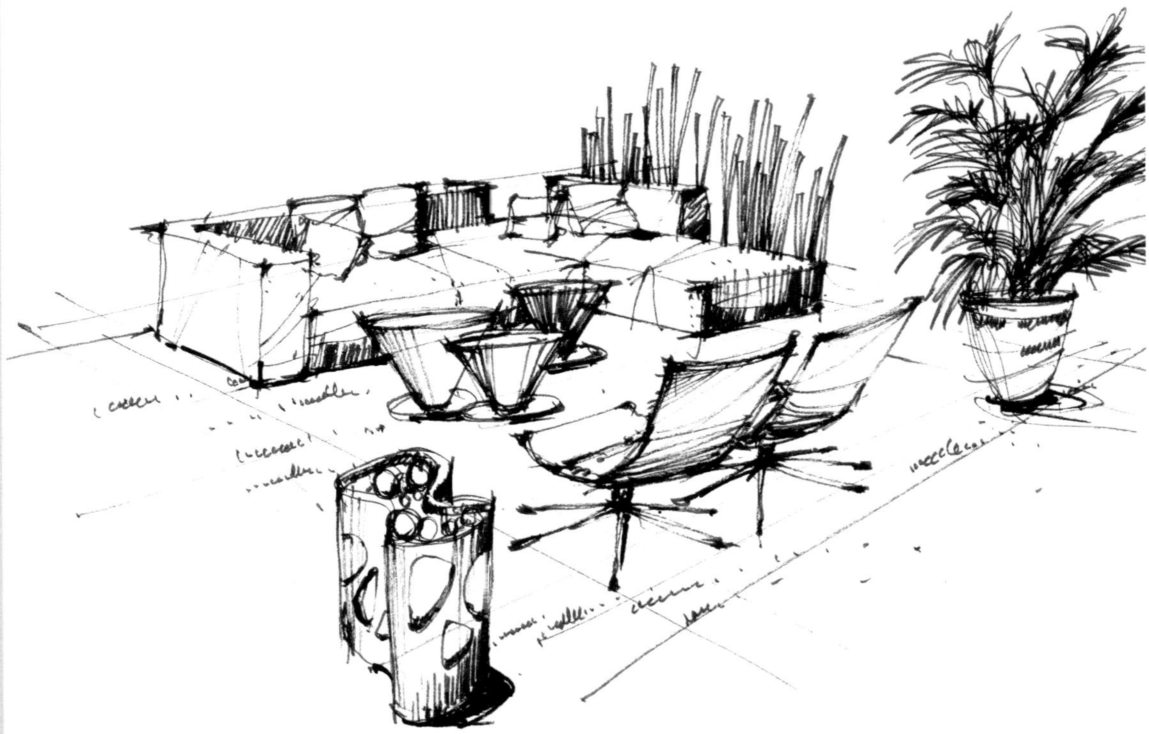

SKETCHING
BY PARK, KWANG HEE

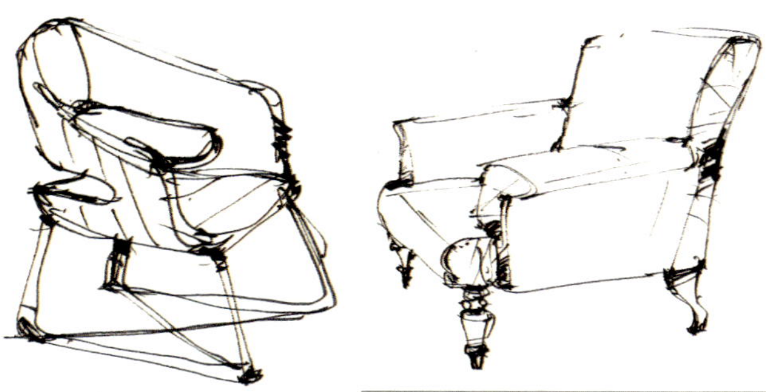

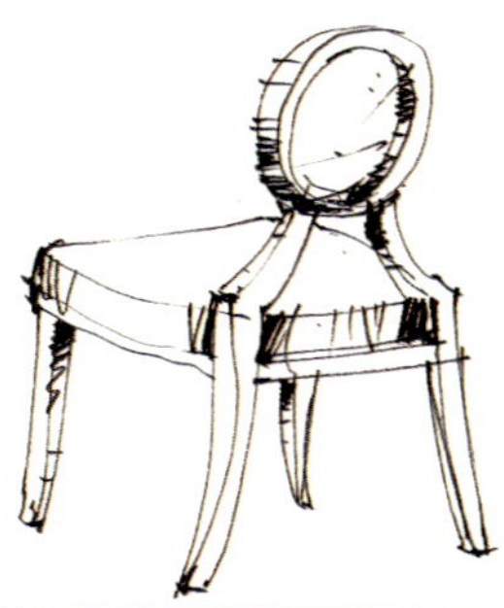

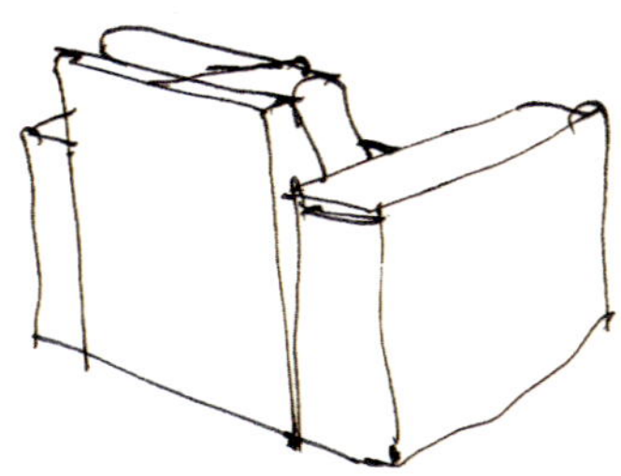

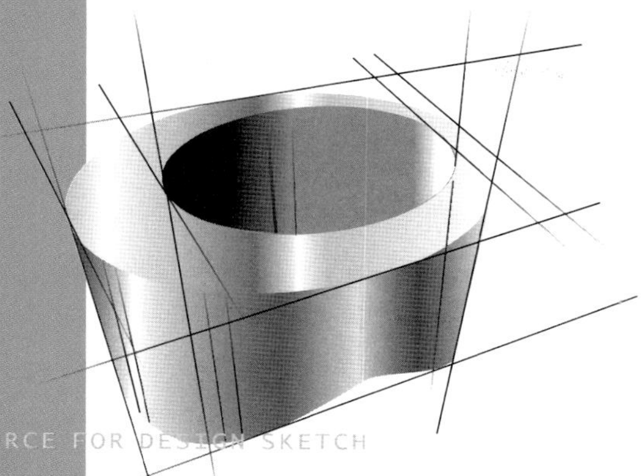

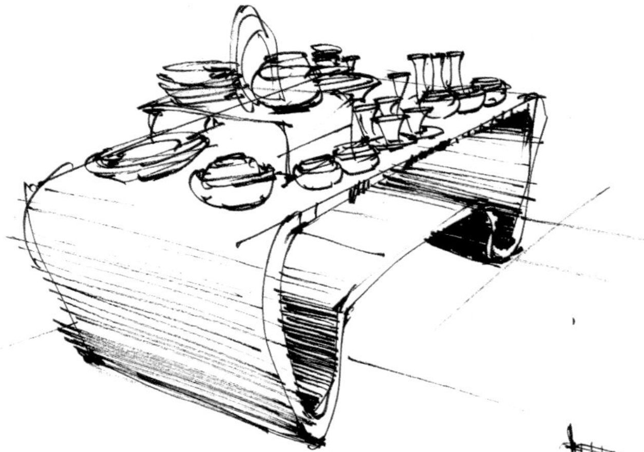

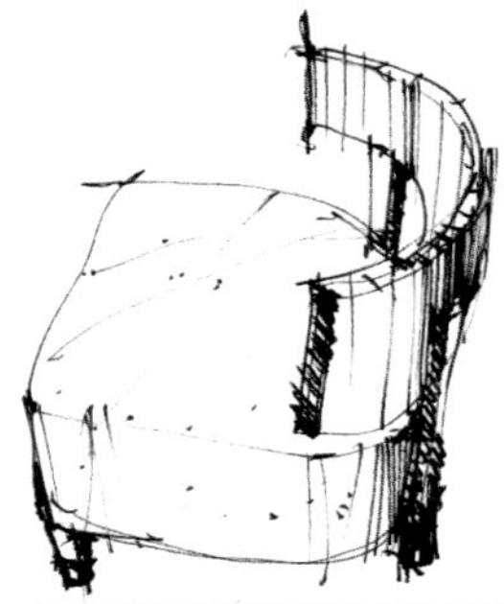

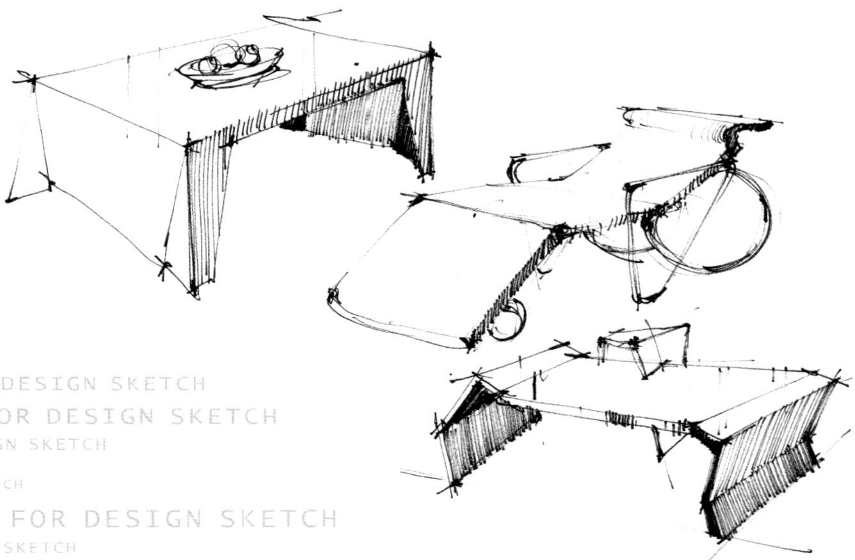

DesignCroquis

Park Kwang-Hee

Park Kwang-Hee

Sketching
By Park Kwang-Hee

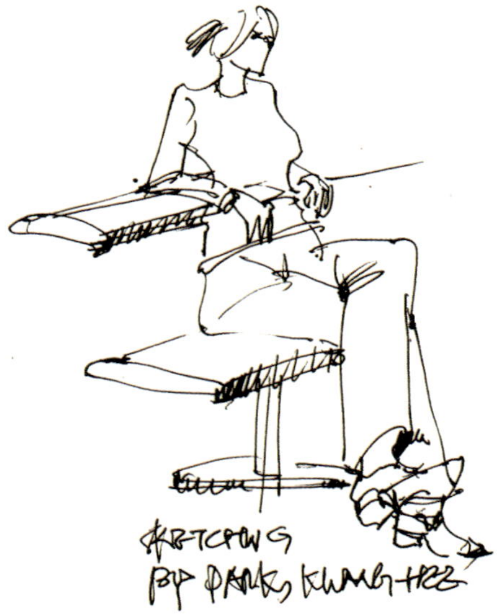
Sketching
By Park Kwang-Hee

Sketching
By Park Kwang-Hee

DesignCroquis

"우리의 머리는 정보를 추가할 수 있는 능력을 지니고 있으며, 나머지 두 부분인 손과 스케치는 표현 과정에 있어서 중요한 도구가 된다. 무엇인가를 그리려고 하는 의도와 실제로 무엇인가를 그렸다는 것 사이에는 약간의 차이가 있다. 그리는 능력과 물질, 그리고 우리 모두가 변화의 원인이 될 가능성이 있는 것들과 종이위에 그려진 것 까지도 변화될 가능성이 있다."

_Paul Laseaw 저서, 디자인 원리와 개념중에서

The Sketch

computer graphic project

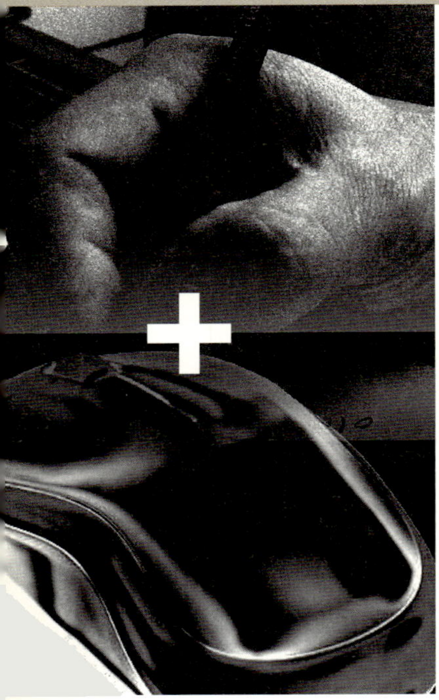

스케치의 진전은 그래픽 소프트웨어를 이용한 방법도 생각해 볼 수 있다. 일러스트레이터나 코렐드로우가 이런 작업을 상당히 유사하게 작업을 가능케 한다. vector방식의 프로그램은 이런 방식의 작업을 위해 만들어졌기 때문에 draw 기능을 활용한 나름대로 수작업의 느낌을 적당히 살릴 수 있는 묘미가 있다. 물론 시간적인 면에선 비효율적이지만 적절한 매핑효과와 보완이 수월 할 수 있다는 장점이 있기도 하다. 디자인에 있어서 시대적 변화에 적응할 수 밖에 없는 현실적 여건을 고려한다면 크게 문제시 삼을 필요는 없다. 어차피 디자인을 위한 <표현의 수단>이란 것은 가능한 여러 도구를 이용하여 얼마나 효율의 극대화를 이룰 수 있는지도 생각해 볼 수 있다고 본다. 자신이 갖고 있는 능력을 최대한 발휘하고 운용의 묘를 살릴 수 있는 건 자신의 몫이다. 여기 실린 자료는 일부 이미지 소스를 제외한 대부분은 corel draw를활용하여 작업을 하였다.개인적인 생각이지만 이 프로그램은 회화적인 터치를 가능케하는강력한 장점이 있다. 프로젝트 성격상 간혹 시간적 여유가 주어 진다면 이의 활용으로 수작업과 유사한 느낌의 작업을 만들어 낼 수도 있다고 본다.

COMPUTER GRAPHIC SKETCH
PROGRAME : CORELDRAW/PHOTOSHOP

COMPUTER GRAPHIC SKETCH
PROGRAME : CORELDRAW/PHOTOSHOP

COMPUTER GRAPHIC SKETCH
PROGRAME : CORELDRAW/PHOTOSHOP

sketch
with computer graphic program

PROGRAME : CORELDRAW/PHOTOSHOP

sketch
with computer graphic program
PROGRAME : CORELDRAW/PHOTOSHOP

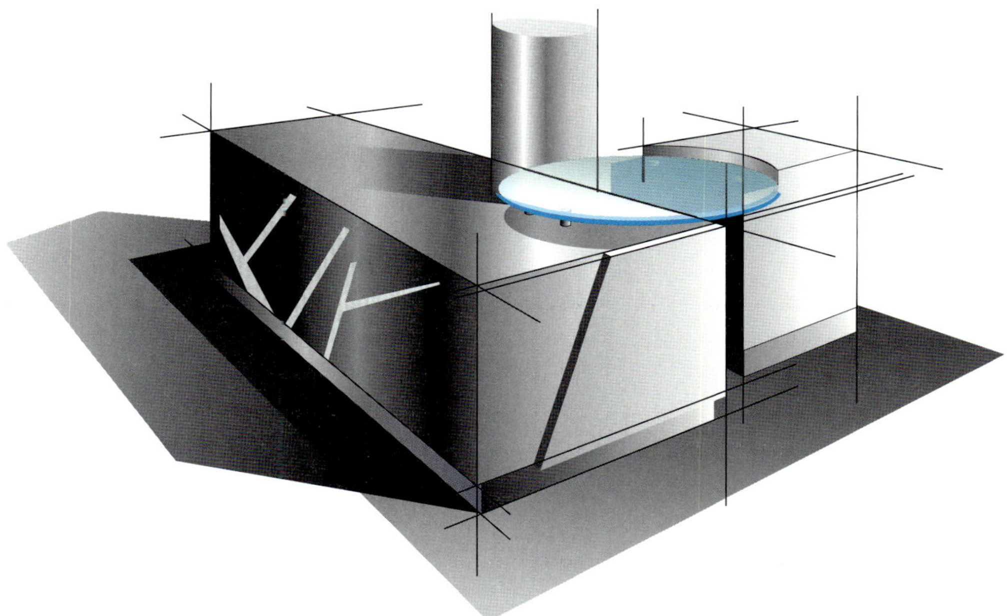

培材中學校
培材高等學校

THE IMAGE SKETCH

computer graphic design
by coreldraw
with photoshop

MERIT MOTEL

MERIT MOTEL

DRAW
WITH COMPUTER GRAPHICS, sketch

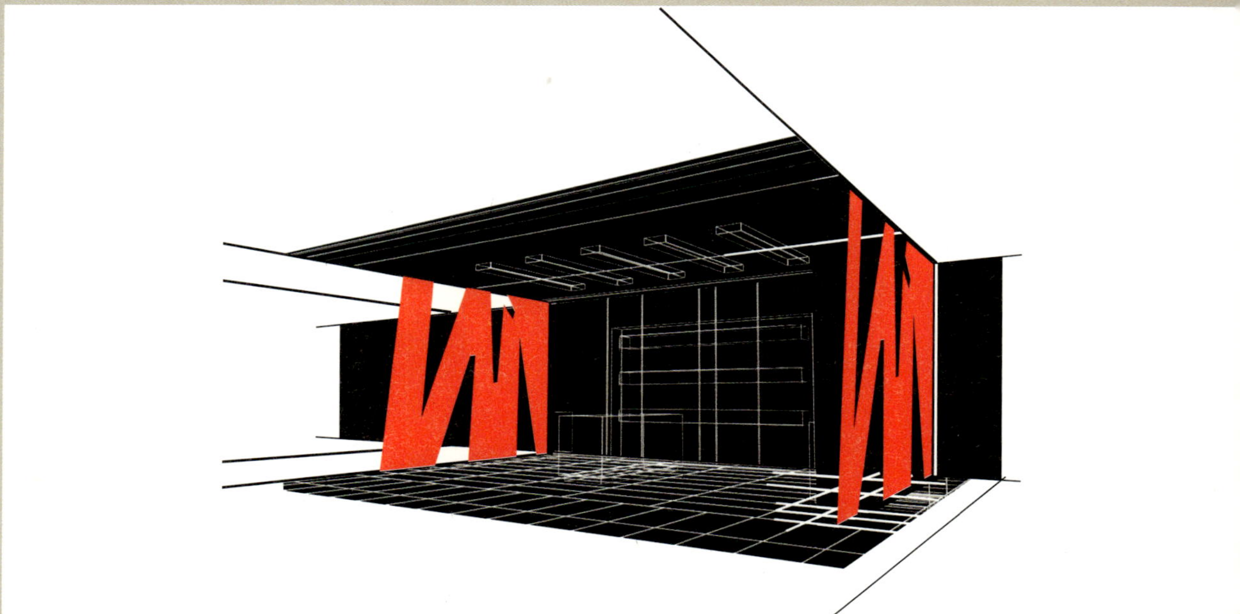

s k e t c h
w i t h
c o m p u t e r   g r a p h i c s

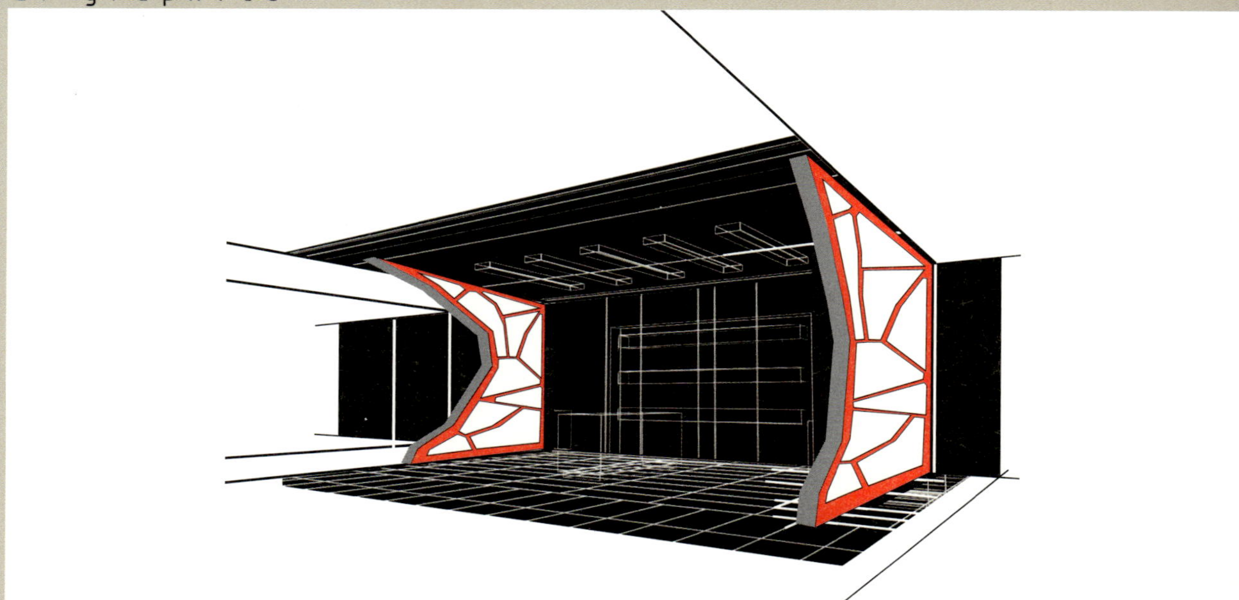

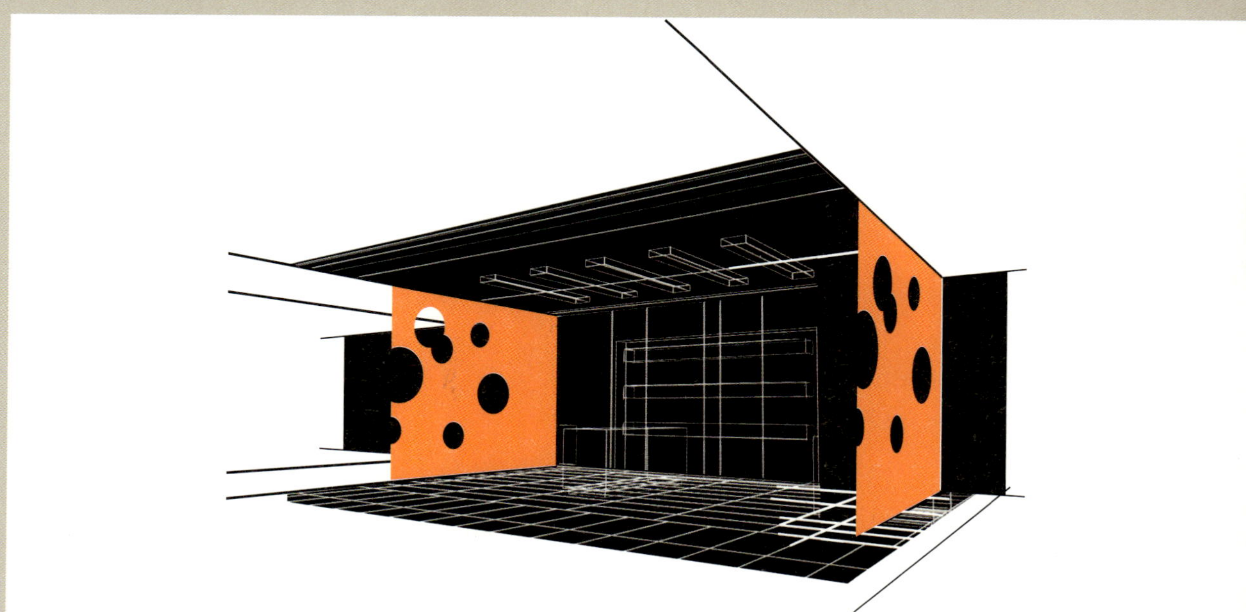

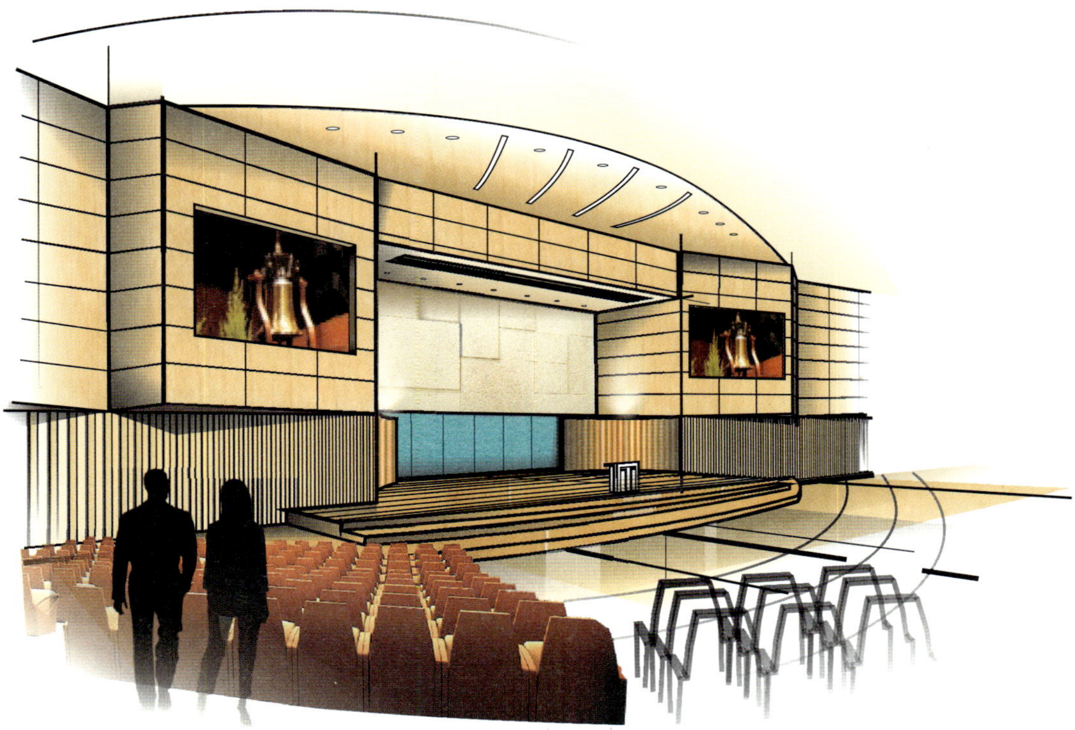

INTERIOR DESIGN PROPOSAL
planning for model house
computer graphics sketch, corel draw